彩图 1　优秀座椅设计（一）

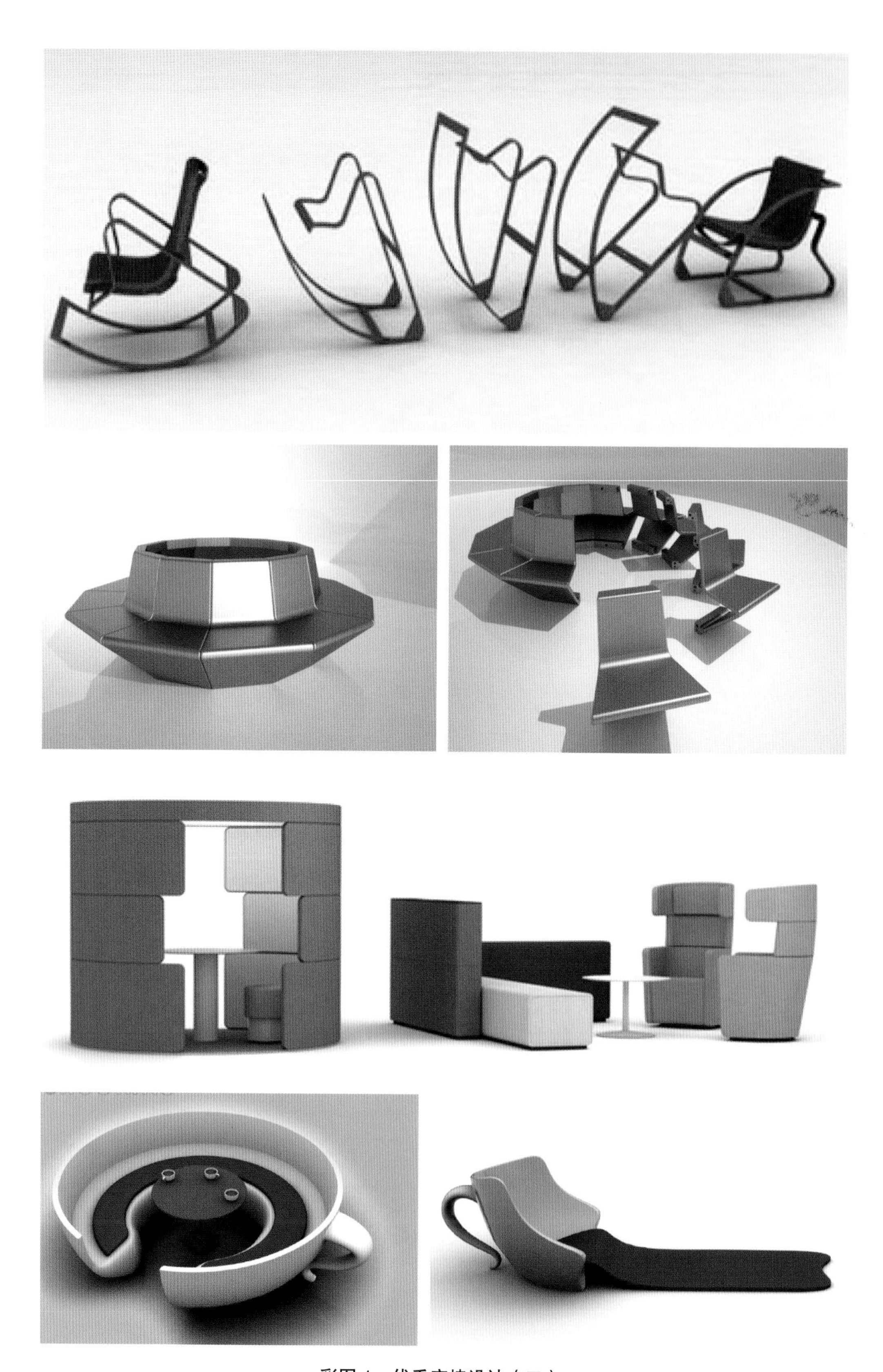

彩图 1　优秀座椅设计（二）

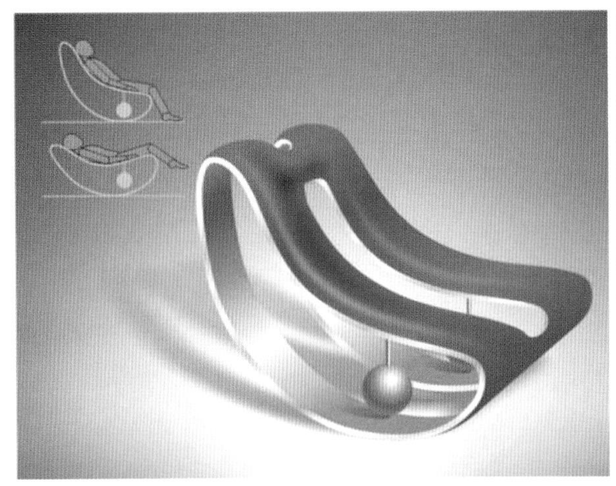

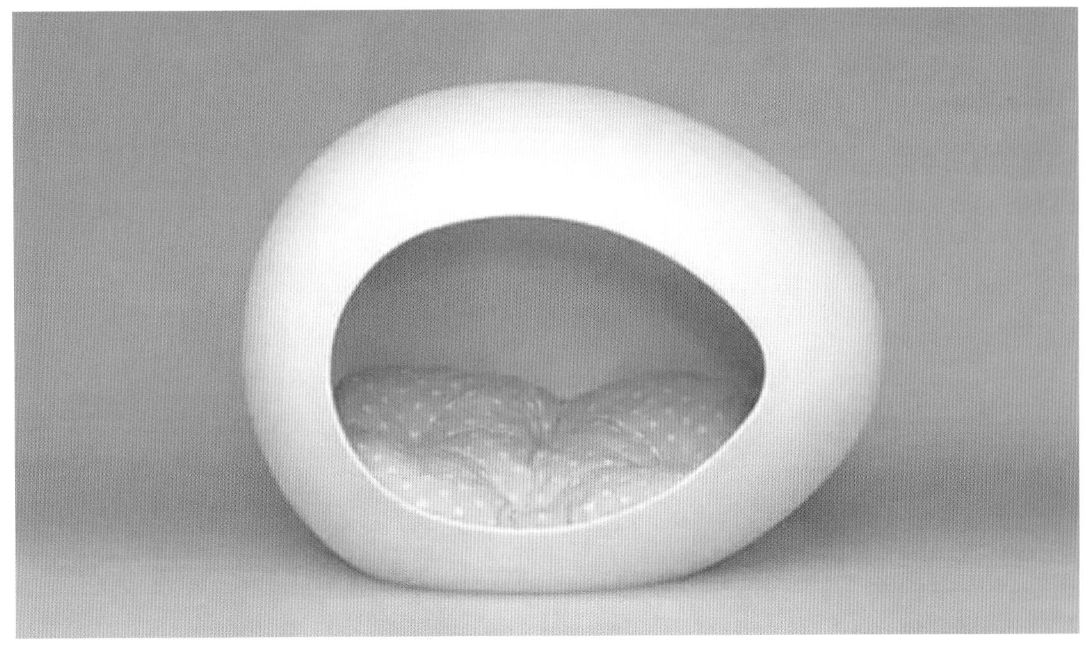

彩图 1　优秀座椅设计（三）

彩图 2　多功能床的设计

彩图 3　贮藏类家具设计实例

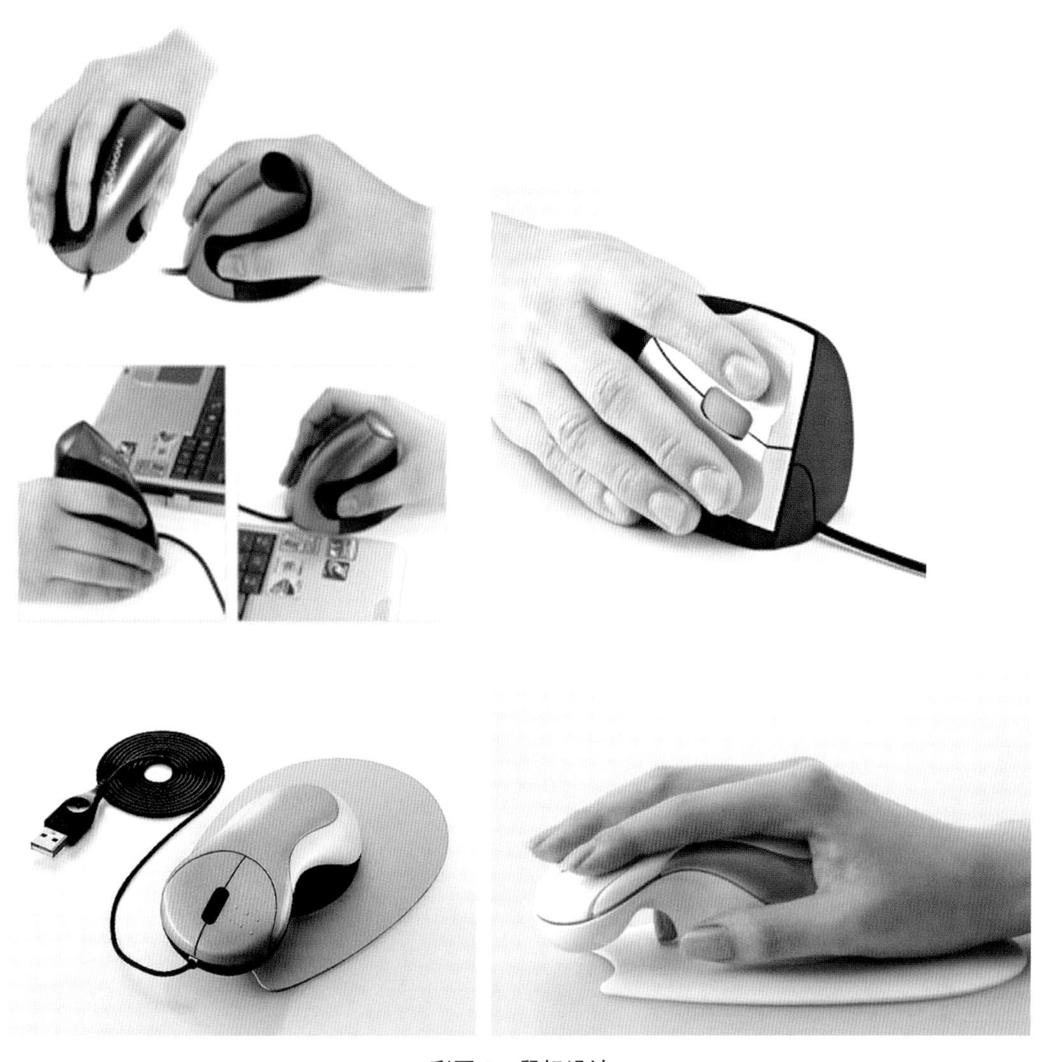

彩图 4　鼠标设计

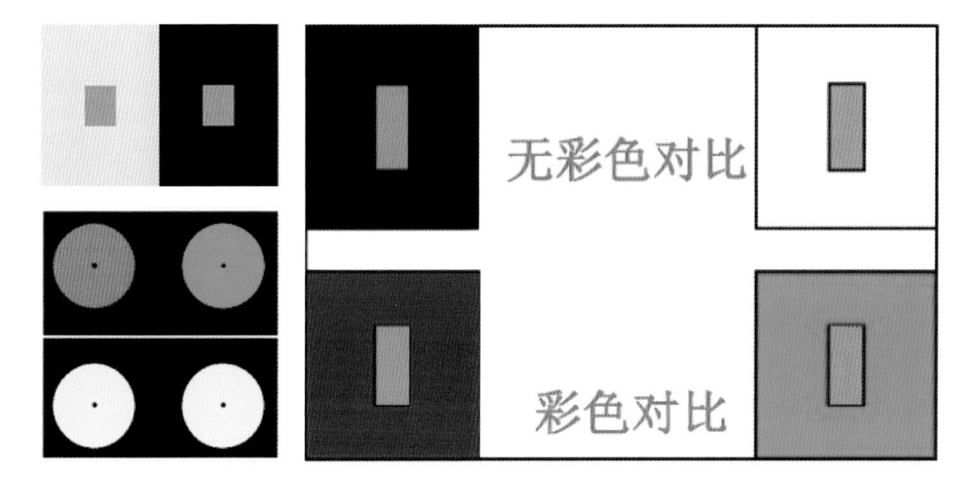

彩图 5　感觉的对比

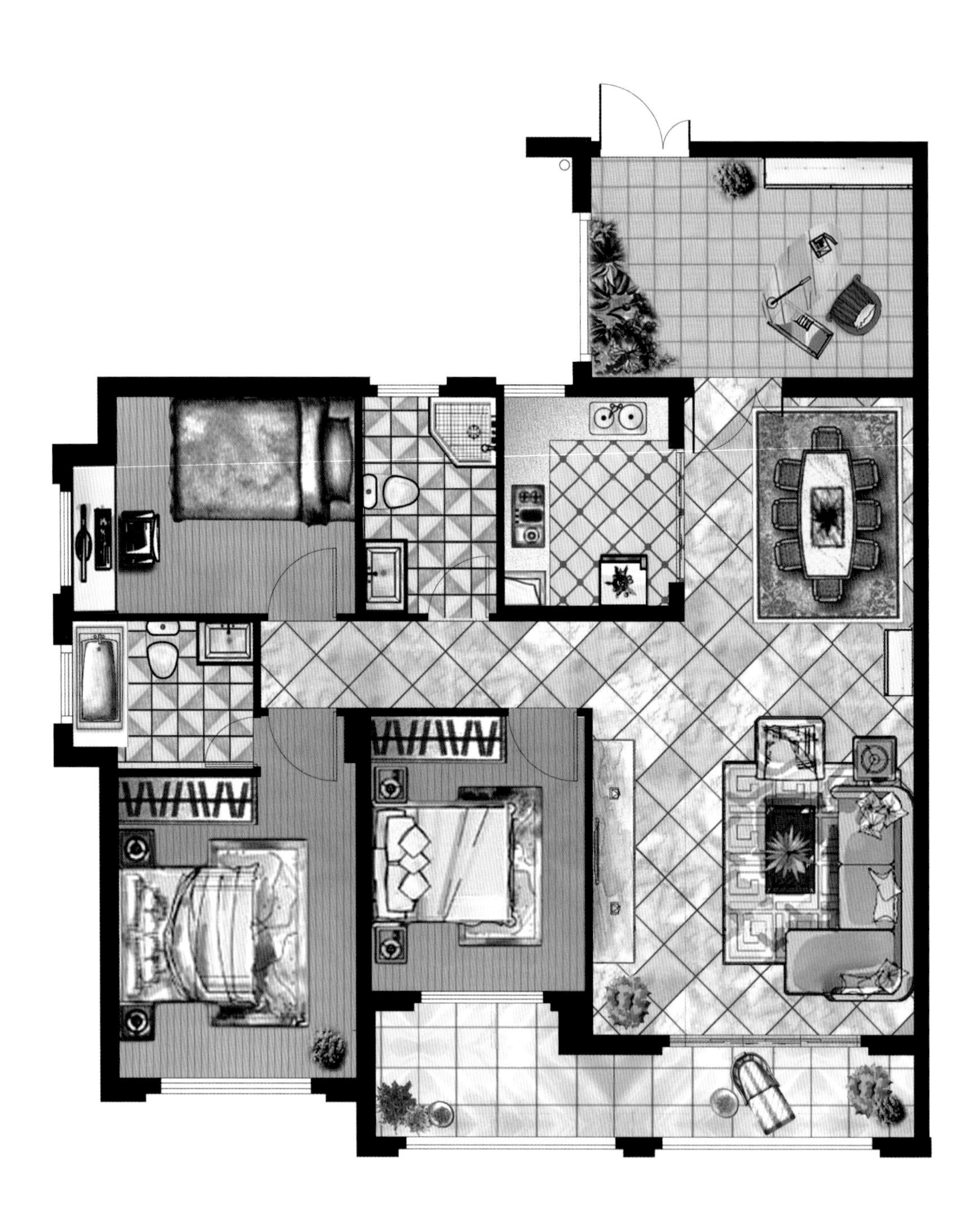

彩图 6　家居室内空间设计平面布置彩图（一）

彩图 6　家居室内空间设计平面布置彩图（二）

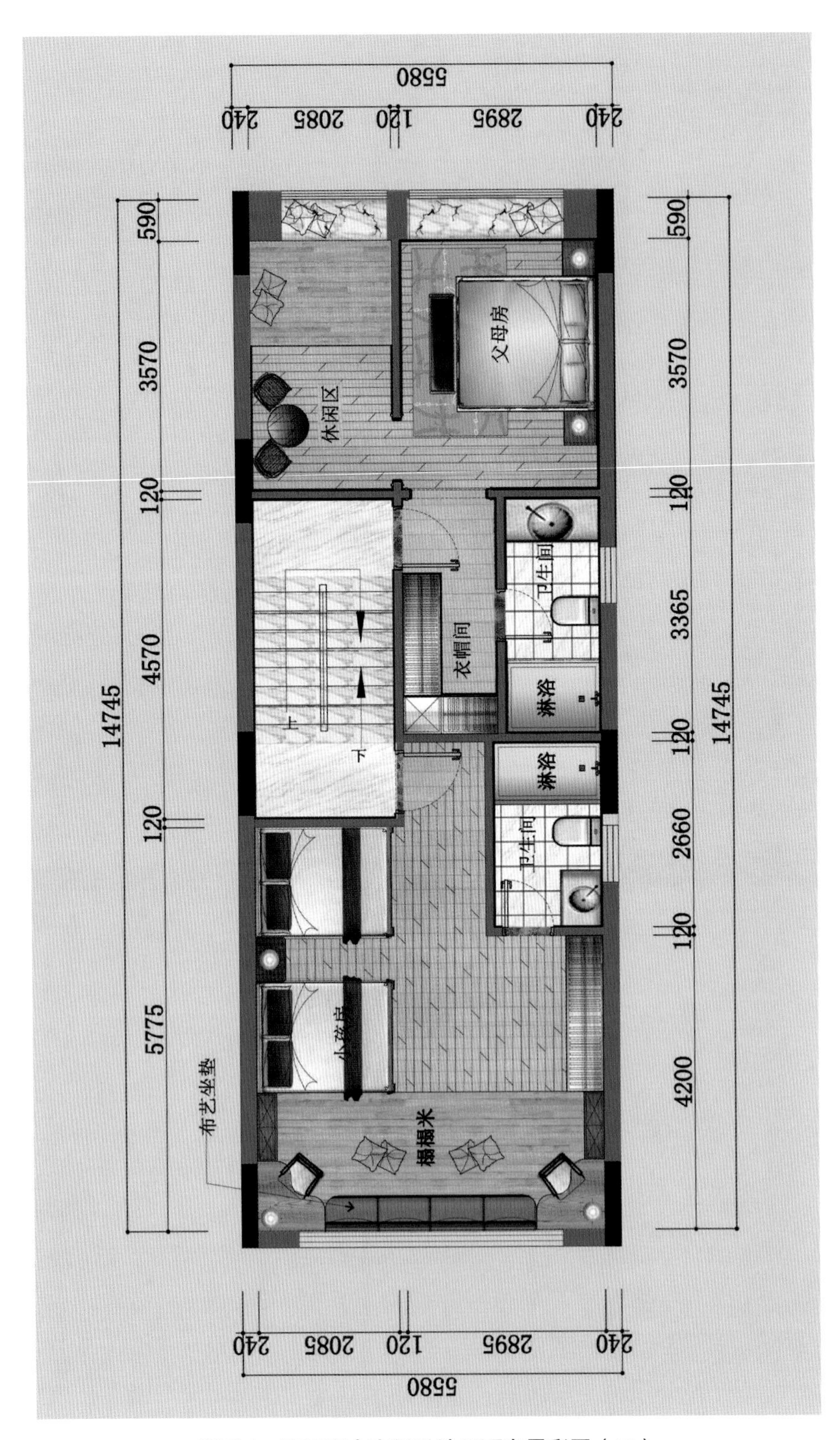

彩图 6　家居室内空间设计平面布置彩图（三）

北大社 “十三五”职业教育规划教材

高职高专艺术设计专业“互联网+”创新规划教材
21世纪高职高专艺术设计系列技能型规划教材

人体工程学
（第2版）

主　编　田树涛　金　玲
　　　　孙来忠
主　审　杨丽君

北京大学出版社
PEKING UNIVERSITY PRESS

内 容 简 介

本书按照高职高专教学特点与需要进行编写，对人体工程学的基本理论做了系统而简明的介绍，对人体工程学使用知识进行了较为详细的阐述。全书内容包括概述、人体测量与数据应用、人体动作空间、人的感知觉、人体运动系统、人体心理和行为习性、作业岗位与作业空间、人体工程学与家具设计、信息界面设计及附录一人体工程学应用案例和附录二室内与家具设计的基本尺寸。

本书以人机环境系统的基础知识为出发点，全面、系统地介绍了人体工程学在室内设计和安全工程技术中的基本知识和概念，并通过实例介绍来诠释基本理论和设计方法。

本书既可作为高职高专院校室内设计专业、建筑装饰专业、安全工程技术专业，以及其他相关专业的教学用书，也可供从事建筑设计、环境艺术设计等领域工作的人员参考使用。

图书在版编目 (CIP) 数据

人体工程学 / 田树涛，金玲，孙来忠主编．—2 版．—北京：北京大学出版社，2018．1

（高职高专艺术设计专业“互联网 +”创新规划教材）

ISBN 978-7-301-29046-0

Ⅰ．①人…　Ⅱ．①田… ②金… ③孙…　Ⅲ．①工效学—高等职业教育—教材　Ⅳ．① TB18

中国版本图书馆 CIP 数据核字 (2017) 第 313639 号

书　　名　人体工程学（第 2 版）
RENTI GONGCHENG XUE
著作责任者　田树涛　金　玲　孙来忠　主编
策 划 编 辑　孙　明
责 任 编 辑　李瑞芳
数 字 编 辑　刘　蓉
标 准 书 号　ISBN 978-7-301-29046-0
出 版 发 行　北京大学出版社
地　　址　北京市海淀区成府路 205 号　100871
网　　址　http://www.pup.cn　新浪微博：@ 北京大学出版社
电 子 邮 箱　编辑部 pup6@pup.cn　总编室 zpup@pup.cn
电　　话　邮购部 010-62752015　发行部 010-62750672　编辑部 010-62750667
印 刷 者　北京圣夫亚美印刷有限公司
经 销 者　新华书店
787 毫米 ×1092 毫米　16 开本　15.25 印张　彩插 4　354 千字
2012 年 10 月第 1 版
2018 年 1 月第 2 版　2024 年 8 月第 8 次印刷
定　　价　39.00 元

第 2 版前言

人体工程学又称人机工程学，是一门交叉性学科。随着科学技术的进步和人类社会的发展，各行各业越来越重视人体工程学的应用。人体工程学在许多专业也得到了广泛的应用。

全书共分 10 个部分，内容包括绪论、概述、人体测量与数据应用、人体动作空间、人的感知觉、人体运动系统、人体心理和行为习性、作业岗位与作业空间、人体工程学与家具设计、信息界面设计。其中，第 1 章概述中的第 1.6 节人体工程学与室内设计、第 3 章人体动作空间中的第 3.3 节居住行为与室内空间、第 8 章人体工程学与家具设计的内容主要适用于室内设计专业的学生来学习，而对于第 9 章信息界面设计则主要适用于安全工程技术专业的学生学习。对于本书其他章节的内容，则适应于所有专业的学生学习。

本书的编写人员长期从事设计专业理论教学工作，以及参与过相关设计工程的实践。本书由甘肃建筑职业技术学院田树涛教授编写内容提要及绪论，金玲编写第 1～4 章，孙来忠编写第 5～9 章及附录。由田树涛担任第一主编，金玲担任第二主编，孙来忠担任第三主编，杨丽君担任主审。

本课程建议安排 68 学时，通过理论教学和实践教学，使学生掌握人体工程学的基本理论和实践方法，各个学校可根据情况结合不同专业灵活安排。具体的课时分配建议如下：

教学单元	课程内容	学时分配		
		总学时	理论教学	实践教学
第 1 章	概述	4	4	
第 2 章	人体测量与数据应用	6	4	2
第 3 章	人体动作空间	8	8	
第 4 章	人的感知觉	12	10	2
第 5 章	人体运动系统	6	6	
第 6 章	人体心理和行为习性	8	8	
第 7 章	作业岗位与作业空间	8	8	
第 8 章	人体工程学与家具设计	8	4	4
第 9 章	信息界面设计	8	8	
合计		68	60	8

由于本书所涉及的知识面较为广泛，加之编者水平有限，书中不妥之处在所难免，敬请读者批评指正。

编　者

2017 年 12 月

目　　录

绪 论

0.1 人体工程学的起源和历史

0.1.1 人体工程学的起源——人机关系和人机矛盾的演变和发展的三个历史时期

人体工程学的发展首先是由于人和“人造物”之间的矛盾。美国著名的人体工程学家伍德(John Wood)认为：“当人操作和控制系统的能力无法达到系统的要求时，人们就确认了人体工程学这门学科。”

第一时期——石器时代、青铜时代和农耕时代

人们使用的工具均属手工工具，人的劳动属手工劳动。因此，人机关系是一种所谓“柔性”的关系，即工具对于使用者而言是一种“器物”，工具对于人没有很大的“约束力”，工具是个体意义的工具或者说“我的工具”。因此，在人机关系中人占主导地位。

第二时期——工业化时代

工业化使“器物”的工具演变为具有动力和计算能力的机器，形成了社会化的大工业生产方式和组织方式。人与机器的关系演变为“刚性”的关系，人机关系中人不再处于主导地位。机器对于人具有强大的“约束力”，人的工作效率和生活质量取决于甚至是依附于机器。

第三时期——信息时代

这将是人机关系的一次重大演变。如果机器的智能水平达到了一定程度的“自主性”，可以设想人机关系将是一种相互适应的关系，或者说一种“弹性”的人机关系。人机交互是未来人体工程学发展的核心点。

0.1.2 人体工程学简史——四个阶段(早期人体工程学)

以19世纪80年代和90年代初的工业化运动为起点。

代表人物：

美国的F.W. 泰勒(W. Taylor)——最早进行人和机器匹配问题研究的学者；

美国的弗兰克·吉尔伯雷斯(F. Gilbreth)——时间和动作研究；

德国的雨果·闵斯特伯格(H. Musterberg)——用实验方法进行人员挑选和培训。

理论思想：泰勒的《科学管理原理》：铁锹实验“人的本性是懒惰和低效”。使机器的运动与人的作业、工作组织形式之间建立最佳的匹配关系，降低人的无效活动；注重“测量”的概念。

人体工程学诞生：

人体工程学诞生于1945—1960年期间。人的心理和生理极限影响了机器性能的发挥。1949年英国人体工程学学会(Ergonomics Research Society)成立；1955年美国人因工程学会(Human Factors Society)成立；1959年国际人类工效学学会(International Ergonomics Association)成立。

人体工程学迅速发展期：军事领域的继续发展和太空竞赛的促进——登月。从军事领域转向民用领域，研究特殊人群：妇女、老人、儿童、残疾人，受到控制论、信息论和系统论的影响，出版了一批优秀的人体工程学著作，1980年以后计算机科学的飞跃发展，引起了人机交互、人机界面、可用性研究、认知科学等新的人体工程学研究领域。更加关注人的价值(环境的价值应考虑在内)。

0.2 人体工程学的定义

0.2.1 知识基础及其科学技术性质

人体工程学是一门技术学科。从纵向看，人体工程学从基础科学、技术科学和工程技术这三个层面进行研究。

从横向看，人体工程学是一门交叉性的学科，涉及心理学、生理学、解剖学、生物动力学和工程学等，如图0.1所示。未来人体工程学将越来越多地研究智能机器或者智能系统中的人机关系问题，计算机科学与人体工程学的联系正日趋紧密。

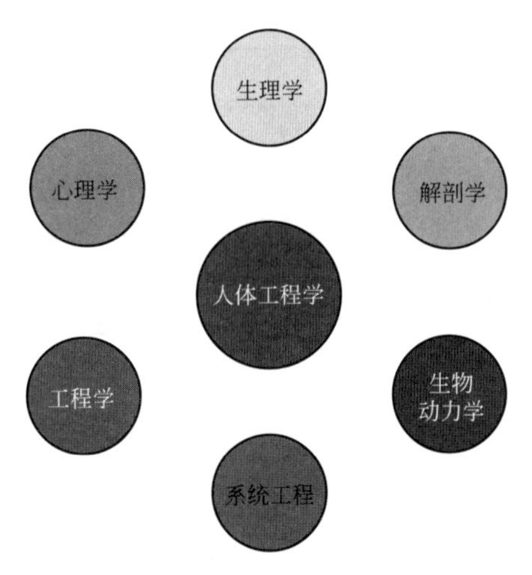

图 0.1　人体工程学与其他学科的关系

0.2.2　定义

传统定义：人体工程学研究人—机—环境系统中人、机、环境三大要素之间的关系，为解决系统中人的作业效能、安全、生理和心理健康问题提供理论和方法。

新的定义：人体工程学是研究系统中人与其他组成部分的交互关系的一门科学，并运用其理论、原理、数据和方法进行设计，以优化系统的工效和人的健康幸福之间的关系。人体工程学关注焦点、目标、研究方法，如图 0.2 所示。

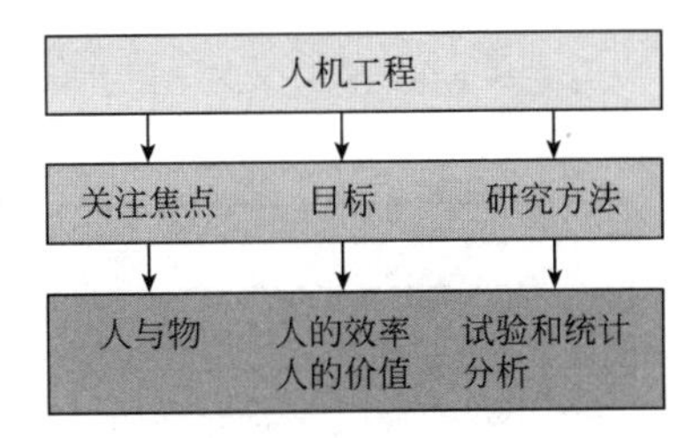

图 0.2　人体工程学关注焦点、目标、研究方法

0.2.3　基本理论模型

从系统优化的角度看人体工程学研究的四个层次。

人体工程学理论模型主要从三个角度出发：系统，人机界面及人的作业效能。“系统”是人体工程学最重要的概念和思想。从系统优化的角度看，人体工程学研究可以分为安全、效率、舒适和审美四个层次，如图 0.3 所示。

人与机交互关系的接口被定义为人机界面(Interface)，人机界面的形式与内容是对人机关系的表征，是人体工程学研究的核心方面。人的作业效能(Human Performance)，即人按照一定要求完成某项任务时所表现出来的效率和成绩。

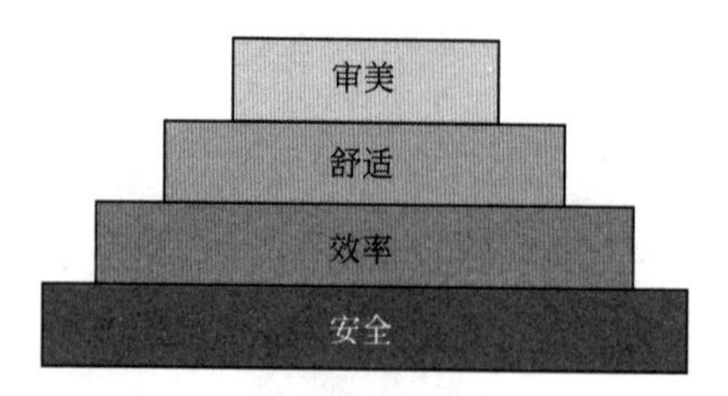

图 0.3 人体工程学研究的四个层次

0.2.4 人机界面研究的3个层次

人机界面
- 感性层次 意 形 色 —— 感觉
- 认知层次 意 心 心 —— 理解
- 物理层次 意 尺 力 姿 动 视 —— 操作

物理层界面，即人操作活动的界面；偏重于人的心理与生理特性的研究：把手、按键的大小，显示的认读性。

认知层界面，即人与物理界面接触时所隐含的认知与信息处理过程；偏重于人在认知过程中的心理特征的研究：心理模型和用户模型的研究与建立。认知层次的界面。

感性层界面，即人对物产生的感觉和感性的形式；偏重于基于人的情感活动的心理特征的研究：汽车的驾驶感和操作感是人机系统设计的最高境界。

0.3 人体工程学与设计

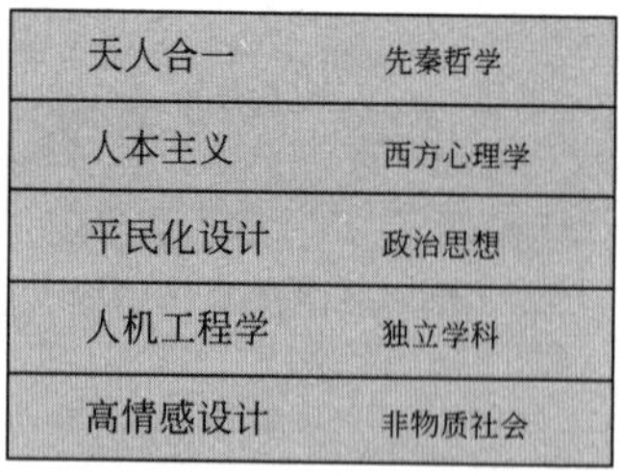

天人合一	先秦哲学
人本主义	西方心理学
平民化设计	政治思想
人机工程学	独立学科
高情感设计	非物质社会

图 0.4 人性化设计思想与人体工程学

人体工程学与设计研究的关注点都是人与物的关系(图 0.4)。人们总以为设计有三维，即美学、技术和经济，然而更重要的是第四维：人性。(自然是第五维)天人合一——人对自然敬畏，中国人的"话语"。人本主义、平民化设计等——人在自然之上，或者自然不在视野之内，西方人的"话语"。发明脊髓灰质炎疫苗的美国科学家乔纳斯·爱德华·索尔克曾说："如果昆虫在地球上消失不见，五十年内，地球上的生命都会结束，但是，如果人类在地球上消失不见，五十年内，地球上所有生命都会欣欣向荣。"

0.3.1 以用户为中心的设计(UCD)

首先在人一计算机界面的人机工学中提出。以用户为中心的设计思想非常简单：在开发产品的每一个步骤中，都要把用户列入考虑范围。

以用户为中心的设计可以被描述为一个多阶段的问题处理流程，这一流程不仅要求设计师分析和预测用户可能如何使用软件，而且要在真实的使用环境下通过对实际用户的测试来验证自己的假设。这样的测试十分有必要，因为对于交互设计师来说，直观的理解初次使用软件用户的体验，是一件非常困难的事情。和其他设计理念的主要区别在于，以用户为中心的设计理念尝试围绕用户如何能够完成工作、希望工作和需要工作来优化用户交互界面，而不是强迫用户改变他们的使用习惯来适应软件开发者的想法。

0.3.2 以人为中心的设计(HCD)(People-based Design)

与前者相比较，两者虽只差一个字，却反映出更加人性化的设计理念。用户是一种使用、操作和完成任务的概念，“人”的概念比“用户”的概念更强调人的全面需求、人的价值。以人为中心的设计是在以用户为中心的设计基础上提出来的，以人为中心的设计提出了将文脉、文化纳入设计研究的范围。

0.3.3 可用性(Usability)

可用性是关于人机互动关系的，是一个以用户为中心的设计理念。对各种产品设计而言，是通过用户的试用来“测量”其可用性的；一个信息系统的可用性是无法直接测量的，只能借助人机交互和认知心理等人机工学方法来完成。可用性的五大属性为：效率(Efficiency)、学习(Learnability)、记忆(Memorability)、错误(Errors)及满意程度(Satisfaction)。

0.4 人体工程学的应用

由于人体工程学是一门新兴的学科，人体工程学在室内环境设计中应用的深度和广度有待于进一步认真开发，目前已有开展的应用方面如下。

0.4.1 确定人和人际在室内活动所需空间的主要依据

根据人体工程学中的有关计测数据，从人的尺度、动作域、心理空间及人际交往的空间等，以确定空间范围。

人体工程学的测量与调整【参考视频】

0.4.2 确定家具、设施的形体、尺度及其使用范围的主要依据

家具设施为人所使用，因此它们的形体、尺度必须以人体尺度为主要依据；同时，人们为了使用这些家具和设施，其周围必须留有活动和使用的最小余地，这些要求都由人体工程学科学地予以解决。室内空间越小，停留时间越长，对这方面内容测试的要求也越高。

0.4.3 提供适应人体的室内物理环境的最佳参数

室内物理环境主要有室内热环境、声环境、光环境、重力环境、辐射环境等。在进行室内设计时，有了上述要求的科学的参数后，就能有正确的决策。

0.4.4 对视觉要素的计测为室内视觉环境设计提供科学依据

人眼的视力、视野、光觉、色觉是视觉的要素，人体工程学通过计测得到的数据，对室内光照设计、室内色彩设计、视觉最佳区域等提供了科学的依据。

人在室内环境中，其心理与行为尽管有个体之间的差异，但从总体上分析仍然具有共性，仍然具有以相同或类似的方式做出反应的特点，这也正是我们进行设计的基础。

下面我们列举几项室内环境中人们的心理与行为方面的情况。

1. 领域性与人际距离

领域性原是动物在环境中为取得食物、繁衍生息等的一种适应生存的行为方式。人与动物毕竟在语言表达、理性思考、意志决策与社会性等方面有本质的区别，但人在室内环境中的生活、生产活动，也总是力求其活动不被外界干扰或妨碍。不同的活动有其必需的生理和心理范围与领域，人们不希望轻易地被外来的人与物所打破。

室内环境中个人空间常需与人际交流、接触时所需的距离通盘考虑。人际接触实际上根据不同的接触对象和在不同的场合，在距离上各有差异。赫尔以动物的环境和行为的研究经验为基础，提出了人际距离的概念。根据人际关系的密切程度、行为特征确定人际距离，即分为密切距离、人体距离、社会距离、公众距离。

每类距离中，根据不同的行为性质再分为接近相与远方相。例如，在密切距离中，亲密、对对方有可嗅觉和辐射热感觉为接近相；可与对方接触握手为远方相。当然对于不同民族、宗教信仰、性别、职业和文化程度等因素，人际距离也会有所不同。

2. 私密性与尽端趋向

符合人体工程学的SPINA办公椅【参考视频】

如果说领域性主要在于空间范围，则私密性更涉及在相应空间范围内包括视线、声音等方面的隔绝要求。私密性在居住类室内空间中要求更为突出。

日常生活中人们还会非常明显地观察到，集体宿舍里先进入宿舍的人，如果允许自己挑选床位，他们总愿意挑选在房间尽端的床铺，可能是由于生活、就寝时相对地较少受干扰。同样情况也见之于就餐人对餐厅中餐桌座位的挑

选，相对的，人们最不愿意选择近门处及人流频繁通过处的座位，餐厅中靠墙卡座的设置，由于在室内空间中形成更多的“尽端”，也就更符合散客就餐时“尽端趋向”的心理要求。

3. 依托的安全感

生活在室内空间的人们，从心理感受来说，并不是越开阔、越宽广越好，人们通常在大型室内空间中更愿意有所“依托”物体。

在火车站和地铁车站的候车厅或站台上，人们较少停留在最容易上车的地方，而是愿意待在柱子边，人群相对散落地汇集在厅内、站台上的柱子附近，适当地与人流通道保持距离。在柱边人们感到有了“依托”，更具安全感。

4. 从众与趋光心理

从一些公共场所内发生的非常事故中观察到，紧急情况时人们往往会盲目跟从人群中领头几个急速跑动的人的去向，不管其去向是否是安全疏散口。当火警或烟雾开始弥漫时，人们无心注视标志及文字的内容，甚至对此缺乏信赖，往往是更为直觉地跟着领头的几个人跑动，以致成为整个人群的流向。上述情况即属从众心理。同时，人们在室内空间中流动时，具有从暗处往较明亮处流动的趋向，紧急情况时语言引导会优于文字的引导。

上述心理和行为现象提示设计者在创造公共场所室内环境时，首先应注意空间与照明等的导向，标志与文字的引导固然也很重要，但从紧急情况时的心理与行为来看，对空间、照明、音响等需予以高度重视。

5. 空间形状的心理感受

由各个界面围合而成的室内空间，其形状特征常会使活动于其中的人们产生不同的心理感受。著名建筑师贝聿铭曾对他的作品——具有三角形斜向空间的华盛顿艺术馆新馆有很好的论述，贝聿铭认为三角形、多灭点的斜向空间常给人以动态和富有变化的心理感受。

0.4.5 环境心理学在室内设计中的应用

运用环境心理学的原理，在室内设计中的应用面极广，暂且列举下述几点。

1）室内环境设计应符合人们的行为模式和心理特征

例如，现代大型商场的室内设计，顾客的购物行为已从单一的购物，发展为购物—游览—休闲—信息—服务等行为。购物要求尽可能接近商品，亲手挑选比较，由此自选及开架布局的商场结合茶座、游乐、托儿等应运而生。

2）认知环境和心理行为模式对组织室内空间的提示

从环境中接受初始的刺激的是感觉器官，评价环境或做出相应行为反应的判断是大脑，因此，“可以说对环境的认知是由感觉器官和大脑一起进行工作的”。认知环境结合上述心理行为模式的种种表现，设计者能够比通常单纯从使用功能、人体尺度等起始的设计依据，有了组织空间、确定其尺度范围和形状、选择其光照和色调等更为深刻的提示。

3）室内环境设计应考虑使用者的个性与环境的相互关系

环境心理学从总体上既肯定人们对外界环境的认知有相同或类似的反应，同时也十分重视作为使用者的人的个性对环境设计提出的要求，充分理解使用者的行为、个性，在塑造环境时予以充分尊重，但也可以适当地动用环境对人的行为的“引导”，对个性的影响，甚至一定程度意义上的“制约”，在设计中辩证地掌握合理的分寸。

综述，按照国际人类工效学会所下的定义，人体工程学是一门“研究人在某种工作环境中的解剖学、生理学和心理学等方面的各种因素；研究人和机器及环境的相互作用；研究在工作中、家庭生活中和休假时怎样统一考虑工作效率、人的健康、安全和舒适等问题的科学”。日本千叶大学小原教授认为：“人体工程学是探知人体的工作能力及其极限，从而使人们所从事的工作趋向适应人体解剖学、生理学、心理学的各种特征。”

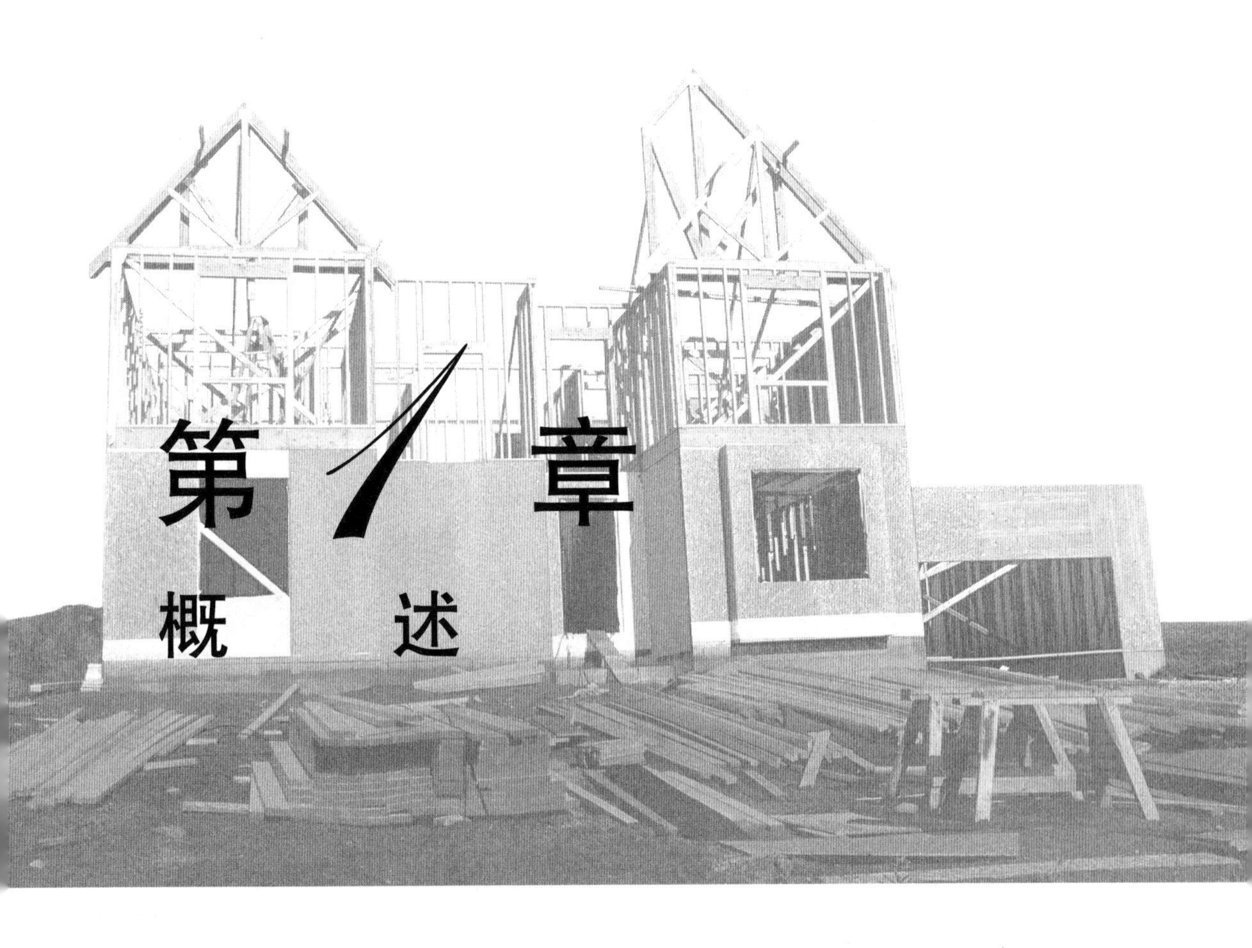

第1章 概述

目的与要求

通过本章的学习，使学生熟悉和掌握人体工程学的定义、任务和研究内容，了解人体工程学的研究步骤与方法及人体工程学体系。

内容与重点

本章主要介绍人体工程学的定义、人体工程学的发展史、人体工程学的任务和研究内容、人体工程学的研究步骤与方法、人体工程学体系。重点掌握人体工程学的定义、任务和研究内容。

中国人体工程学开创人李建军荣获法国大奖(今日视点)
【参考视频】

引例

倾斜聪明茶杯

芬兰magisso倾斜聪明茶杯，由劳拉·本达诺思和维萨·亚思可设计，本品曾获得德国红点设计大奖。在网内放入茶叶，再倒入热水，把杯子向有滤网的一边倾斜放置，让茶叶在热水里浸泡一会儿。饮用时，将茶叶向另一边倾斜，茶叶和茶水分离，让您不费吹灰之力就能品上一杯好茶。另外，通过改变杯子倾斜的方向，来调整茶叶浸泡的时间，可以改变茶水的浓度。

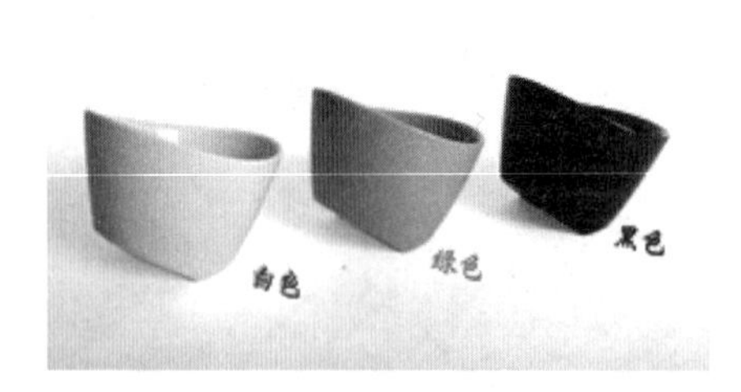

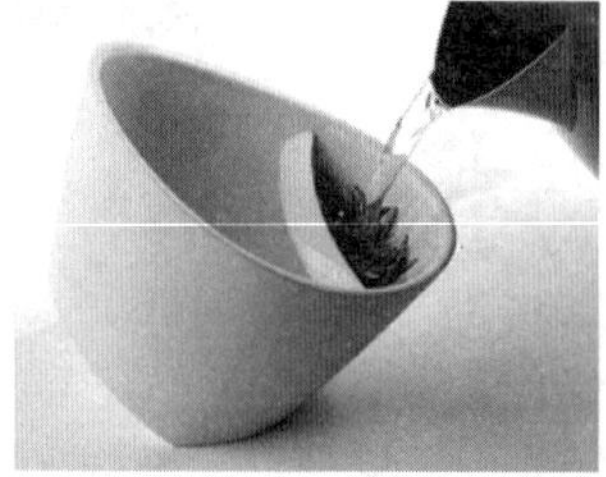

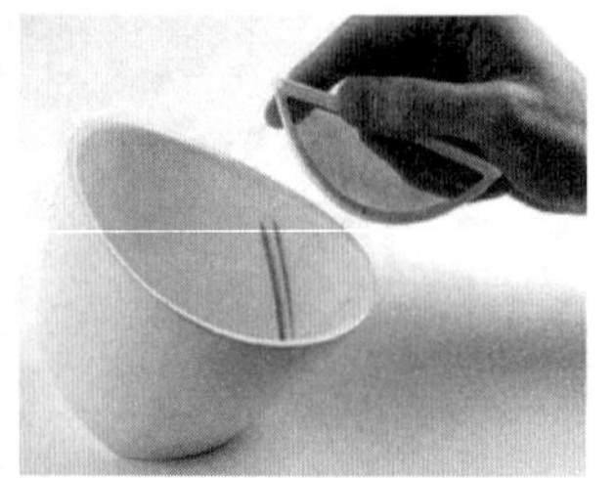

TaskOne手机壳

TaskOne手机壳是由苹果前工程师Addison Shelton设计的一款多功能创意产品，在其背后纤薄的壳内隐藏着这些无所不能的利器，也许大家会担心走文艺路线的iPhone是否能经受得住这些考验，其实大家的担心是多余的，因为手机壳采用的是航空铝材和聚碳酸酯的材料，牢固强度不言而喻。

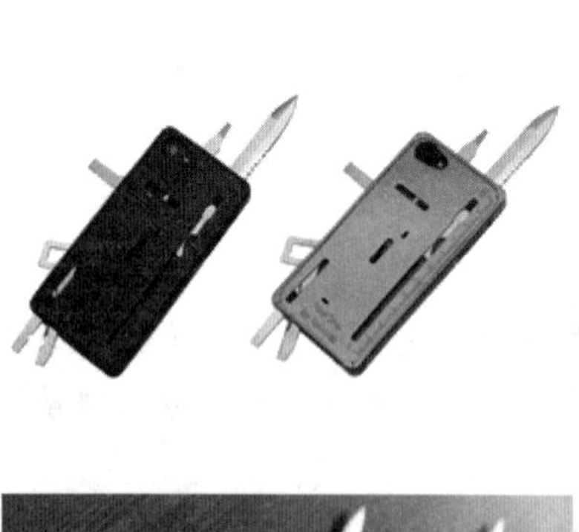

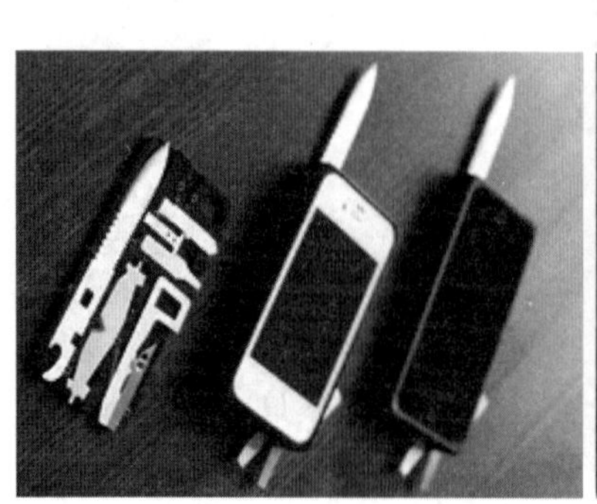

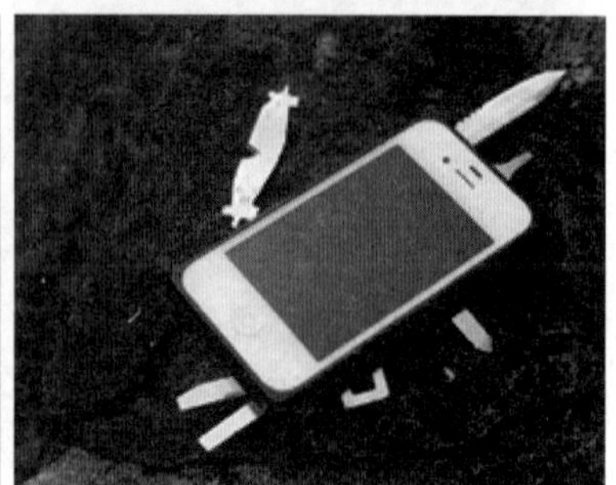

符合人体工程学技术的产品【参考视频】

1.1 人体工程学的学科命名及定义

人体工程学(Man - Machine Engineering)又称人机工程学或人机工效学，是研究人、机械及其工作环境之间相互作用的学科，它是第二次世界大战后发展起来的一门新兴学科。

人体工程学在其自身的发展过程中，逐步打破了各学科之间的界限，并有机地融合了各相关学科的理论，不断地完善自身的基本概念、理论体系、研究方法及技术标准和规范，从而形成了一门研究和应用范围都极为广泛的综合性边缘学科。因此，它具有现代各门新兴边缘学科共有的特点，如学科命名多样化、学科定义不统一、学科边界模糊、学科内容综合性强、学科应用范围广泛等。

1.1.1 学科的命名

由于该学科研究和应用的范围极其广泛，它所涉及的各学科、各领域的专家、学者都试图从自身的角度来给本学科命名和下定义，因而世界各国对本学科的命名不尽相同，即使同一个国家对本学科名称的提法也很不统一，甚至有很大差别。

例如，该学科在美国称为 Human Engineering(人类工程学)或 Human Factors Engineering(人的因素工程学/人类因素工程学)；西欧国家多称为 Ergonomics(人类工效学/人体工程学/人类工程学)；而其他国家称为工程心理学、人体工程学、人间学(日本)、人类功效学、人机控制学等，但是大多引用西欧的名称。

Ergonomics 一词是 1857 年由波兰教授雅斯特莱鲍夫斯基提出，它由两个希腊词根 ergon(即工作、劳动)和 nomics(即规律、规则)复合而成，其本义为人的劳动规律。人们普遍认为人体工程学最早是由泰罗提出来的，实际上是由波兰教授雅斯特莱鲍夫斯基提出的。由于该词能够较全面反映本学科的本质，又源自希腊文，便于各国语言翻译上的统一，而且词义保持中立性，不显露它对各组成学科的亲密和间疏，因此，目前较多的国家采用 Ergonomics 一词作为该学科命名并且已被国际标准化组织采用。

人体工程学在我国起步较晚，名称繁多，除普遍采用人体工程学外，常见的名称还有：人一机一环境系统工程、人机工程学、人类工效学、人类工程学、工程心理学、宜人学、人的因素等。不同的名称，其研究重点略有差别。

1.1.2 学科的定义

与该学科的命名一样，对本学科所下的定义也不统一，而且随着学科的发展，其定义也在不断发生变化。

国际人类工效学学会(International Ergonomics Association，IEA) 为本学科所下的定义是最有权威、最全面的定义，即人体工程学是研究人在某种工作环境中的解剖学、生理学和心理学等方面的各种因素；研究人、机器及环境的相互作用；研究人在工作、家庭生活中和休假时怎样统一考虑工作效率、人的健康、安全和舒适等问题的学科。

《中国企业管理百科全书》中对人体工程学所下的定义为：人体工程学是研究人和机器、环境的相互作用及其合理结合，使设计的机器和环境系统适合人的生理、心理特点，达到在生产中提高效率、安全、健康和舒适的目的。

简而言之，人体工程学的研究对象是人、机、环境的相互关系，研究的目的是如何达到安全、健康、舒适和工作效率的最优化。

结合国内本学科发展的具体情况，我国1979年出版的《辞海》中对人体工程学给出了如下的定义，即人体工程学是一门新兴的边缘学科，它是运用人体测量学、生理学、心理学和生物力学以及工程学等学科的研究方法和手段，综合地进行人体结构、功能、心理以及力学等问题研究的学科，用以设计使操作者能发挥最大效能的机械、仪器和控制装置，并研究控制台上各个仪表的最适位置。

一般认为，人体工程学是以人的生理、心理特性为依据，应用系统工程的观点，分析研究人与产品、人与环境以及产品与环境之间的相互作用，并为设计出操作简便省力、安全、舒适、人一机一环境的配合达到最佳状态的工程系统提供理论和方法的学科。

人体工程学是研究“人一机一环境”系统中人、机、环境三大要素之间的关系，为解决该系统中人的效能、健康问题提供理论与方法的科学。

为了进一步说明定义，需要对定义中提到的几个概念：人、机、环境，作以下几点解释。

“人”是指作业者或使用者，包括人的心理、生理特征，人适应机器和环境的能力。

“机”泛指人可操作和使用的物体，可以是机器，也可以是用具或生活用品、设施、计算机软件等各种与人发生关系的一切事物。对于不同的专业，“机”的含义有所不同，例如，在室内设计中“人一机一环境”系统中的“机”主要指各类家具及与人关系密切的建筑构件，如门、窗、栏杆、楼梯等。而在人体工程学的一个分支——安全人体工程学(安全人体工程学是运用人体工程学的原理及工程技术理论来研究和揭示人机系统中的安全特性，是立足于对人在作业过程中的保护，确保安全生产和生活的一门学科)中，“机”主要是指机械设备和设施。

“环境”是指人与机共处的环境，指人们工作和生活的环境。

“人一机一环境系统”是指由共处于同一时间和空间的人与其所使用的机及它们所处的周围环境所构成的系统，简称人一机系统。

“人一机一环境”之间的关系：相互依存、相互作用、相互制约。

人体工程学的任务：使机器的设计和环境条件的设计适应于人，以保证人的操作简便省力、迅速准确、安全舒适、心情愉快，充分发挥人、机效能，使整个系统获得最佳经济效益和社会效益。

对于人体工程学我们应该掌握以下两点。

第一，人体工程学是在人与机器、人与环境不协调，甚至存在严重矛盾这样一个历史条件下逐渐形成并建立起来的，今天仍在不断发展。

第二，人体工程学研究的重点是系统中的人。

人体工程学在解决系统中人的问题上，主要有两条途径：一是使机器、环境适应于人；二是通过最佳的训练方法，使人适应与机器和环境。

从上述本学科的命名和定义来看，尽管学科名称多样、定义各异，但是本学科在研究对象、研究方法、理论体系等方面并不存在根本上的区别。这正是人体工程学作为一门独立的学科存在的理由；同时也充分体现了学科边界模糊、学科内容综合性强、涉及面广等特点。

另外，在不同的研究和应用领域中，带有侧重点和倾向性的定义很多，这里不再一一介绍。

1.2 人体工程学的起源与发展

引例

1.《考工记》

《考工记》中涉及兵器宜人性的两小段论述：

庐人为庐器，戈六尺有六寸，殳长寻有四尺，车戟常，酋矛常有四尺，夷矛三寻。凡兵无过三其身。过三其身，弗能用也。而无已，又以害人。故攻国之兵欲短，守国之兵欲长。攻国之人众，行地远，食饮饥，且涉山林之阻，是故兵欲短。守国之人寡，食饮饱，行地不远，且不涉山林之阻，是故兵欲长。凡兵，句兵欲无弹，刺兵欲无蜎，是故句兵椑，刺兵抟。

凡为弓，各因其君之躬，志庐血气，丰肉而短，宽缓以荼。若是者为之危弓，危弓为之安矢，骨直以立，忿埶以奔。若是者为之安弓，安弓为之危矢，其人安，其弓安，其矢安，则莫能以速中，且不深。其人危，其弓危，其矢危，则莫能以愿中。往体多，来体寡，谓之夹臾之属，利射侯与弋。往体寡，来体多，谓之王弓之属，利射革与质。

2. 古希腊人机工学——运载马车

刹车系统：

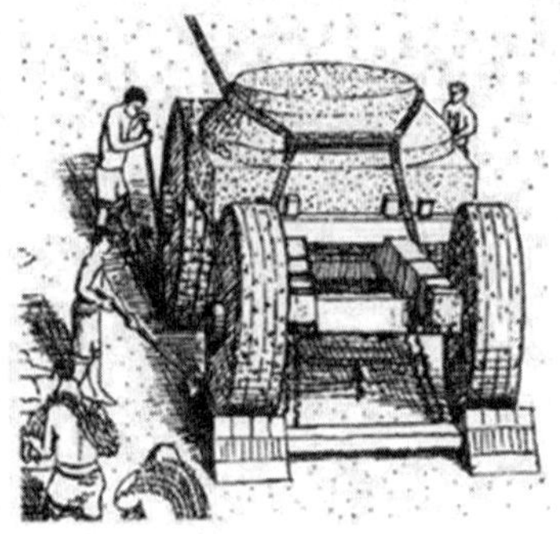

提到人体工程学，人们就会不由自主地把它和工业化、现代化联系起来，但它的产生并不是突然的，回溯历史，在人类发展的每个阶段都影印着人体工程学的潜在意识，只是人们还不知道对它进行归纳总结，形成文字性的理论。正是在人们的创造与劳动中，人体工程学的潜在意识开始产生，人体工程学的知识和总结是在人们的劳动和实践中产生，并伴随着人类技术水平和文明程度的提高而不断发展完善的。

英国是世界上开展人体工程学研究最早的国家，但本学科的奠基性工作实际上是在美国完成的。所以，人体工程学有“起源于欧洲，形成于美国”之说。虽然本学科的起源可以追溯到20世纪初期，但作为一门独立的学科仅有60多年历史，在其形成与发展史中大致经历了以下几个阶段。

1.2.1 原始时期——原始的人机关系——人与器具

实际上自从有了人类和与之同时诞生的人类文明，人们就一直在不断地改进自己的生活质量和生活效能。即使是在遥远的上古时代，人们依然能从那些尘封已久的文物中感受到它的存在。正是这些在历史发展中不断积累起来的经验，对日后产生的人体工程学奠定了非常重要的基础。自从有了人类，有了人类文明，人们就一直在不断改进自己的生活。

例如，旧石器时代制造的石器多为粗糙的打制石器，造型也多为自然的，经常对人的肢体造成伤害，棱角分明，不太适于人的使用；而新石器时代的石器多为磨制石器，表面柔和光滑，造型也更适于人的使用。人类学会了选择石块打制成石刀、石矛、石箭等各种工具，从而产生了原始的人机关系，如图1.1所示。

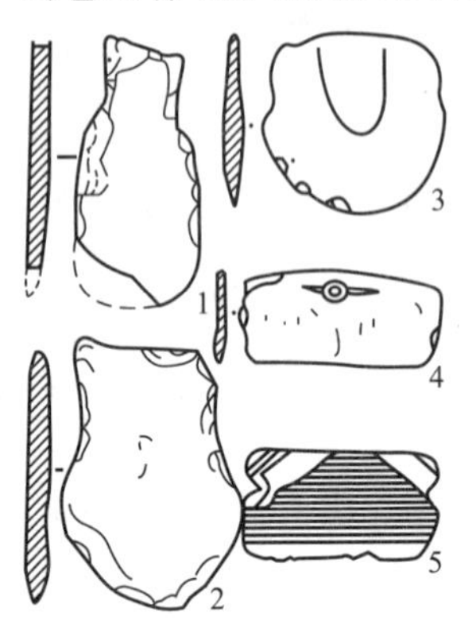

仰韶文化的农业工具：
①大河村遗址出土的有肩石铲
②、③北首岭遗址出土的石铲
④庙底沟遗址出土的穿孔石刀
⑤庙底沟遗址出土的陶刀

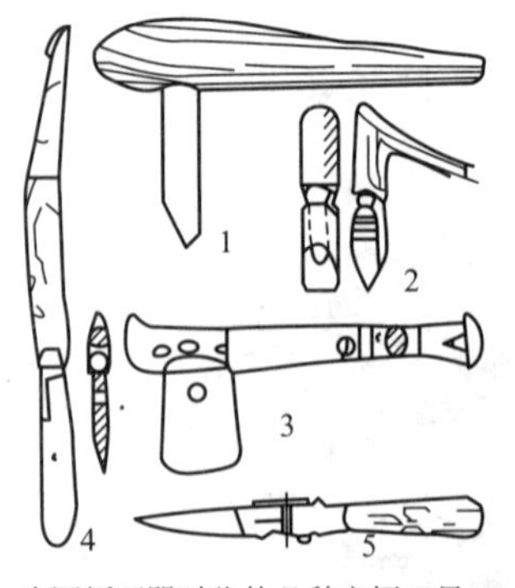

中国新石器时代的几种安柄工具：
①弹诸遗址出土的带木柄有段石锛
②河姆渡遗址出土的石锛和曲尺形木柄的安接
③青墩遗址中层出土的陶质带柄穿孔斧
④鸳鸯池遗址出土的石刃骨柄刀
⑤鸳鸯池遗址出土的石刃骨柄匕首

图1.1 石器造型

1.2.2 19世纪末至第一次世界大战期间——人体工程学萌芽阶段

19世纪末20世纪初，有着“科学管理之父”美誉的美国学者F. W. 泰勒(Frederick. W. Taylor)在传统管理方法的基础上，首创了新的管理方法和理论，并据此制定了一整套以提高工作效率为目的的操作方法，被称为“泰勒制”。他考虑了人使用的机器、工具、材料及作业环境的标准化问题。例如，他曾经研究过铲子的最佳形状、重量，研究过如何减少由于动作不合理而引起的疲劳等。其后，随着生产规模的扩大和科学技术的进步，科学管理的内容不断充实丰富，其中动作时间研究、工作流程与工作方法分析、工具设计、装备布置等，都涉及人和机器、人和环境的关系问题，而且都与如何提高人的工作效率有关，其中有些原则至今对人体工程学研究仍有一定意义。因此，人们认为他的科学管理方法和理论是后来人体工程学发展的奠基石。

泰勒的这些重要试验影响很大，而且成为后来人体工程学的重要分支，即所谓“时间与动作的研究”的主要内容。特别是泰勒的研究成果，在20世纪初成了美国和欧洲一些国家为了提高劳动生产率而推行的“泰勒制”。

从泰勒的科学管理方法和理论的形成到第二次世界大战之前，被称为经验人体工程学的发展阶段。这一阶段主要研究的内容是：研究每一职业的要求；利用测试来选择工人和安排工作；规划利用人力的最好方法；制定培训方案，使人力得到最有效的发挥；研究最优良的工作条件；研究最好的管理组织形式；研究工作动机，促进工人和管理者之间的通力合作。

在经验人体工程学发展阶段，研究者大都是心理学家，由于当时该学科的研究偏重于心理学方面，因而在这一阶段大多称本学科为“应用实验心理学”。学科发展的主要特点是：机械设计的主要着眼点在于力学、电学、热力学等工程技术方面的原理设计上，在人机关系上是以选择和培训操作者为主，使人适应于机器。在这期间有三项著名的研究试验。

(1) 肌肉疲劳试验。1884年，德国学者莫索(A. Mosso)对人体劳动疲劳进行了试验研究。对作业的人体通以微电流，随着人体疲劳程度的变化，电流也随之变化，这样用不同的电信号来反映人的疲劳程度。这一试验研究为以后的“劳动科学”打下了基础。

(2) 铁锹作业试验。1898年泰勒对铁锹的使用效率进行了研究。他用形状相同而铲量分别为5kg、l0kg、17kg和30kg的四种铁锹去铲同一堆煤，虽然17kg和30kg的铁锹每次铲量大，但试验结果表明，铲煤量为10kg的铁锹作业效率最高。他做了许多试验，终于找出了铁锹的最佳设计和搬运煤屑、铁屑、砂子和铁矿石等松散粒状材料时每一铲的最适当的重量。这就是人体工程学著名的“铁锹作业试验”。

(3) 砌砖作业试验。1911年吉尔伯勒斯(F. B. Gilreth)对美国建筑工人砌砖作业进行了试验研究。他用快速摄影机把工人的砌砖动作拍摄了下来，然后对动作进行分析，去掉多余无效动作，最终提高了工作效率，使工人砌砖速度由当时的每小时120块提高到每小时350块。

经验人体工程学一直延续到第二次世界大战之前。当时，人们所从事的劳动在复杂程度和负荷量上都有了很大变化，因而改革工具、改善劳动条件和提高劳动效率成为最迫切的问题。研究者对经验人体工程学所面临的问题进行了科学的研究，并促使经验人体工程学进入科学人体工程学阶段。

铁锹实验
【参考图片】

1.2.3 第二次世界大战期间——人体工程学的形成阶段

第二次世界大战期间是本学科发展的第二阶段。在这个阶段中，由于战争的需要，许多国家大力发展效能高、威力大的新式武器和装备，期望以技术的优势来决定战争的胜败，而忽视了其中“人的因素”，因而由于操作失误而导致失败的教训屡见不鲜。例如，由于战斗机中座舱及仪表位置设计不当，造成飞行员误读仪表和误用操纵器而导致意外事故；或由于操作复杂、不灵活和不符合人的生理尺寸而造成战斗命中率低等现象经常发生。因此，完全依靠选拔和培训人员，已无法适应不断发展的新武器的效能要求。

科学人体工程学一直延续到20世纪50年代末。随着战争的结束，本学科的综合研究与应用逐渐从军事领域向非军事领域转变，并逐步应用军事领域的研究成果来解决工业与工程设计中的问题。至此，该学科的研究课题不再局限于心理学的研究范畴，许多生理专家、工程技术专家都参与到该学科中来共同研究，从而使本学科的名称也有所变化，大多数称为“工程心理学”，在这一阶段学科发展的特点是：先考虑人的因素，在设计机器中力求使机器适应于人。

1945年，美国军方成立了工程心理实验室。

1949年，在莫瑞尔(Murrell)的倡导下，英国成立了第一个人机工程研究会，第一本有关人机的书《应用经验心理学：工程设计中的人因学》出版。1950年2月16日，在英国海军军部召开的会议上通过了人体工程学(Ergonomics)这一名称，正式宣告人体工程学作为一门独立的学科诞生了。

1950年，英国成立了世界上第一个人类工效学会。

1957年9月，美国政府出版周刊《人的因素学会》。

1.2.4 20世纪60年代以后——人体工程学的发展阶段

20世纪60年代以后，科学技术飞速发展。电子计算机应用的普及、工程系统及其自动化程度的不断提高、宇航事业的空前发展、一系列新科学的迅速崛起，不断为人体工程学注入了新的研究领域。同时，在科学领域中，由于控制论、信息论、系统论的兴起，在本学科中应用“新三论”来进行人机系统的研究应运而生。所有这一切，不仅给人体工程学提供了新的理论和新的实验场所，同时也给该学科的研究提出了新的要求和新的课题，从而促使人体工程学进入了系统的研究阶段。从20世纪60年代以来，可以称其为现代人体工程学的发展阶段。

随着人体工程学所涉及的研究和应用领域的不断扩大，从事本学科研究的专家所涉及的专业和学科也就越来越多，主要有解剖学、生理学、心理学、工业卫生学、工业与工程设计、工作研究、建筑与照明工程、管理工程等专业领域。

现代人体工程学研究的方向是：把人一机一环境系统作为一个统一的整体来研究，以创造最适合于人操作的机械设备和作业环境，使人一机一环境系统相协调，从而获得系统的最高综合效能。

由于人体工程学的迅速发展及其在各个领域中的作用越来越显著，从而引起各学科专家、学者的关注。1961年正式成立了国际人类工效学学会(IEA)，该学术组织为推动各国人体工程学的发展起了重大作用。IEA 自成立至今，已分别在瑞典、德国、英国、法国、荷兰、美国、波兰、日本、澳大利亚等国家召开了多次国际性学术会议，交流和探讨不同时期本学科的研究动向和发展趋势，从而有力地推动着本学科不断向纵深发展。IEA 在其会刊中指出，现代人体工程学发展有以下三个特点。

(1) 不同于传统人体工程学研究中着眼于选择和训练特定的人，使之适应工作要求，现代人体工程学着眼于机械装备的设计，使机器的操作不越出人类能力界限之外。

(2) 密切与实际应用相结合，通过严密计划设定的广泛实验性研究，尽可能利用所掌握的基本原理，进行具体的机械装备设计。

(3) 力求使实验心理学、生理学、功能解剖学等学科的专家与物理学、数学、工程学方面的研究人员共同努力、密切合作。

我国人体工程学的发展进程如下。

1961 年，在瑞典斯德哥尔摩举行首次国际人机工程会议。

1981 年，我国相应成立中国人类工效学标准技术委员会。

1982 年，在日本东京举行第八次国际人机工程会议，我国第一次派人参加。

国际标准化组织(ISO)1975 年成立了国际人机工程标准委员会(TC—159)。

1989 年，成立《中国人类工效学学会》。

1991 年 1 月，成为《国际人类工效学协会》正式成员。

1.3 人体工程学研究的内容

引例

15 分钟

“15 分钟”是一款把沙漏和台灯融为一体的沙漏台灯。外形酷似沙漏，上面为透明灯罩，下面为白色底座，灯座里面装有沙子。在正常照明情况下和普通台灯无异，当你想睡觉时，把台灯翻转，这样灯座里的沙子会慢慢流到灯罩里面，将光源慢慢覆盖，从而灯光越来越暗，当沙子全部流下来时，沙子的重量会压下灯罩里的开关，将灯熄灭。与此同时，你也会伴着越来越柔和的灯光慢慢入睡。

人体工程学创意鼠标(无线版)【参考视频】

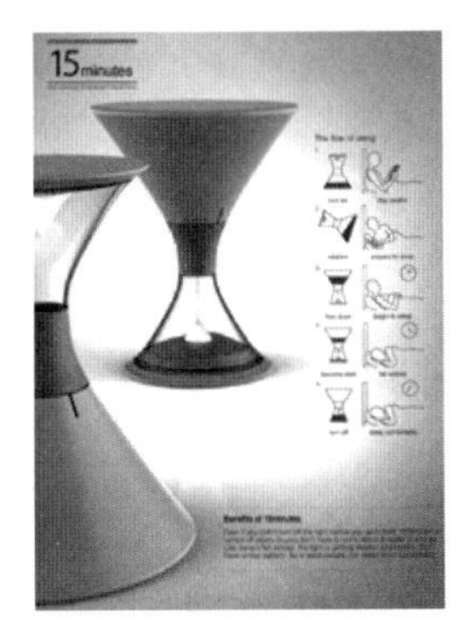

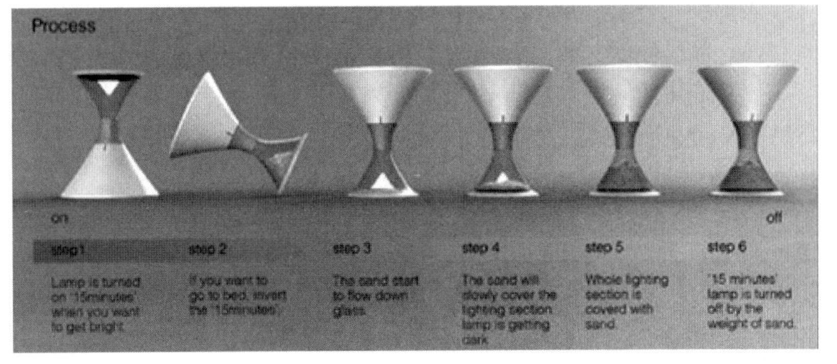

人体工程学的研究内容和应用范围极其广泛，但是本学科的根本研究方向是通过揭示人、机、环境之间相互关系的规律，以达到确保人—机—环境系统总体性能的最优化。本学科研究的主要内容可概括为以下几个方面。

1.3.1 工作系统中的人

(1) 人体尺寸。
(2) 信息的感受和处理能力。
(3) 运动的能力。
(4) 学习能力。
(5) 生理及心理需要。
(6) 对物理环境的感受性。
(7) 对社会环境的感受性。
(8) 知觉与感觉的能力。
(9) 个人之差。
(10) 环境对人体能的影响。
(11) 人的长期、短期能力的限度及愉适点。
(12) 人的反射及反应形态。
(13) 人的习惯与差异(如民族、性别等)。
(14) 错误形成的研究。

1.3.2 工作系统中由人使用的机械分类

人使用的机械分为以下三大类。
(1) 显示器：如仪表、信号、显示屏等。
(2) 操纵器：各种机具的操纵部分，如杆、钮、盘、轮、踏板等。
(3) 机具：如家具、器皿、工具等。

1.3.3 环境控制——如何使环境适应于人的使用

人的使用环境主要有以下两部分。
(1) 普通环境：建筑与室内空间环境的照明、温度、湿度控制等。
(2) 特殊环境：如冶金、化工、采矿、航空、宇航和极地探险等行业，有时会遇到极特殊的环境，如高温、高压、振动、噪声、辐射和污染等。

拆线器(人体工程学新款)【参考视频】

1.3.4 人机关系的研究

人机关系的研究主要是从静态人机安全关系、动态人机安全关系、多媒体技术及人机系统可靠性等方面研究。静态研究，主要有作业区域的合理布局和设计、作业方法及作业负荷的研究；动态研究，主要有人机功能的合理分配、人机界面的安全设计、人工智能研究；多媒体技术，主要研究对机器安全运转的监测监控；人机系统可靠性等方面研究，主要是分析人机系统的可靠性，建立人机系统可靠性设计原则，据此设计出经济、合理以及可靠性高的人机系统。

从人体工程学研究的问题来看，人机关系的研究涵盖了技术科学和人体科学的许多交叉的问题。它涉及很多学科，包括医学、生理学、心理学、工程技术、劳动保护、环境控制、仿生学、人工智能、控制论、信息论和生物技术等。

在进行人体工程学研究时要遵循以下原则。

(1) 物理的原则，如杠杆原理、惯性定律、重心原理，在人体工程学中也适用。在处理问题时应以人为主来进行，但在机械效率上又要遵从物理原则，两者之间的调和法则是要保持人道而又不违反自然规律。

(2) 生理、心理兼顾原则，人体工程学必须了解人的结构，除了生理，还要了解心理因素。人是具有心理活动的，人的心理在时间和空间上是自由和开放的，它会受到人的经历和社会传统、文化的影响。人的活动无论在何时何地都可受到这些因素的影响，因此，人体工程学也必须对这些影响心理的因素进行研究。

(3) 考虑环境的原则，人一机关系并不是单独存在的，它存在于具体的环境中，不能单独地研究人、机械、环境，再把它们综合起来研究。因为它们是存在于“人一机一环境”的相互关系中，绝不可分开讨论。

综上所述，可将人机学研究的主要内容归纳为以下四个方面。

1)“人的因素”研究

在人与产品关系中，作为主体的人，既是自然的人，也是社会的人。在自然方面的研究包括以下几个方面。

(1) 人体尺寸参数，主要包括动态和静态情况下人的作业姿势及空间活动范围等，它属于人体测量学的研究范畴。

(2) 人的机械力学参数，主要包括人的操作力、操作速度和操作频率，动作的准确性和耐力极限等，它属于生物力学和劳动生理学的研究范畴。

(3) 人的信息传递能力，主要包括人对信息的接收、存储、记忆、传递、输出能力，以及各种感觉通道的生理极限能力，它属于工程心理学的研究范畴。

(4) 人的可靠性及作业适应性，主要包括人在劳动过程中的心理调节能力、心理反射机制，以及人在正常情况下失误的可能性和起因，它属于劳动心理学和管理心理学研究的范畴。

总之，“人的因素”涉及的学科内容很广，在进行产品的人机系统设计时应科学合理地选用各种参数。

在社会方面的研究包括人在工作和生活中的社会行为、价值观念、人文环境等。其目的是解决各种机械设备、工具、作业场所及各种用具和用品的设计如何与人的生理、心理特点适应，从而有可能为使用者创造安全、舒适、健康、高效的工作环境。

2)“机的因素”研究

(1) 操纵控制系统，主要指机器接收人发出指令的各种装置，如操纵杆、方向盘、按键、按钮等，这些装置的设计及布局必须充分考虑人输出信息的能力。

iPhone 6 人体工程学设计
【参考视频】

(2) 信息显示系统，主要指机器接收人的指令后，向人作出反馈信息的各种显示装置，如模拟显示器、数字显示器、屏幕显示器，以及音响信息传达装置、触觉信息传达装置、嗅觉信息传达装置等。无论机器如何把信息反馈给人，都必须快捷、准确和清晰，并充分考虑人的各种感觉通道的“容量”。

(3) 安全保障系统，主要指机器出现差错或人出现失误时的安全保障设施和装置。它应包括人和机器两个方面，其中以人为主要保护对象，对于特殊的机器还应考虑到救援逃生装置。

3)“环境因素”研究

环境因素包含内容十分广泛，无论是在地面、高空或地下作业，人们都面临种种不同的环境条件，它们直接或间接地影响人们的工作、系统的运行，甚至影响人的安全。一般情况下，影响人们作业的环境因素主要有以下几种。

(1) 物理环境，主要有照明、噪声、温度、湿度、振动、辐射、粉尘、气压、重力、磁场等。

(2) 化学环境，主要指化学性有毒气体、粉尘、水质，以及生物性有害气体、粉尘、水质等。

(3) 心理环境，主要指作业空间(如厂房大小、机器布局、道路交通等)、美感因素(如产品的形态、色彩、装饰及功能音乐等)。

此外还有人际关系等社会环境对人心理状态构成的影响。

4)“综合因素”研究

(1) 人机之间的配合与分工(也称人机功能分配)，应全面综合考虑人与机的特征及机能，使之扬长避短，合理配合，充分发挥人机系统的综合使用效能。根据人与机的特征机能比较，人机应合理分工：凡是笨重的、快速的、精细的、规律的、单调的、高阶运算的、操作复杂的工作，都适合于机器承担；而对机器系统的设计、维修、监控、故障处理，以及程序和指令的安排等，则适合于人来承担。

(2) 人机信息传递，是指人通过执行器官(如手、脚、口、身等)向机器发出指令信息，并通过感觉器官(如眼、耳、鼻、舌、身等)接受机器反馈信息。担负人机信息传递的中介区域称为“人机界面”。“人机界面”至少有三种，即操纵系统人机界面、显示系统人机界面和环境系统人机界面，目的是使人与机器的信息传递达到最佳，使人机系统的综合效能达到最高。

(3) 人的安全防护。人的作业过程是由许多因素按一定规律联系在一起的，是为了共同的目的而构成的一个有特定功能的有机整体。因此，在作业过程中只要出现人机关系不协调、系统失去控制，就会影响正常作业。轻则发生事故，影响工效；重则导致机器损坏，造成人员伤亡。所以，要运用间接安全技术措施，使设备从结构到布局，均能保证其危险部位不被人体触及，避免事故发生。

1.3.5 近期国内外人体工程学研究的方向归纳

(1) 工作负荷的研究，包括体力活动、智力活动、工作紧张等因素引起的生理负荷和心理负荷的研究。

(2) 工作环境的研究，包括各种工作环境条件下的生理效应，以及一般工作与生活环境中振动、噪声、空气、照明等因素的人体工程学的研究。

(3) 工作场地、工作空间、工具装备的人体工程学的研究。

(4) 信息显示的人体工程学问题，特别是计算机终端显示中人的因素研究。

(5) 计算机设计与人体工程学的研究。

(6) 工作成效的测量与评定。

(7) 机器人设计的智能模拟等。

(8) 人—机—环境系统中心理学的研究。

1.4 人体工程学的研究方法

人体工程学是一门边缘学科，它的研究广泛采用了人体科学和生物科学等相关学科的研究方法及手段，也采取了系统工程、控制理论、统计学等其他学科的一些研究方法，而且本学科的研究也建立了一些独特的新方法，以探讨人、机、环境要素之间复杂的关系问题。这些方法中包括：测量人体各部分静态和动态数据；调查、询问或直接观察人在作业时的行为和反应特征；对时间和动作的分析研究；测量人在作业前后及作业过程中的心理状态和各种生理指标的动态变化；观察和分析作业过程和工艺流程中存在的问题；分析差错和意外事故的原因；进行模型实验或用电子计算机进行模拟实验；运用数字和统计学的方法找出各变数之间的相互关系，以便从中得出正确的结论或发展成有关理论。

这里介绍人体工程学一般常用的研究方法。

1. 自然观察法

自然观察法是研究者通过观察和记录自然情况下发生的现象来认识研究对象的一种方法。观察法是有目的、有计划的科学观察，是在不影响事件的情况下进行的。观察者不参与研究对象的活动，这样可以避免对研究对象的影响，可以保证研究的自然性与真实性。自然观察法也可以借助特殊的仪器进行观察和记录，如摄像头、照相机等，这样能更准确、更深刻地获得感性知识。

2. 实测法

这是一种借助实验仪器进行的测量方法，也是一种比较普遍使用的方法。我们必须对使用者群体进行测量，对所得数据进行统计处理，这样就能使设计的产品符合更多的使用者。

3. 实验法

实验法是当实测法受到限制时所选择的实验方法。实验可以在作业现场进行，也可以在实验室进行。在作业现场进行实际操作实验，可获得第一手资料。

4. 分析法

分析法是对人机系统已取得的资料和数据进行系统分析的一种方法。因分析的性质不同可分为以下几种。

(1) 瞬间操作分析法。生产过程一般是连续的，人和机械之间的信息传递也是连续的。但要分析这种连续传递的信息很困难，因而只能用间歇性的分析测定法，即采用统计学中的随机取样法，对操作者和机械之间在每一间隔时刻的信息进行测定后，再用统计推理的方法加以整理，从而获得研究人一机一环境系统的有益资料。

(2) 知觉与运动信息分析法。外界给人的信息首先由感知器官传到神经中枢，经大脑处理后，产生反应信号再传递给肢体以对机械进行操作，被操作的机械状态再将信息反馈给操作者，从而形成一种反馈系统。知觉与运动信息分析法就是对此反馈系统进行测定分析，然后用信息传递理论来阐明人一机之间信息传递的数量关系。

(3) 动作负荷分析法。在规定操作所必需的最小间隔时间的条件下，采用电子计算机技术来分析操作者连续操作的情况，从而可推算操作者工作的负荷程度。另外，对操作者在单位时间内工作负荷进行分析，也可以获得用单位时间的作业负荷率来表示操作者的全工作负荷。

(4) 频率分析法。对人机系统中的机械系统使用频率和操作者的操作动作频率进行测定分析，其结果可以作为调整操作人员负荷参数的依据。

(5) 危象分析法。对事故或近似事故的危象进行分析，特别有助于识别容易诱发错误的情况，同时，也能方便地查找出系统中存在的而又需用较复杂的研究方法才能发现的问题。

(6) 相关分析法。在分析方法中，常常要研究两种变量，即自变量和因变量。用相关分析法能够确定两个以上的变量之间是否存在统计关系。利用变量之间的统计关系，可以对变量进行描述和预测，或者从中找出合乎规律的东西。例如，对人的身高和体重进行相关分析，便可以用身高参数来描述人的体重。

5. 模拟和模型实验法

由于机器系统一般比较复杂，因而在进行人机系统研究时常采用模拟的方法。模拟方法包括各种技术和装置的模拟，如操作训练模拟器、机械的模型及各种人体模型等。通过这类模拟方法可以对某些操作系统进行逼真的实验，得到实验室研究以外所需的更符合实际的数据。

6. 计算机数值仿真法

计算机数值仿真是在计算机上利用系统的数学模型进行仿真性试验研究。

由于人机系统中的操作者是具有主观意志的生命体，用传统的物理模拟和模型方法研究人机系统，往往不能完全反映系统中生命体的特征，其结果与实际相比必有一定误差。另外，随着现代人机系统越来越复杂，采用物理模拟和模型方法研究复杂人机系统，不仅成本高、周期长，而且模拟和模型装置一经定型，就很难做修改变动。为此，一些更为理想而有效的方法逐渐被研究创建并得以推广，其中的计算机数值仿真法已成为人体工程学研究的一种现代方法。

研究者可对尚处于设计阶段的未来系统进行仿真，并就系统中的人、机、环境三要素的功能特点及其相互之间的协调性进行分析，从而预知所设计产品的性能，并进行改进设计。应用数值仿真研究能大大缩短设计周期，并降低成本。

7. 调查研究法

目前，人体工程学专家还采用各种调查研究方法来抽样分析操作者或使用者的意见和建议。这些方法包括简单的访问、专门调查、非常精细的评分、心理和生理学分析判断以及间接意见与建议分析等。

1.5 人机关系与人机系统概述

引例

美国阿波罗登月舱设计中，原方案是让两名宇航员坐着，即使开了4个窗口，宇航员的视野也十分有限，很难观察到月球着陆点的地表情况。为了寻找解决方案，工程师互相争论，花费很多时间。一天，一位工程师抱怨宇航员的座位又重又占用空间，另一位工程师马上想到，登月舱脱离母舱到月球表面大约只一个小时而已，为什么一定要坐着，不能站着进行这次短暂的旅行吗？

一个牢骚引出了大家都赞同的新方案。站着的宇航员眼睛可以贴近窗口，窗口可小，而视野却很大，问题迎刃而解，整个登月舱的质量可以减轻，方案更为安全、高效、经济。这个小故事，发人深省，它告诉我们：①解决大难题，可能是一个小想法，甚至是一个不需投入资金的方法；②“让机器适应人”是我们经常考虑的问题，但“人适应机器”也可以解决很多难题；③只要我们多想一点，多做一点，我们就会做得更好！

1.5.1 人机关系

1. 人机关系

所谓人机关系，是指人在作业过程中与作业工具和作业对象所发生的联系。影响人机关系的因素是多方面的，以手动为主的作业形式，其人机关系要求工具得心应手，操作者有一定的体力和较高的技能，以达到机宜人和人适机；而对于机械化作业，要求人机共动，密切协调，对机宜人和人适机的要求更苛刻。

手工作业到自动化生产，人机关系大致有如下变化。

(1) 人的体力消耗减轻，心理负担加重。

(2) 人将远离机器，管理方式多为间接管理。

(3) 信息时空的密集化，要求人的作业速度更快、作业准确性更高。

(4) 系统越来越复杂，对人的要求越来越高，小的失误能造成严重的后果。

2. 人是人机关系中的主体

人类在社会发展进程中不断创造出各种各样的工具或机器来代替人的作业，但是，不管机器如何代替人的体力作业，计算机如何代替人的部分脑力作业，任何机器的设计、制造、使用、控制、维修和管理最终还是要靠人。实践证明，无论机器本身的效率多高，如果不能适应人的生理和心理特性，也不能发挥应有的功效。在任何人机系统中，人永远发挥着主体的作用。

如何发挥人的最大功能、挖掘人的最大潜力及获得最高的生产效率，是人体工程学研究的主要内容之一。

奔驰人体工程学设计【参考视频】

3. 人机关系的最佳匹配

1）机宜人

供人使用的机械，应尽量满足人的生理、心理特征，符合人的审美观和价值观，尤其要满足人的安全需要，让人能使机械最大限度地发挥其功能。机械的发展日新月异，而人的生理特性变化不大，因此设计机械时，必须明确操作机械的是人，人是人机关系的主体，而不是机械的奴隶，以使设计更趋于人性化，从而提高机械设备的本质安全化程度。

2）人适机

机械的功能、结构不可能完全适宜人的所有特性，如某些飞机驾驶舱的空间设计就不适宜高大体型的人；流水线上的单调操作不适宜性格外向的人；复杂机械的操作不适宜文化水平低的人。为了安全和高效地作业，必须对人进行人适机的选拔和培养。

3）人机关系的最佳匹配

机宜人和人适机都是受一定条件限制的，为了达到人机关系的最佳匹配，应从以下几个方面着手。

(1) 研究系统及各种机器、设备、工具、设施等的设计所应遵循的功效学原则与标准。

(2) 研究人和机器的合理分工及相互适应的问题。

(3) 研究人与被控对象之间的信息交换过程。

(4) 根据人的身心特征，提出对机器、技术、作业环境、作业时间的要求。

1.5.2 人机系统

由人和机两部分要素按一定的关系组合而成的集合体称为人机系统。

在人机系统中，人和机的关系总是相互作用、相互配合、相互制约与发展的，但起主导作用的始终是人。

各种人机系统，从最简单的人和工具的结合，到人和机器的复杂结合，虽然形式有所差别，但都存在信息传递、信息处理、控制和反馈等基本结构。根据系统中人和机器所处的地位、作用和出发点不同，人机系统的类型也不同。

1.6 人体工程学与室内设计

猫形幼儿园

符合人体工程学的8平方米小卧室【参考视频】

猫形幼儿园，位于德国 Wolfartsweier，由知名艺术家 Tomi Ungerer 设计。其灵感来源于他最喜爱的动物——猫。

猫嘴是门，肚子是更衣室、教室、厨房与餐厅，头部是娱乐场，尾巴是紧急逃生通道，头顶上还有草坪以模仿猫的皮。

托儿所、幼儿园建筑造型是指构成托儿所、幼儿园建筑的外部形态的美学形式，是被人直接感知的建筑环境的和建筑空间。托儿所、幼儿园建筑的造型设计应反映公共建筑造型的共同规律及托儿所、幼儿园建筑自身所特有的环境特征及空间特征。它们都是通过各种造型相关的要素，如体量的组合、虚实的排列、色彩的处理、光影的变化及材料、质地效果等来创造托、幼建筑所特有的心理感觉与个性特征。

猫形幼儿园的整体结构使人们通过猫的嘴进出建筑。看起来像猫的眼睛般的大窗户让充足的阳光进入教室。猫的尾巴则是一个滑梯，在课间休息的时候孩子们可以在滑梯上自由地玩耍。整体建筑外部采用特殊钢材制造，在阳光的照射下不会发出刺眼的反光，以柔和之美给孩子们留下唯美的童年回忆。

人与环境的关系就如同鱼和水的关系，彼此相互依存。人是环境的主体，理想的环境不仅能提高人的工作效率，也能给人的身心健康带来积极的影响。因此，我们研究人体工程学的主要任务就是要使人的一切活动与环境相协调，使人与环境系统达到一个理想的状态。

从环境艺术的角度看，人体工程学的主要功能和作用在于通过对人的生理和心理的正确认识，使一切环境更适合人类的生活需要，进而使人与环境达到完美的统一。人体工程学的重心完全放在人的上面，而后根据人体结构、心理形态和活动需要等综合因素，充分运用科学的方法，通过合理的空间组织和设施的设计，使人的活动场所更具人性化。

人体的结构非常复杂，从人类活动的角度来看，人体的运动器官和感觉器官与活动的关系最密切。运动器官方面，人的身体有一定的尺度，活动能力有一定的限度，无论是采取何种姿态进行活动，皆有一定的距离和方式，因而与活动有关的空间和家具设施的设计必须考虑人的体形特征、动作特性和体能极限等人体因素。感觉器官方面，人的知觉和感觉与室内环境之间存在着极为密切的关系，诸如周围的温度、湿度、光线、声音、色彩、比例等环境因素皆直接和强烈地影响着人的知觉和感觉，并进而影响人的活动效果。因而了解人的知觉和感觉特性，可以成为建立环境设计的标准。人体工程学在环境设计中的作用主要体现在以下几个方面。

1. 为确定空间场所范围提供依据

根据人体工程学中的有关统计数据，从人体尺度、心理空间、人际交往的空间及使用人数的多少、使用空间的性质、家具的数量等，来确定空间范围。

影响场所空间大小、形状的因素很多，但是，最主要的因素还是人的活动范围及设施的数量和尺寸。因此，在确定场所空间范围时，必须搞清楚使用这个场所空间的人数，每个人需要多大的活动面积，空间内有哪些设施及这些设施和设备需要占用多少面积等，如图1.2和图1.3所示。

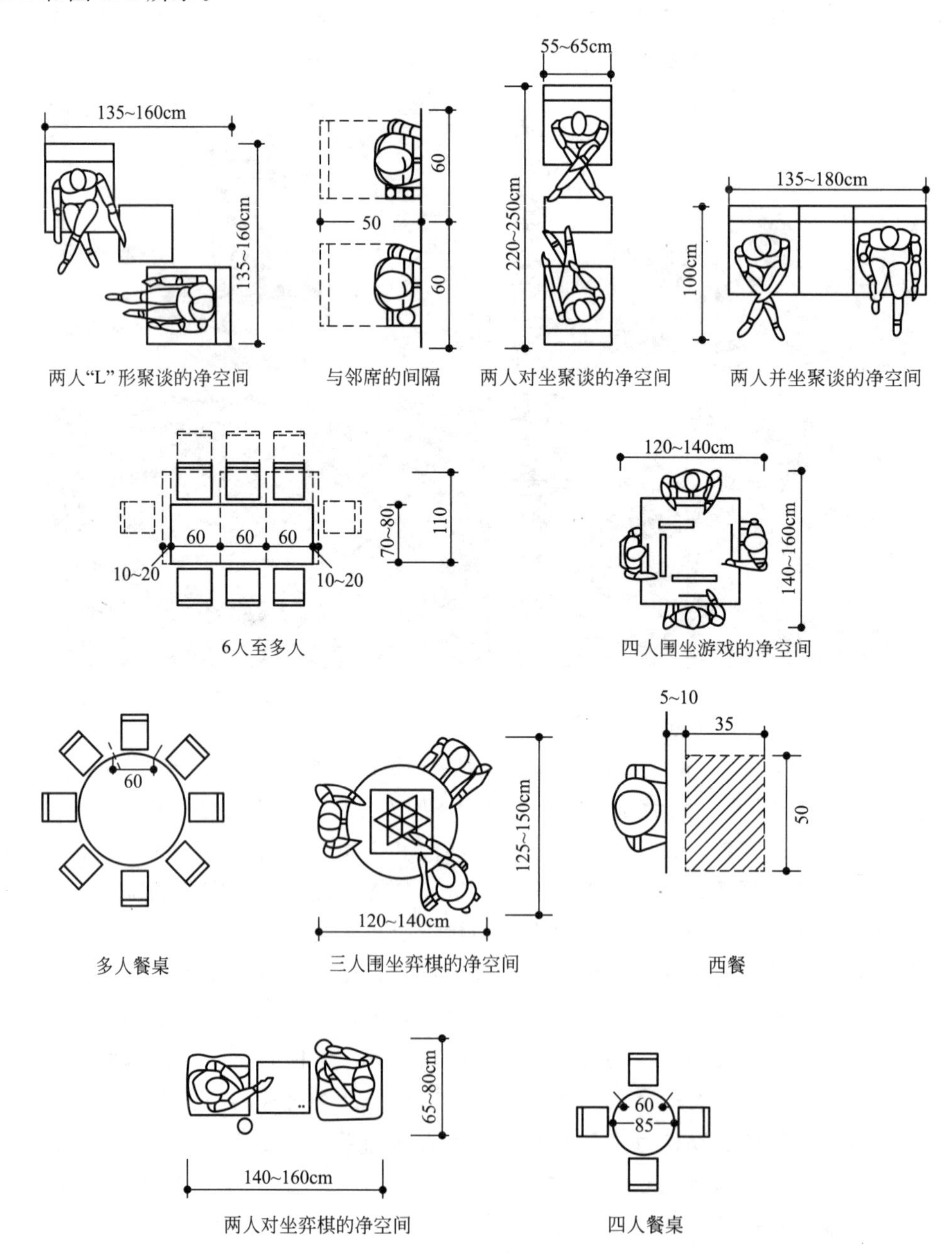

图1.2 人体工程学与确定空间范围关系的例图(单位：cm)

作为研究问题的基础，要准确测定出不同性别的成年人与儿童在立、坐、卧时的平均尺寸，还要测定出人们在使用各种家具、设备和从事各种活动时所需空间的体积与高度，这样一旦确定了空间内的总人数，就能定出空间的合理面积与高度。

2. 为设计家具、设施等提供依据

家具、设施的主要功能是使用。所以，家具设计中的尺度、造型、色彩及其布置方式都必须符合人体的生理、心理尺度及人体各部分的活动规律，以便达到安全、实用、方便、舒适、美观的目的。因此，无论是人体家具还是储存家具都要满足使用要求。属于人体家具的椅、床等，要让人坐着舒适、书写方便、睡得香甜、安全可靠、减少疲劳感；属于储藏家具的柜、橱、架等，要有适合储存各种衣物的空间，并且便于人们存取；属于健身休闲公共设施的，要有合适的空间满足人们的活动要求，使人感觉到既安全又卫生。为满足上述要求，设计家具、设施时必须以人体工程学作为指导，使家具、设施符合人体的基本尺寸和从事各种活动需要的尺寸。

为家具设计提供依据主要体现在可获得相应的家具尺寸和家具造型的基本特征这两个方面。

(1) 利用人体测量数据可以获得相应的家具尺寸。例如，座椅的高度应参照人体小腿加足高，座椅的宽度要满足人体臀部的宽度，使人能够自如地调整坐姿。一般以女性臀宽尺寸第 95 百分位数为设计依据。座椅的深度应能保证臀部得到全部支撑。人体坐深尺寸是确定座位深度的关键尺寸。

很多初学室内设计的学生，对于人的生理缺乏正确的认识，常会犯一些不遵照人体尺度进行设计的错误。如有的同学设计的桌子太高、椅子太矮，这样的设计使用起来就会不舒适、不合理。在装修时，橱柜需要多高，写字台需要多高，床需要多长，这些数据都不是随意定夺的，而是通过大量的科学数据分析出来的，具有一定的通用性。图 1.3 所示为人体与床的尺寸的关系示意图。

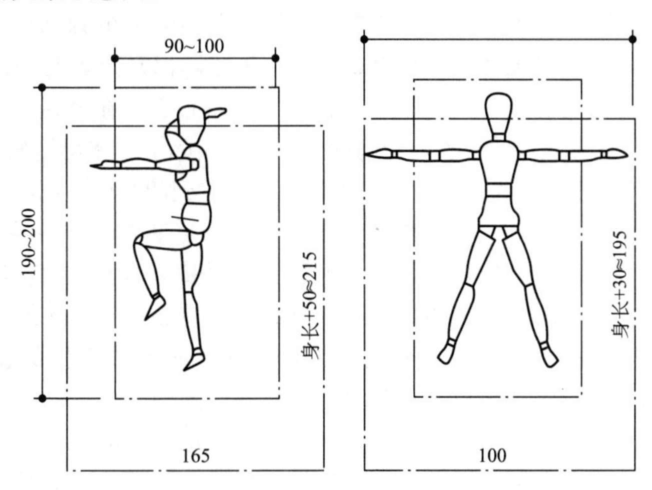

图 1.3　人体与床的尺寸的关系示意图(单位：cm)

(2) 通过了解人体结构可以获得家具造型的基本特征。人体工程学并不仅仅是提供一个普遍性数据的学科，它还是一门优化人类环境的学问，通过它，人们可以设计出舒服的沙发和床垫，还能设计出更方便的工作制服。

人们经常使用的座椅，它的基本功能是支撑身体，让人坐在上面休息和工作。通过了解人体结构，可获得合理的座椅造型设计。按人体工程学理论可知，人体受力最不平衡的部位为腰椎，因为它要支撑整个上躯并要进行大幅度的运动，所以最容易疲劳。因此，座椅设计首先考虑的是人体腰椎得到充分休息，座椅靠背的曲线就是根据人体这种生理特点得出来的。

3. 为确定感觉器官的适应能力提供依据

室内物理环境主要有室内热环境、声环境、光环境、视觉环境、辐射环境等，人体工程学可以为确定感觉器官的适应能力提供依据，例如，人的感觉器官在什么情况下能够感觉到刺激物，什么样的刺激物是可以接受的，什么样的刺激物是不能接受的，等等，进而为室内物理环境设计提供科学的参数，从而创造出舒适的室内物理环境。人的感觉能力是有差别的，从这一事实出发，人体工程学既要研究一般的规律，又要研究不同年龄、不同性别的人感觉能力的差异。

在听觉方面，人体工程学首先要研究人的听觉极限，即什么样的声音能够被人听到。实验表明，一般的婴儿可以听到频率为每秒20000次的声音，成年人能听到频率为每秒6100～18000次的声音，老年人只能听到每秒10100～12000次的声音。其次，要研究音量大小会给人带来怎样的心理反应以及声音的反射、回音等现象。以音量为例，高于48dB的声音即可称为噪声，110dB的声音即可使人产生不快感，130dB的声音可以给人以刺痒感，140dB的声音可以给人以压痛感，150dB的声音则有破坏听觉的可能性。

听觉具有较大的工作范围。在7m以内，耳朵是非常灵敏的，在这一距离进行交谈没有什么困难。大约在35m的距离，仍可以听清楚演讲，比如建立起一种问与答式的关系，但已不可能进行实际的交谈。超过35m，倾听别人的能力就大大降低了，有可能听见人的大声叫喊，但很难听清喊的内容。如果距离达1km或者更远，就只可能听见大炮声或者高空的喷气式飞机这样极强的噪声。

当背景噪声超过60dB时，几乎就不可能进行正常的交谈了，而在交通拥挤的街道上，噪声的水平通常正是这个数值。因此，在繁忙的街道上实际极少看见有人在交谈，即使要交谈几句，也会有很大的困难。人们只有趁交通缓和之际以高声说几句短暂的、嘴边上的话来进行交流。为了在这种条件下交谈，人们必须靠得很近，在小到5～15cm的距离内讲话。如果成人要与儿童交谈，就必须躬身俯近儿童。这实际上意味着当噪声水平太高时，成人与儿童之间的交流会完全消失，儿童无法询问他们所看到的东西，也不可能得到回答。

只有在背景噪声小于60dB时，才可能进行交谈。如果人们要听清别人的轻声细语、脚步声、歌声等完整的社会场景要素，噪声水平就必须降至45～50dB以下。

嗅觉只能在非常有限的范围内感知不同的气味。只有在小于1m的距离以内，才能闻到从别人头发、皮肤和衣服上散发出来的较弱的气味。香水或者别的较浓的气味可以在2～3m远处感觉到。超过这一距离，人就只能嗅出很浓烈的气味。

视觉具有更大的工作范围，可以看见天上的星星，也可以清楚地看见已听不到声音的飞机。但是，就感受他人来说，视觉与别的知觉一样，也有明确的局限。在0.5～1km的距离之内，人们根据背景、光照可以看见和辨别出人。在大约100m远处，就可以分辨出具体的人。在70～100m远处，就可以比较有把握地确认一个人的性别、大概的年龄及这个人在干什么。在30m远处面部特征、发型和年纪都能看到。在20～25m处，能看清人的面部表情和情绪。

视觉、听觉、触觉等方面的问题也很多。不难想象，研究这些问题，找出其中的规律，对于确定室内外环境的各种条件(如色彩配置、景物布局、温度、湿度、声学要求等)都是绝对必需的。

习 题

一、填空

1．人体工程学是研究________系统中“________、________、________”三大要素之间的关系，为解决该系统中人的________、________问题提供理论与方法的科学。

2．人体工程学的英文名称为________。

3．人体工程学在其形成与发展过程中大致分为________、________、________三个阶段。

4．国际人类工效学学会简称________，会章中把人类工效学定义为：这门学科是研究________在工作环境中的________、________、________等诸多方面的因素，研究系统中各组成部分的交互作用，研究在工作和家庭中、在休假的环境里，如何实现________最优化的问题的学科。

二、选择题

1．人体工效学其实就是(　　)。

A．环境学　　B．环境心理学　　C．心理学　　D．人体工程学

2．人体工程学是一门交叉综合性学科，所以其称谓也略有不同。以下除了(　　)都是指同一学科范畴。

A．HUMAN ENGINEERING　　B．人类工程学

C．ERGONOMICS　　D．工业心理学

3．人体工程学的发展时期，出现了三个著名的实验，这三个实验发生在(　　)，这一时期的特点是(　　)。

A．经验人体工程学时期，使人适用于机器

B．科学人体工程学时期，使机器适用于人

C．现代人体工程学时期，使人适用于机器

D．我国人体工程学时期，使人适用于机器

4．从室内设计的角度来说，人体工程学的主要功用在于通过对人体的(　　)和(　　)的正确认识，使室内环境因素适应人类生活活动的需要，进而达到提高室内环境质量的目标。

A．人体　尺寸　　B．生理　心理

C．空间　结构　　D．生理　人体

三、简答题

1．什么是人体工程学？学习人体工程学的意义是什么？

2．人体工程学在家具与室内设计中有哪些作用？

3．人体工程学定义中的三大要素是什么？

第2章 人体测量与数据应用

目的与要求

通过本章的学习，使学生熟悉和掌握人体测量的概念、人体测量的数据处理及人体测量数据的应用，了解常用人体测量数据。

内容与重点

本章主要介绍了人体测量的概念、人体测量的数据处理、人体测量数据的应用。重点掌握人体测量的数据处理方法和人体测量数据的应用。

引例

公交车座椅的设计

问题：公交车里面座椅的设计。坐在外面的人脚放得不舒服，是该一只脚放在下面，一只放在上面，还是两腿蜷缩着放在上面？无论是座椅的里面还是外面，坐着的人都非常不舒服。

具体分析：根据舒适的座椅尺寸，公交车的座椅首先就不满足坐高，所以才会让人感觉坐在上面非常不舒服，而且座椅下面一面高一面低的地势也是其中的一个原因。

解决办法：可以把座椅设计得高一点，再把下面地势设计平坦一些，尽量设计满足人体的最佳座椅。

2.1 人体测量的基本知识

2.1.1 人体测量学概述

为了使各种与人体尺度有关的设计对象能符合人的生理特点，让人在使用时处于舒适的状态和适宜的环境之中，必须在设计中充分考虑人体的各种尺度，因而也就要求设计者能了解一些人体测量学方面的基本知识，并能熟悉有关设计所必需的人体测量基本数据的性质和使用条件。

人体测量学是一门新兴的学科，它是通过测量各个部分的尺寸来确定个人之间和群体之间在尺寸上的差别的学科。最早对这个学科命名的是比利时数学家奎特里特 Quitlet，他于 1870 年发表了《人体测量学》一书，逐渐形成了“人体测量学”这一学科，然而人们开始对人体尺寸感兴趣并发现人体各部分的相互关系则可追溯到两千年前。公元前 1 世纪，古罗马建筑师维特鲁威就从建筑学的角度对人体尺寸进行了较完整的论述，他发现人体基本上以肚脐为中心。一个男人挺直身体、两手侧向平伸的长度恰好就是其高度，双足和双手的指尖正好在以肚脐为中心的圆周上。

中国人体测量发展介绍
【参考视频】

按照维特鲁威的描述，文艺复兴时期的达·芬奇创作了著名的人体比例图——维特鲁威人，如图 2.1 所示。

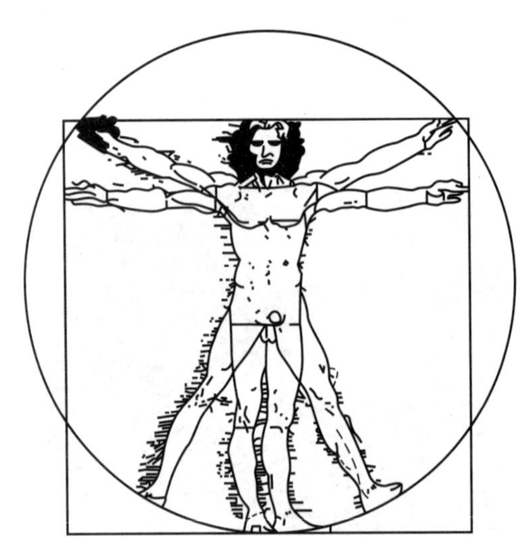

图 2.1　维特鲁威人

人体测量学创立于1940年，此前积累了大量的数据，但这些数据资料无
法被设计者使用，因为他们的资料是以美为目的来研究人体的比例关系的，如图2.2所示，是典型化的、抽象的，而设计需要的是具体的某个人或某个群体(如国家、民族、职业)的准确数据。要得到这些数据，就要进行大量的调查，要对不同背景的个体和群体进行细致的测量和分析，以得到他们的特征尺寸、人体差异和尺寸分布的规律。进行这样大量的工作是非常困难的，尤其是想要得到代表一个国家或地区的普遍资料是非常困难的。大多数已有的资料来源于军事部门，因为他们可以集中进行调查，但他们常常代表不了普通人的状况，因为军人的身体素质水平高于一般人，年龄和性别也有局限性。

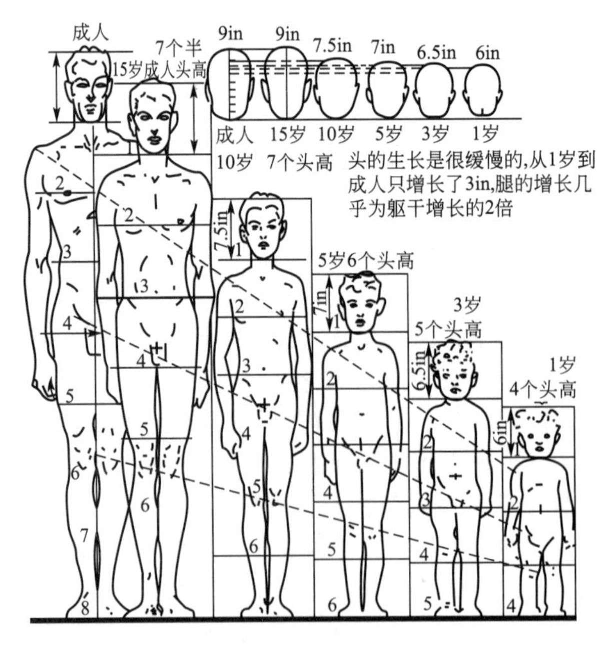

图 2.2　人的身高与头长的关系(1in=2.54cm)

人体工程学范围内的人体形态测量数据主要有两类，即人体构造尺寸和功能尺寸的测量数据。人体结构上的尺寸是指静态的尺寸；人体功能上的尺寸是指动态尺寸，包括人在工作姿势下或在某种操作活动状态下测量的尺寸。本章仅介绍人体形态测量的有关内容。

各种机械、设备、设施和工具等设计对象在适合于人的使用方面，首先涉及的问题是如何适合于人的形态和功能范围的限度。例如，一切操作装置都应设在人的肢体活动所能及的范围之内，其高低位置必须与人体相应部位的高低位置相适应，而且其布置应尽可能设在人操作方便、反应最灵活的范围之内，如图 2.3(a)所示。其目的就是提高设计对象的宜人性，让使用者能够安全、健康、舒适地工作，从而有利于减少人体疲劳和提高人机系统的效率。在设计中涉及人体尺度确定的都需要应用大量人体结构和功能尺寸的测量数据。在设计时若不能很好地考虑这些人体参数，就很可能造成操作上的困难，不能充分发挥人机系统的效率。如图 2.3(b)所示的车床是一个突出的例子，其操作部位的高度与人的上肢舒适操作的高度相比过低或过高，人在操作时就需要弯腰或抬臂，这样不仅人体将过早地产生疲劳，影响工作效率，而且长期操作还会对操作者的身体健康带来不利影响。总之，这一明显的例子足以说明人体测量参数对各种与人体尺度有关的设计对象具有重要的意义。

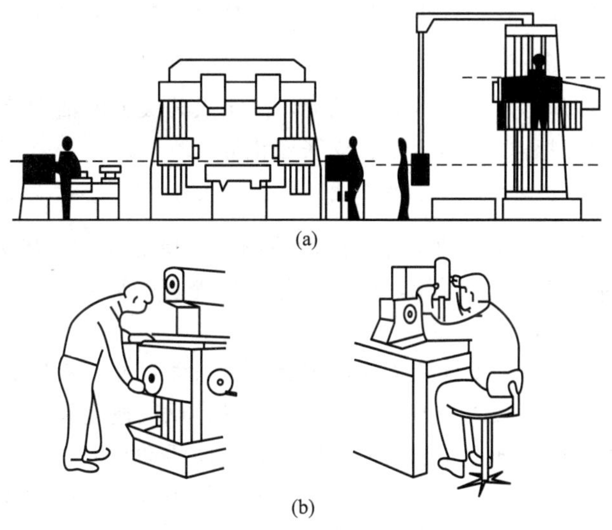

图 2.3　机床与人体尺度的关系

国外对这方面的研究进行得比较早。早在 1919 年，美国就对 10 万名退役军人进行了测量，美国卫生、教育和福利部门还在市民中进行全国范围的测量，包括 18～79 岁不同年龄、不同职业的人。

在我国，由于幅员辽阔，人口众多，人体尺寸随年龄、性别、地区的不同而各不相同，同时，随着时代的向前发展，人们生活水平逐渐提高，人体的尺寸也在发生变化，因此，要有一个全国范围内的人体各部位尺寸的平均测定值是一项繁重而细致的工作。

国家标准《中国成年人人体尺寸》(GB/T 10000—1988) 可作为我国人体工程学设计的基本数据。

目前，我们在设计中依据的数据来源主要有以下几个国家标准：1962 年建筑科学研究院发表的《人体尺度的研究》中有关我国人体的测量值，1988 年我国正式颁布的《中国成年人人体尺寸》(GB/T 10000—1988)，1991 年颁布的《在产品设计中应用人体尺寸百分位数的通则》(GB/T 12958—1991)，1992 年公布的《工作空间人体尺寸》(GB/T 13547—1992) 等。

2.1.2 人体测量的目的

在进行人体工程学研究时，为了便于进行科学的定性定量分析，首先要解决的问题就是获得有关人体的心理特性和生理特性的数据。所有这些数据都要在人体上测量而得。人体测量的目的就是为研究者和设计者提供依据。

2.1.3 人体测量的内容

人体测量包括很多内容，它以人体测量学和与它密切相关的生物力学、实验心理学为主，综合了多学科的研究成果，主要包括以下几个方面。

1. 形态测量

形态测量是以检查人体形态的方式进行测量，主要内容有长度尺寸、体形(胖瘦)、体积、体表面积等。人体形态测量数据分为两大类：一是人体构造上的静态尺寸；二是人体功能上的动态尺寸，包括人在各种工作状态和运动状态下测量的尺寸。

2. 运动测量

运动测量是在人体静态形体测量的基础上，测定人体关节的活动范围和肢体的活动空间，如动作范围、动作过程、形体变化、皮肤变化等。

3. 生理测量

生理测量是测定人体主要生理指标，如疲劳测定、触觉测定、出力范围大小测定等。人体测量的数据被广泛用于许多领域，如建筑业、制造业、航空、宇航等，用以改进设备适用性，提高人为环境质量。

不同学科涉及的人体特征不同，例如，服装涉及人体尺寸、人体表面积；乘载机具涉及人体重量；机具操纵涉及人的出力、肢体活动范围、反应速度和准确度等。在建筑与室内设计中相关的人体测量数据主要包括人体尺寸、人体活动空间，出力范围、重心等。各种机械、设备、设施和工具等设计对象在适合于人的使用方面，首先涉及的问题是如何适合于人的形态和功能范围的限度。否则，就有可能造成操作上的困难，不能充分发挥人机系统效率，甚至造成安全事故。

2.1.4 人体测量的基本术语

国标 GB/T 5703—2010 规定了人体工程学使用的成年人和青少年的人体测量术语。该标准规定，只有在被测者姿势、测量基准轴和基准面、测量方向、测点等符合下列要求的前提下，测量数据才是有效的。

1. 被测者姿势

1）立姿

立姿指被测者挺胸直立，头部用眼耳平面定位，眼睛平视前方，肩部放松，上肢自然下垂，手伸直，手掌朝向体侧，手指轻放在大腿侧面，自然伸直，左、右足后跟并拢，前端分开大致成45°夹角，体重均匀分布于两足。

2）坐姿

坐姿指被测者挺胸坐在被调节到腓骨头高度的平面上，头部用眼耳平面定位，眼睛平视前方，左、右大腿大致平行，大腿与小腿大致成90°角，足平放在地面上，手轻放在大腿上。

2. 测量基准轴、基准面

人体测量中确定的轴线和基准面如图2.4所示。

1）测量基准轴

(1) 铅垂轴(垂直轴)：通过各关节中心并垂直于水平面的一切轴线。

(2) 矢状轴(纵轴)：通过各关节中心并垂直于冠状面的一切轴线。

(3) 冠状轴(横轴)：通过各关节中心并垂直于矢状面的一切轴线。

2）测量基准面

人体测量基准面是由三个互为垂直的轴(垂直轴、纵轴和横轴)来决定的。

(1) 矢状面：通过垂直轴和矢状轴的平面及与其平行的所有平面都称为矢状面。

(2) 正中矢状面：在矢状面中，把通过人体正中线的矢状面称为正中矢状面，正中矢状面将人体分成左、右对称的两部分。

(3) 冠状面：通过垂直轴和冠状平面及与其平行的所有平面都称为冠状面，冠状面将人体分为前、后两部分。

(4) 水平面：与矢状面及冠状面同时垂直的所有平面称为水平面。水平面将人体分成上、下两部分。

(5) 眼耳平面：通过左、右耳屏点及左右眼眶下点的水平面称为眼耳平面，又称为法兰克福平面，如图2.5所示。

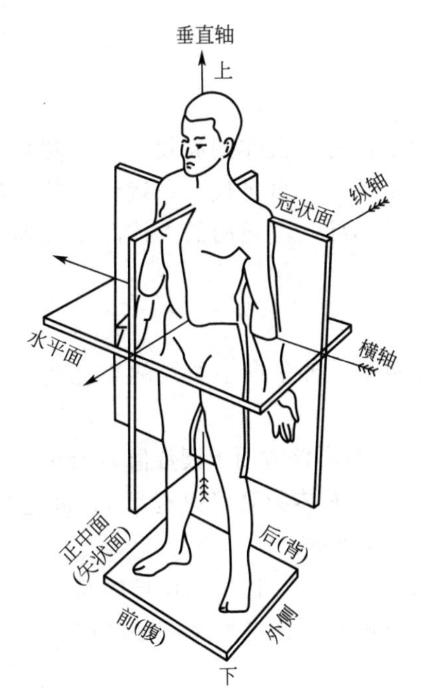

图2.4 人体测量基准面和基准轴

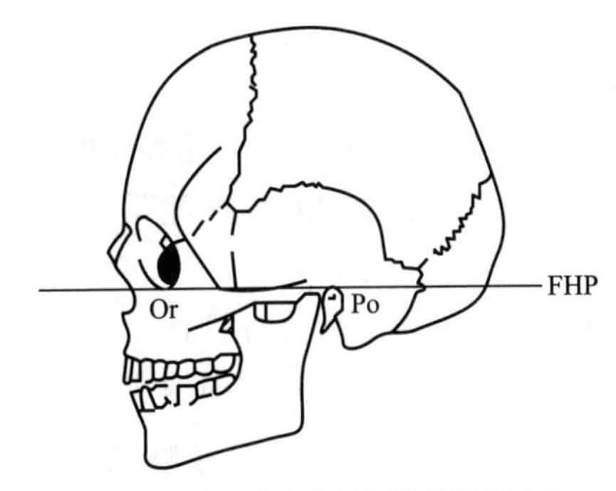

图2.5 眼耳平面(法兰克福平面)

人体尺寸测量均在测量基准面内、沿测量基准轴的方向进行。

3. 测量方向

(1) 在人体上、下方向上，上方称为头侧端，下方称为足侧端。

(2) 在人体左、右方向上，将靠近正中矢状面的方向称为内侧，将远离正中矢状面的方向称为外侧。

(3) 在四肢上，将靠近四肢附着部位称为近位，将远离四肢附着部位称为远位。

(4) 对于上肢，将桡骨侧称为桡侧，将尺骨侧称为尺侧。

(5) 对于下肢，将胫骨侧称为胫侧，将腓骨侧称为腓侧。

4. 支承面和衣着

立姿站立的地面或平台及坐姿时的椅平面应是水平的、稳固的、不可压缩的。

衣着方面要求被测量者裸体或穿着尽量少的内衣(如只穿内裤和汗背心)测量，在后者情况下测量时，男性应撩起背心，女性应松开胸罩后进行测量。

5. 基本测点及测量项目

在国标 GB/T 5703—2010 中规定了人体工程学使用的有关人体测量参数的测点及测量项目，其中包括：头部测点 6 个，测量项目 12 项；躯干和四肢部位的测点 22 个，测量项目 69 项，其中分为：立姿 40 项，坐姿 22 项，手和足部 6 项及体重 1 项。至于测点和测量项目的定义说明在此不作介绍，需要进行测量时，可参阅该标准的有关内容。

此外，国标 GB 5703—2010 又规定了人体工程学使用的人体参数的测量方法，这些方法适用于成年人和青少年的人体参数测量，该标准对上述 81 个测量项目的具体测量方法和各个测量项目所使用的测量仪器都进行了详细的说明。凡需要进行测量的，必须按照该标准规定的测量方法测量，其测量结果方为有效。

2.1.5 人体测量的主要仪器和方法

在人体尺寸参数的测量中，所采用的人体测量仪器有：人体测高仪、人体测量用直脚规、人体测量用弯脚规、人体测量用三脚平行规、坐高椅、量足仪、角度计、软卷尺以及医用磅秤等。我国对人体尺寸测量专用仪器已制订了标准，而通用的人体测量仪器可采用一般的人体生理测量的有关仪器。

1. 人体测高仪

它主要是用来测量身高、坐高、立姿和坐姿的眼高、伸手向上所及的高度及立姿和坐姿的人体各部位高度尺寸。

国标 GB 5704—2008 是人体测高仪的技术标准，该测高仪适用于读数值为 1mm；测量范围为 0～1996mm 人体高度尺寸的测量。标准中所规定的人体测高仪由直尺 1、固定尺座 2、活动尺座 3、弯尺 4、主尺杆 5 和底层 6 组成，如图 2.6 所示。

全身人体 3D 扫描仪：三维人体测量仪
【参考视频】

将两支弯尺分别插入固定尺座和活动尺座，与构成主尺杆的第一、二节金属管配合使用时，即构成圆杆弯脚规，可测量人体各种宽度和厚度。

2. 人体测量用弯脚规

它是用于不能直接以直尺测量的两点之间距离的测量，如测量肩宽、胸厚等部位的尺寸。

国标 GB 5704—2008 是人体测量用弯脚规的技术标准，此种弯脚规适用于读数值为 1mm，测量范围为 0～300mm 的人体尺寸的测量。按其脚部形状的不同分为椭圆型(Ⅰ型)和尖端型(Ⅱ型)，如图 2.7 所示为Ⅱ型弯角规。

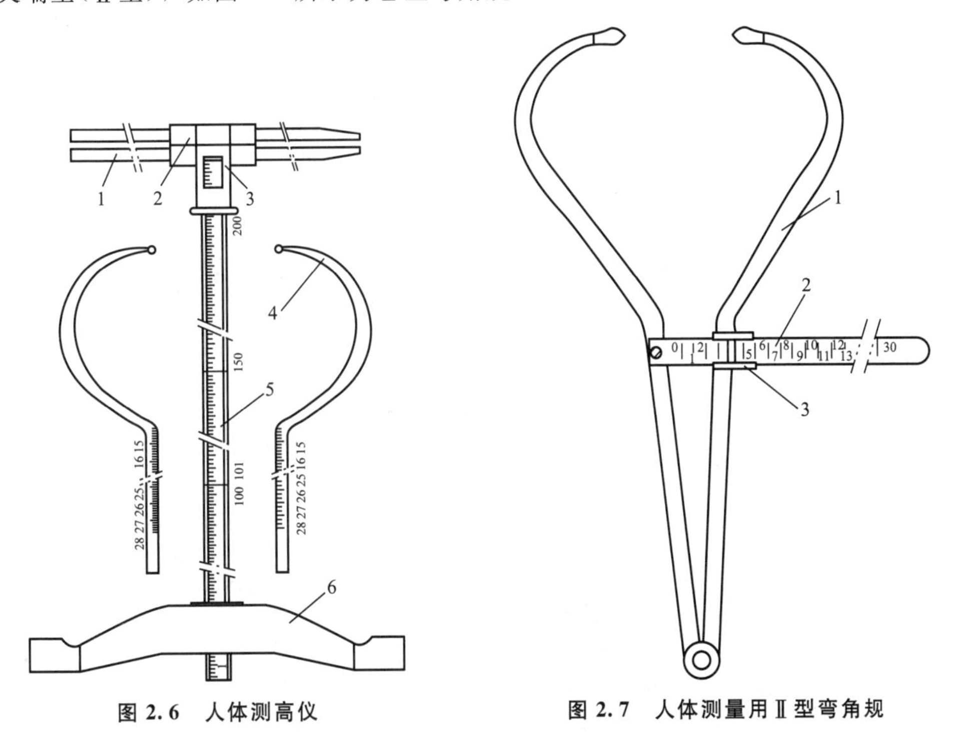

图 2.6　人体测高仪　　　　图 2.7　人体测量用Ⅱ型弯角规

3. 人体测量用直脚规

它是用来测量两点之间的直线距离，特别适宜测量距离较短的不规则部位的宽度或直径，如测量耳、脸、手、足等部位的尺寸。

国标 GB/5704—2008 是人体测量用直脚规的技术标准，此种直脚规适用于读数值为 1mm 和 0.1mm，测量范围为 0～200mm 和 0～250mm 人体尺寸的测量。直脚规根据有无游标读数分Ⅰ型和Ⅱ型两种类型，而无游标读数的Ⅰ型直脚规根据测量范围的不同，又分为ⅠA 和ⅠB 两种型号，其结构如图 2.8 所示。

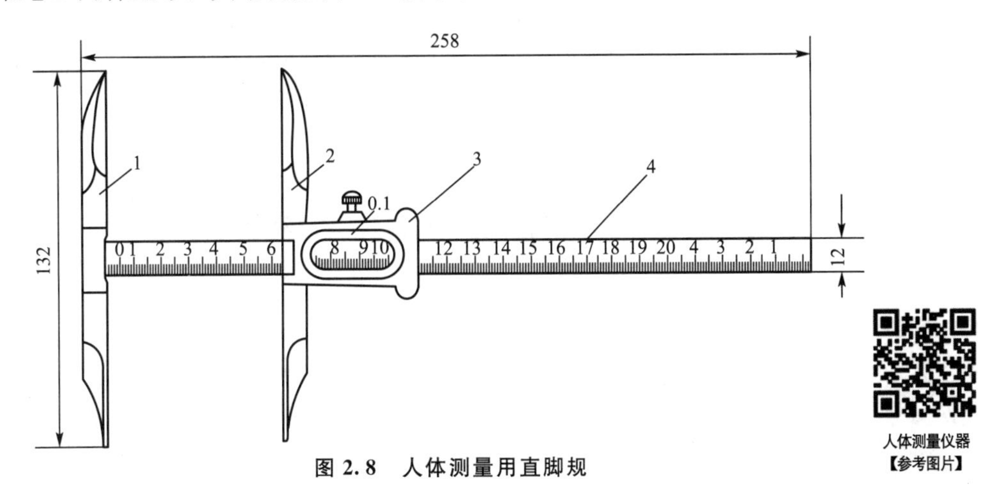

图 2.8　人体测量用直脚规

人体测量仪器
【参考图片】

人体测量的方法主要有：丈量法、摄影法、问卷法、自动仪器测量法。

2.1.6 人体测量图例

如图2.9所示，为一些人体测量的图例，较为形象地表示了部分人体测量的方法。

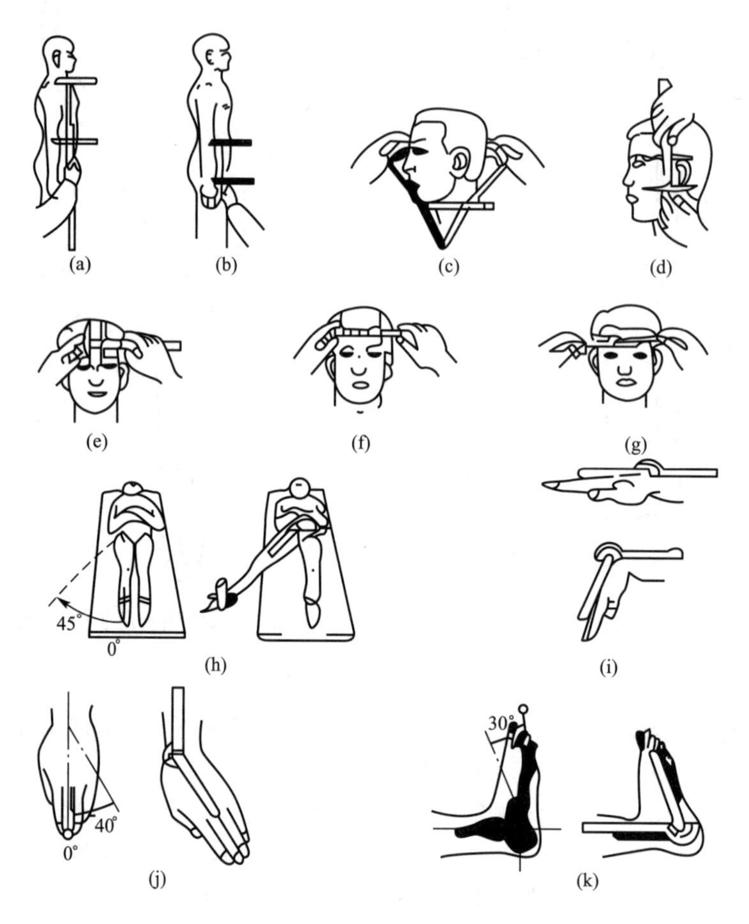

图2.9 人体尺寸测量方法的示例

(a) 上臂长的测量；(b) 前臂长的测量；(c) 头长的测量；(d) 容貌耳长的测量；
(e) 两眼内宽的测量；(f) 两眼外宽的测量；(g) 头围的测量；(h) 髋关节外展活动的测量；
(i) 掌侧屈的测量；(j) 尺侧偏的测量；(k) 尺背屈的测量

2.2 人体测量中的主要统计函数

由于群体中个体与个体之间存在着差异，一般来说，某一个体的测量尺寸不能作为设计的依据。为使产品适合于一个群体的使用，设计中需要的是一个群体的测量尺寸。然而，全面测量群体中每一个体的尺寸又是不现实的。通常是通过测量群体中较少量个体的尺寸，经数据处理后而获得较为精确的所需群体尺寸。

在人体测量中所得到的测量值都是离散的随机变量，因而可根据概率论与数理统计理论对测量数据进行统计分析，从而获得所需群体尺寸的统计规律和特征参数。

1. 均值

表示样本的测量数据集中地趋向某一个值，该值称为平均值，简称均值。均值是描述测量数据位置特征的值，可用来衡量一定条件下的测量水平和概括地表现测量数据的集中情况。对于有 n 个样本的测量值：x_1，x_2，…，x_n，其均值为

$$\bar{x}=\frac{x_1+x_2+\cdots+x_n}{n}=\frac{1}{n}\sum_{i=1}^{n}x_i$$

式中，$\bar{x}$——均值；

n——样本容量；

x_i——第 i 个样本的测量值。

2. 方差

描述测量数据在中心位置(均值)上下波动程度差异的值称为均方差，通常称为方差。方差表明样本的测量值是变量，既趋向均值而又在一定范围内波动。对于均值为 $\bar{x}$ 的 n 个样本测量值：x_1，x_2，…，x_n，其方差 S^2 为

$$S^2=\frac{1}{n-1}[(x_1-\bar{x})^2+(x_2-\bar{x})^2+\cdots+(x_n-\bar{x})^2]=\frac{1}{n-1}\sum_{i=1}^{n}(x_i-\bar{x})^2$$

式中，S^2——样本方差；

$\bar{x}$——均值；

n——样本容量；

x_i——第 i 个样本的测量值。

【例 2.1】 一组学生的身高分别为：160cm、158cm、165cm、166cm、175cm、167cm、170cm，求这组学生的平均值和这组数据的方差 S^2。

解： $\bar{x}=\frac{x_1+x_2+\cdots+x_n}{n}=\frac{160+158+165+166+175+167+170}{7}$

$=165.9\text{cm}$

$$S^2=\frac{1}{n-1}[(x_1-\bar{x})^2+(x_2-\bar{x})^2+\cdots+(x_n-\bar{x})^2]$$

$$=\frac{1}{7-1}[(160-165.9)^2+(158-165.9)^2+\cdots+(170-165.9)^2]$$

$=33.1$

3. 标准差

由方差的计算公式可知，方差的量纲是测量值量纲的平方，要使其量纲和均值相一致，需取其均方根，即用标准差来说明测量值对均值的波动情况。方差的平方根称为标准差。对于均值为 $\bar{x}$ 的 n 个样本测量值：x_1，x_2，…，x_n，其方差 S_D 为

$$S_D = \sqrt{\frac{\sum_{i=1}^{n}(x_i - \bar{x})^2}{n-1}} = \left[\frac{1}{n-1}\left(\sum_{i=1}^{n} x_i^2 - n\bar{x}^2\right)\right]^{\frac{1}{2}}$$

4. 抽样误差

抽样误差又称标准误差，即全部样本均值的标准差，在实际测量和统计分析中，总是以样本推测总体，而在一般情况下，样本与总体不可能完全相同，其差别就是由抽样引起的。抽样误差值越大，表明样本均值与总体均值的差别越大；反之，说明其差别越小，即均值的可靠性越高。

概率论证明，当样本数据列的标准差为 S_D，样本容量为 n 时，则抽样误差 $S_{\bar{x}}$ 的计算为

$$S_{\bar{x}} = \frac{S_D}{\sqrt{n}}$$

由上式可知，均值的标准差 $S_{\bar{x}}$ 要比测量数据列的标准差 S_D 小 $\sqrt{n}$ 倍。当测量方法一定时，样本容量越多，测量结果精度越高。因此，在可能范围内增加样本容量，可以提高测量结果的精度。

5. 百分位与百分位数

百分位由百分比表示，表示设计的适应域，称为“第几百分位”。例如，50%称为第50百分位。一个设计只能取一定的人体尺寸范围，只考虑整个分布的一部分“面积”，称为“适应域”，适应域是相对设计而言的，对应统计学的位置区间的概念。适应域可分为对称适应域和偏适应域。对称适应域对称于均值；偏适应域通常是整个分布的某一边。

百分位数是百分位对应的测量数值。例如，身高分布的第5百分位数为1543mm，则表示有5%的人的身高将低于这个高度。

人体测量的数据常以百分位数作为一种位置指标、一个界值。一个百分位数将群体或样本的全部测量值分为两部分，有 K%的测量值等于或小于它，有 $(100-k)$%的测量值大于它。在设计中常用的是第5、第50、第95百分位数。第5百分位数代表“小身材”，即只有5%的人群的数值低于此下限值，而有95%的人群身材尺寸均大于此值；第50百分位数代表“适中”身材，即分别有50%的人群的数值高于或低于此值；第95百分位数代表“大”身材，即只有5%的人群的数值高于此上限值，有95%的人群身材尺寸均小于此值。

在人体工程学中，可以根据均值 $\bar{x}$ 和标准差 S_D 来计算某百分位数人体尺寸，或计算某一人体尺寸所属的百分位数。

1) 求某百分位数人体尺寸

当已知某项人体测量尺寸的均值为 $\bar{x}$，标准差为 S_D，需要求任一百分位人体测量尺寸 X 时，可用下式计算：

$$x_a = \bar{x} \pm (S_D \times k)$$

当求1%～50%之间的数据时，式中取“－”号；当求50%～99%之间的数据时，式中取“＋”号。

式中 k 为变换系数，设计中常用的百分比值与变换系数 k 的关系如表 2-1 所示。

表 2-1 百分比与变换系数

百分比(%)	k	百分比(%)	k	百分比(%)	k
0.5	2.567	25	0.674	80	0.842
1.0	2.326	30	0.524	85	1.036
2.5	1.960	40	0.253	90	1.282
5	1.645	50	0.000	95	1.645
10	1.282	60	0.253	97.5	1.960
15	1.036	70	0.524	99	2.326
20	0.842	75	0.674	99.5	2.576

【例 2.2】 华北男性平均身高为 1693mm，标准差为 56.6mm。设计适用于 90%华北男性使用的产品，试问应按怎样的身高范围设计该产品尺寸？

解：要求产品适用于 90%的人，故以第 5 百分位和第 95 百分位确定尺寸的界限值，由表查得变换 $k=1.645$，即

第 5 百分位数为

$$x=1693-(56.6\times1.645)=1600\text{mm}$$

第 95 百分位数为

$$x=1693+(56.6\times1.645)=1786\text{mm}$$

结论：按身高 1600～1786mm 设计产品尺寸，将适应用于 90%的华北男性。

注意：例中被排除的 10%的人，是 10%的矮小者还是高大者或者大小各排除 5%即取中间值，取决于排除后对使用者的影响和经济效果。

2) 求数据所属百分率

当已知某项人体测量尺寸为 x_i，其均值为$\bar{x}$，标准差为 S_D时，需要求该尺寸 x_i所处的百分率 P 时，可按 $z=(x_i-\bar{x})/S_D$计算出 z 值，再根据 z 值在表 2-2 给出的正态分布概率数值表上查得对应的概率数值 P。

表 2-2 正态分布概率数值

z	0.00	0.01	0.02	0.03	0.04	0.05	0.06	0.07	0.08	0.09
0.0	0.5000	0.5040	0.5080	0.5120	0.5160	0.5199	0.5239	0.5279	0.5319	0.5359
0.1	0.5398	0.5438	0.5478	0.5517	0.5557	0.5596	0.5636	0.5675	0.5714	0.5753
0.2	0.5793	0.5832	0.5871	0.5910	0.5948	0.5987	0.6026	0.6064	0.6103	0.6141
0.3	0.6179	0.6217	0.6255	0.6293	0.6331	0.6368	0.6404	0.6443	0.6480	0.6517
0.4	0.6554	0.6591	0.6628	0.6664	0.6700	0.6736	0.6772	0.6808	0.6844	0.6879
0.5	0.6915	0.6950	0.6985	0.7019	0.7054	0.7088	0.7123	0.7157	0.7190	0.7224
0.6	0.7257	0.7291	0.7324	0.7357	0.7389	0.7422	0.7454	0.7486	0.7517	0.7549

(续)

z	0.00	0.01	0.02	0.03	0.04	0.05	0.06	0.07	0.08	0.09
0.7	0.7580	0.7611	0.7642	0.7673	0.7703	0.7734	0.7764	0.7794	0.7823	0.7852
0.8	0.7881	0.7910	0.7939	0.7967	0.7995	0.8023	0.8051	0.8078	0.8106	0.8133
0.9	0.8159	0.8168	0.8212	0.8238	0.8264	0.8289	0.9255	0.8340	0.8365	0.8389
1.0	0.8413	0.8468	0.8461	0.8485	0.8508	0.8531	0.8554	0.8577	0.8599	0.8621
1.1	0.8643	0.8665	0.8686	0.8708	0.8729	0.8749	0.8770	0.8790	0.8810	0.8830
1.2	0.8849	0.8869	0.8888	0.8907	0.8925	0.8944	0.8962	0.8980	0.8997	0.9015
1.3	0.9032	0.9049	0.9066	0.9082	0.9099	0.9115	0.9131	0.9147	0.9162	0.9177
1.4	0.9192	0.9207	0.9222	0.9236	0.9251	0.9265	0.9279	0.9292	0.9306	0.9319
1.5	0.9332	0.9345	0.9357	0.9370	0.9382	0.9394	0.9406	0.9418	0.9430	0.9441
1.6	0.9452	0.9463	0.9474	0.94884	0.9495	0.9505	0.9515	0.9525	0.9535	0.9535
1.7	0.9554	0.9564	0.9573	0.9585	0.9591	0.9599	0.9608	0.9616	0.9625	0.9633
1.8	0.9641	0.9648	0.9656	0.9664	0.9672	0.9678	0.9686	0.9693	0.9700	0.9706
1.9	0.9713	0.9719	0.9726	0.9732	0.9738	0.9744	0.9750	0.9756	0.9762	0.9767
2.0	0.9772	0.9778	0.9783	0.9788	0.9793	0.9798	0.9803	09808	0.9812	0.9817
2.1	0.9821	0.9826	0.9830	0.9834	0.9838	0.9842	0.9846	0.9850	0.9854	0.9857
2.2	0.9861	0.9864	0.9868	0.9871	0.9874	0.9878	0.9881	0.9884	0.9887	0.9890
2.3	0.9893	0.9896	0.9898	0.9901	0.9904	0.9906	0.9909	0.9911	0.9913	0.9916
2.4	0.9918	0.9920	0.9922	0.9925	0.9927	0.9929	0.9931	0.9932	0.9934	0.9936
2.5	0.9938	0.9940	0.9941	0.9943	0.9945	0.9946	0.9948	0.9949	0.9951	0.9952
2.6	0.9953	0.9955	0.9956	0.9957	0.9959	0.9960	0.9961	0.9962	0.9963	0.9964
2.7	0.9965	0.9966	0.9967	0.9968	0.9969	0.9970	0.9971	0.9972	0.9973	0.9974
2.8	0.9974	0.9975	0.9976	0.9977	0.9977	0.9978	0.9979	0.9979	0.9980	0.9981
2.9	0.9981	0.9982	0.9982	0.9983	0.9984	0.9984	0.9985	0.9985	0.9986	0.9986
3.0	0.9987	0.9987	0.9987	0.9988	0.9988	0.9989	0.9989	0.9989	0.9990	0.9990
3.1	0.9990	0.9991	0.9991	0.9991	0.9992	0.9992	0.9992	0.9992	0.9993	0.9993
3.2	0.9993	0.9993	0.9994	0.9994	0.9994	0.9994	0.9994	0.9995	0.9995	0.9995
3.3	0.9995	0.9995	0.9996	0.9996	0.9996	0.9996	0.9996	0.9996	0.9996	0.9997
3.4	0.9997	0.9997	0.9997	0.9997	0.9997	0.9997	0.9997	0.9997	0.9997	0.9998
3.5	0.9998	0.9998	0.9998	0.9998	0.9998	0.9998	0.9998	0.9998	0.9998	0.9998
3.6	0.9998	0.9998	0.9998	0.9998	0.9998	0.9998	0.9998	0.9998	0.9998	0.9998
3.7	0.9999	0.9999	0.9999	0.9999	0.9999	0.9999	0.9999	0.9999	0.9999	0.9999
3.8	0.9999	0.9999	0.9999	0.9999	0.9999	0.9999	0.9999	0.9999	0.9999	0.9999
3.9	1.0000	1.0000	1.0000	1.0000	1.0000	1.0000	1.0000	1.0000	1.0000	1.0000

【例 2.3】 已知女性 A 身高 1610mm，东北女性平均身高为 1586mm，标准差为 51.8mm。试求有百分之多少的东北女性超过女性 A 的身高。

解： 由 $z=(x_i-\bar{x})/S_D$ 得

$$Z=\frac{1610-1586}{51.8}=\frac{24}{51.8}\approx 0.463$$

根据 $Z=0.463$ 值查表，得

$$a=0.677$$

结论：身高在 1610mm 以下的东北女性为 67.7%，则超过女性 A 身高的东北女性为 32.3%。

2.3 人体尺寸

人体尺寸主要有两类：人体结构尺寸和人体功能尺寸。

静止的人体可以采取不同的姿势，统称为静态姿势，主要可分为立姿、坐姿、跪姿和卧姿四种基本形态。人体的静态尺寸对与人体有直接密切关系的物体有较大关系，如家具、服装和手动工具等，主要为人体各种器具设备提供数据。

2.3.1 我国成年人人体尺寸

我国于 1988 年 12 月 10 日发布了《中国成年人人体尺寸》(GB/T 10000—1988)，该标准于 1989 年 7 月开始实施，它为我国人体工程学设计提供了基础数据。该标准适用于工业产品设计、建筑设计、军事工业及工业的技术改造、设备更新及劳动安全保护。该标准中所列出的数据是代表从事工业生产的法定中国成年人(男 18～60 岁、女 18～55 岁)的人体尺寸，并按男性和女性分开列表。

《中国成年人人体尺寸标准》提供了七组 47 项静态人体尺寸数据，其中人体主要尺寸 6 项、立姿人体尺寸 6 项、坐姿人体尺寸 11 项、人体水平尺寸 10 项、人体头部尺寸 7 项、人体手部尺寸 5 项、人体足部尺寸 2 项。为了方便使用，各类数据表中的各项人体尺寸均列出其相应的百分位数。

1. 人体主要尺寸

《中国成年人人体尺寸标准》给出了身高、体重、上臂长、前臂长、大腿长、小腿长六项人体主要尺寸数据，除体重外，其余 5 项主要尺寸部位如图 2.10 所示。表 2－3 所列为我国成年人人体主要尺寸。

2. 立姿人体尺寸

人体测量实验操作
【参考视频】

该标准中提供的成年人立姿人体尺寸有：眼高、肩高、肘高、手功能高、会阴高、胫骨点高，这 6 项立姿人体尺寸的部位如图 2.11 所示。我国成年人立姿尺寸如表 2－4 所示。

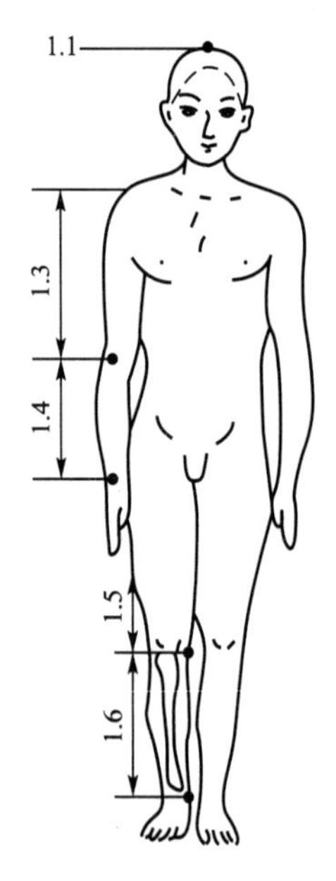

图 2.10　人体主要尺寸

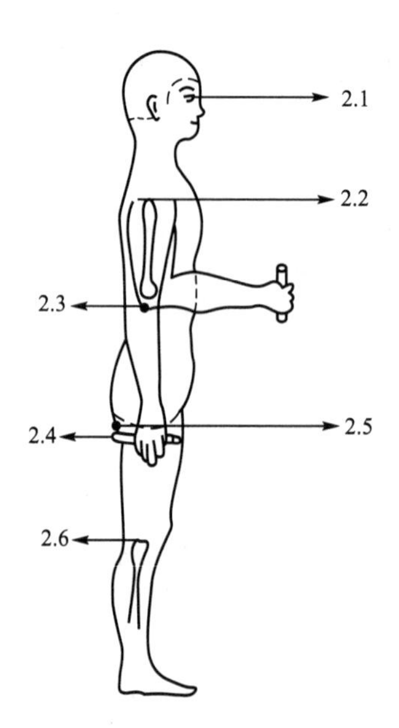

图 2.11　立姿人体尺寸

表 2-3　人体主要尺寸

测量项目 \ 百分位数 \ 年龄分组	男(18～60岁)							女(18～55岁)						
	1	5	10	50	90	95	99	1	5	10	50	90	95	99
1.1 身高/mm	1543	1583	1604	1678	1754	1775	1814	1449	1484	1503	1570	1640	1659	1697
1.2 体重/kg	44	48	50	59	70	75	83	39	42	44	52	63	66	71
1.3 上臂长/mm	279	289	294	313	333	338	349	252	262	267	284	303	302	319
1.4 前臂长/mm	206	216	220	237	253	258	268	185	193	198	213	229	234	242
1.5 大腿长/mm	413	428	436	465	496	505	523	387	402	410	438	467	476	496
1.6 小腿长/mm	324	338	344	369	396	403	419	300	313	319	344	370	375	390

表 2-4　立姿人体尺寸　　(单位：mm)

测量项目 \ 百分位数 \ 年龄分组	男(18～60岁)							女(18～55岁)						
	1	5	10	50	90	95	99	1	5	10	50	90	95	99
2.1 眼高	1436	1474	1495	1568	1643	1664	1705	1337	1371	1388	1454	1522	1541	1579
2.2 肩高	1244	1281	1299	1367	1435	1455	1494	1166	1195	1211	1271	1333	1350	1385
2.3 肘高	925	954	968	1024	1079	1096	1128	873	899	913	960	1009	1023	1050
2.4 手功能高	656	680	693	741	787	801	828	630	650	662	704	746	757	778
2.5 会阴高	701	728	741	790	840	856	887	648	673	686	732	779	792	819
2.6 胫骨点高	394	409	417	444	472	481	498	363	377	384	410	437	444	459

3. 坐姿人体尺寸

标准中提供的成年人坐姿人体尺寸包括：坐高、坐姿颈椎点高、坐姿眼高、坐姿肩高、坐姿肘高、坐姿大腿厚、坐姿膝高、小腿加足高、坐深、臀膝距、坐姿下肢长共 11 项，我国成年人坐姿人体尺寸部位如图 2.12 所示。表 2－5 所列为我国成年人坐姿人体尺寸。

4. 人体水平尺寸

标准中提供的人体水平尺寸有：胸宽、胸厚、肩宽、最大肩宽、臀宽、坐姿臀宽、坐姿两肘间宽、胸围、腰围、臀围共 10 项，其部位如图 2.13 所示，我国成年人人体水平尺寸如表 2－6 所示。

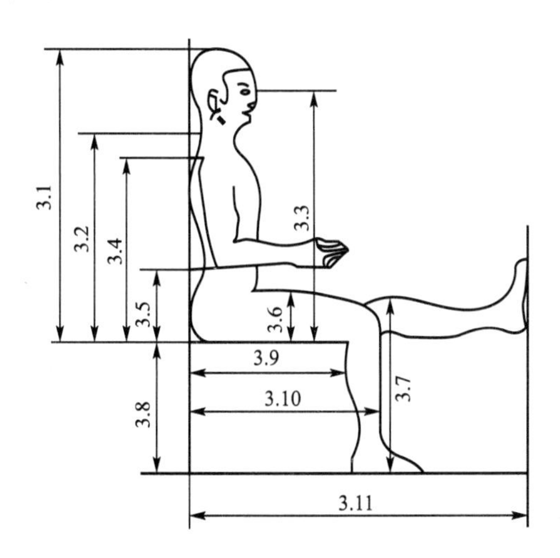

图 2.12　坐姿人体尺寸

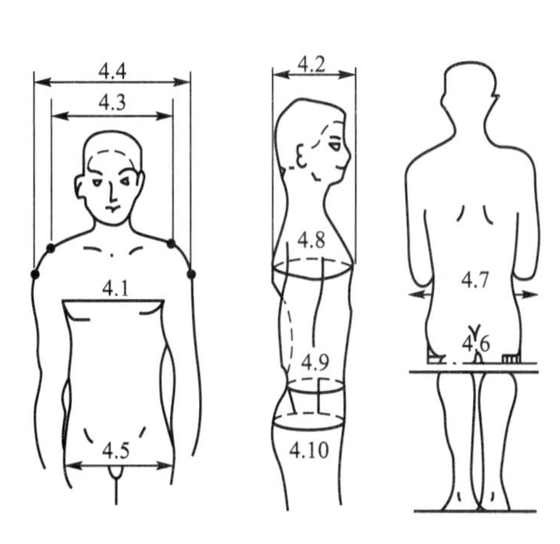

图 2.13　人体水平尺寸

表 2－5　坐姿人体尺寸　　（单位：mm）

测量项目＼年龄分组／百分位数	男（18～60 岁）							女（18～55 岁）						
	1	5	10	50	90	95	99	1	5	10	50	90	95	99
3.1 坐高	836	858	870	908	947	958	979	789	809	819	855	891	901	920
3.2 坐姿颈椎点高	599	615	624	657	691	701	719	563	579	587	617	648	657	675
3.3 坐姿眼高	729	749	761	798	836	847	868	678	695	704	739	773	783	803
3.4 坐姿肩高	539	557	566	598	631	641	659	504	518	526	556	585	594	609
3.5 坐姿肘高	214	228	235	263	291	298	312	201	215	223	251	277	284	299
3.6 坐姿大腿厚	103	112	116	130	146	151	160	107	113	117	130	146	151	160
3.7 坐姿膝高	441	456	461	493	523	532	549	410	424	431	458	458	493	507
3.8 小腿加足高	372	383	389	413	439	448	463	331	342	350	382	399	405	417
3.9 坐深	407	421	429	457	486	493	510	388	401	408	433	461	469	485
3.10 臀膝距	499	515	524	554	585	595	613	481	495	502	529	561	570	587
3.11 坐姿下肢长	892	921	937	992	1046	1063	1096	826	851	865	912	960	975	1005

表 2-6　人体水平尺寸　　(单位：mm)

年龄分组 / 百分位数 / 测量项目	男(18～60 岁)							女(18～60 岁)						
	1	5	10	50	90	95	99	1	5	10	50	90	95	99
4.1 坐高	242	253	259	280	307	315	331	219	233	239	260	289	299	319
4.2 坐姿颈椎点高	176	186	191	212	237	245	261	159	170	176	199	230	239	260
4.3 坐姿眼高	330	344	351	375	397	403	415	304	320	328	351	371	377	387
4.4 坐姿肩高	383	398	405	431	460	469	486	347	363	371	397	428	438	458
4.5 坐姿肘高	273	282	288	306	327	334	346	275	290	296	317	340	346	360
4.6 坐姿大腿厚	284	295	300	321	347	355	369	295	310	318	344	374	382	400
4.7 坐姿膝高	353	371	381	422	473	489	518	326	348	360	404	460	378	509
4.8 小腿加足高	762	791	806	867	944	970	1-18	717	745	760	825	919	949	1005
4.9 坐深	620	650	665	735	859	895	960	622	659	680	772	904	950	1025
4.10 臀膝距	780	805	820	875	948	970	1009	795	824	840	900	975	1000	1044

在使用国家标准《中国成年人人体尺寸》(GB/T 10000—1988)中所列的人体尺寸数值时，应注意下列两点。

(1)《中国成年人人体尺寸》(GB/T 10000—1988)中所列数值均为裸体测量的结果。在具体应用时，应根据不同地区、不同季节的着衣量而增加适当的余量，有时还要考虑因防护服装而增加适当的余量。

(2)年代造成的差异。统计资料表明，近几十年来世界各国人的平均身高逐年增加，在使用测量数据时，应考虑其测量年代加以适当的修正。《中国成年人人体尺寸》(GB/T 10000—1988)用的是 1988 年以前的测量数据，近几十年来由于人们生活水平的提高，年轻人的身高、体重都有不同程度的增加。因此，在应用该标准的数据时要根据具体情况作适当调整。

5. 我国各大区域人体尺寸的均值和标准差

一个国家的人体尺寸由于区域、民族、性别、年龄、生活条件等因素的不同而存在差异，而我国是一个地域辽阔的多民族国家，不同地区之间人体尺寸差异较大。因此，在我国成年人人体测量工作中，从人类学的角度，并根据我国征兵体检等局部人体测量资料划分的区域，将全国成年人人体尺寸分布划分为 6 个区域。为了能选用合乎各地区的人体尺寸，《中国成年人人体尺寸》(GB/T 10000—1988)标准中还提供了这 6 个区域成年人的体重、身高、胸围三项主要人体尺寸的均值和标准差，如表 2-7 所示。

表 2-7　中国 6 个地区成年人体重、身高、胸围的数据

项目		东北、华北		西北		东南		华中		华南		西南	
		均值	标准差	均值	标准差	均值	标准差	均值	标准差	均值	标准差	均值	标准差
男(18～60 岁)	体重/kg	64	8.2	60	7.6	59	7.7	57	6.9	56	6.9	55	6.8
	身高/mm	1693	56.6	1684	53.7	1686	55.2	1669	56.3	1650	57.1	1647	56.7
	胸围/mm	888	55.5	880	51.5	865	52.0	853	49.2	851	48.9	855	48.3
女(18～55 岁)	体重/kg	55	7.7	52	7.1	51	7.2	50	6.8	49	6.5	50	6.9
	身高/mm	1586	51.8	1575	51.9	1575	50.8	1560	50.7	1549	49.7	1546	53.9
	胸围/mm	848	66.4	837	55.9	831	59.8	820	55.8	819	57.6	809	58.8

由表2-7可知，我国6个地区中，东北、华北地区的人群身材较为高大，下面依次是西北、东南、华中、华南4个地区，而西南地区人群的身材较为矮小，数据表明差距还是相当明显的。

2.3.2 我国成年人人体功能尺寸

1. 人在工作位置上的活动空间尺度

人体功能尺寸是动态尺寸，是人在进行某种功能活动时肢体所能达到的空间范围，是被测者处于动作状态下所进行的人体尺寸测量。它是由关节的活动、转动所产生的角度与肢体的长度协调产生的范围尺寸，对解决许多带有空间范围、位置的问题有很大用处。

动态人体尺寸分为四肢活动尺寸和身体移动尺寸两类。四肢活动尺寸是指人体只活动上肢或下肢，而身躯位置并没有变化，其中四肢活动又可分为手的动作和脚的动作两种；身体移动包括姿势改换、行走和作业等。

虽然结构尺寸对某些设计很有用处，但对于大多数的设计问题，功能尺寸可能更具有广泛的用途，因为人总是在运动着，也就是说，人体结构是活动的、可变的，而不是保持僵死不动的。在使用功能尺寸时强调的是，在完成人体的活动时，人体各个部分是不可分的；不是独立工作的，而是协调动作。

由于活动空间应尽可能适应于绝大多数人的使用，设计时应以高百分位人体尺寸为依据。所以，在以下的分析中均以我国成年男子第95百分位身高(1775mm)为基准。

在工作中常取站、坐、跪、卧等作业姿势。现从各个角度对其活动空间进行分析说明，并给出人体尺度图。

1）立姿的活动空间

立姿时人的活动空间不仅取决于身体的尺寸，而且也取决于保持身体平稳的微小平衡动作和肌肉松弛。脚的站立平面不变时，为保持平衡必须限制上身和手臂能达到的活动空间。在此条件下，立姿活动空间的人体尺度如图2.14所示。

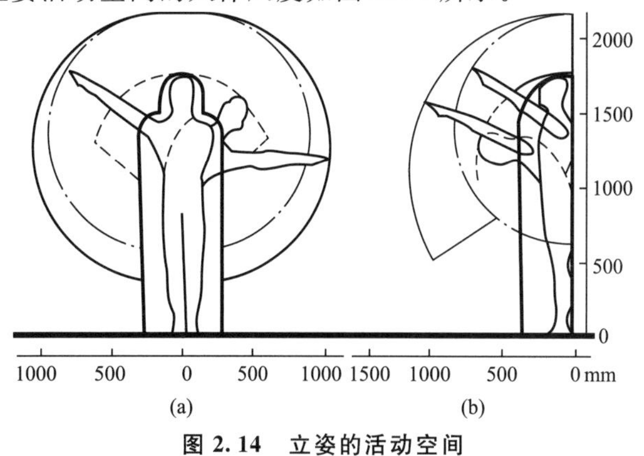

图2.14 立姿的活动空间

图中：━━稍息站立时的身体轮廓。为保持身体姿势所必需的平衡活动已考虑在内；

------头部不动，上身自髋关节起前弯、侧转时的活动空间；

—·—上身不动时，手臂的活动空间；

——上身一起动时，手臂的活动空间。

图2.14(a)为正视图，零点位于正中矢状面上。图2.14(b)为侧视图，零点位于人体背点的切线上，在贴墙站直时，背点与墙相接触。以垂直切线与站立平面的交点作为零点。

2）坐姿的活动空间

根据立姿活动空间的条件，坐姿活动空间的人体尺度如图2.15所示。

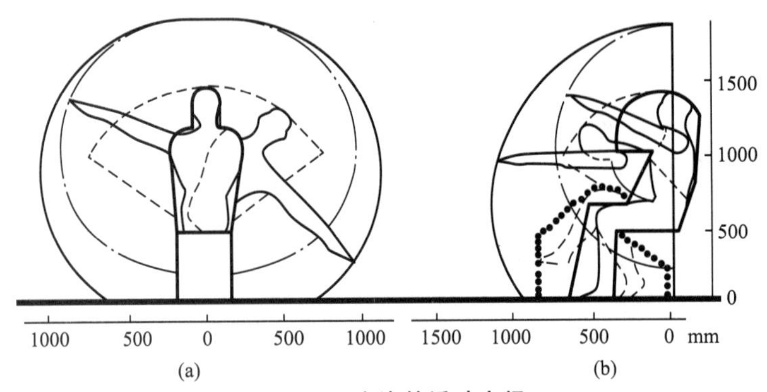

图2.15　坐姿的活动空间

图中：━━上身挺直及头向前倾的身体轮廓，为保持身体姿势所必需的平衡活动已考虑在内；

------从髋关节起上身向前弯、向侧弯曲的活动空间；

—·—上身不动，自肩关节起手臂向上和向两侧的活动空间；

——上身从髋关节起向前或向两侧活动时手臂自肩关节向前和两侧的活动空间；

••••••自髋关节、膝关节起腿的伸、曲活动空间。

图2.15(a)为正视图，零点位于正中矢状面上。图2.15(b)为侧视图，零点在经过臀点的垂直线上，并以该垂直线与脚底平面的交点作为零点。

3）单腿跪姿的活动空间

根据立姿活动空间的条件，单腿跪姿活动空间的人体尺度如图2.16所示。

取跪姿时，承重膝经常需要更换。由一膝换到另一膝时，为确保上身平衡，要求活动空间比基本位置大。

图2.16(a)为正视图，零点位于正中矢状面上。图2.16(b)为侧视图，零点位于人体背点的切线上，以垂直切线与站立平面的交点作为零点。

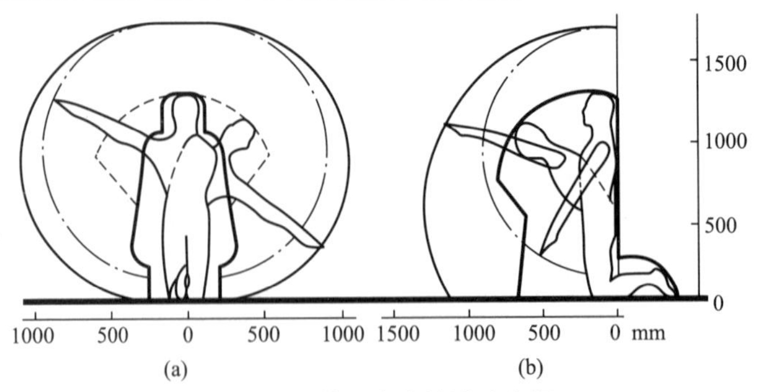

图2.16　单腿跪姿的活动空间

图中：━━上身挺直头前倾的身体轮廓。为保持身体姿势所必需的平衡活动已考虑在内；

------上身自髋关节起弯曲；

—·—上身不动，自肩关节起手臂向前、向两侧的活动空间；

——上身自髋关节起向前或两侧活动时手臂自肩关节起向前或向两侧的活动空间。

4）仰卧的活动空间

仰卧活动空间的人体尺度如图 2.17 所示。

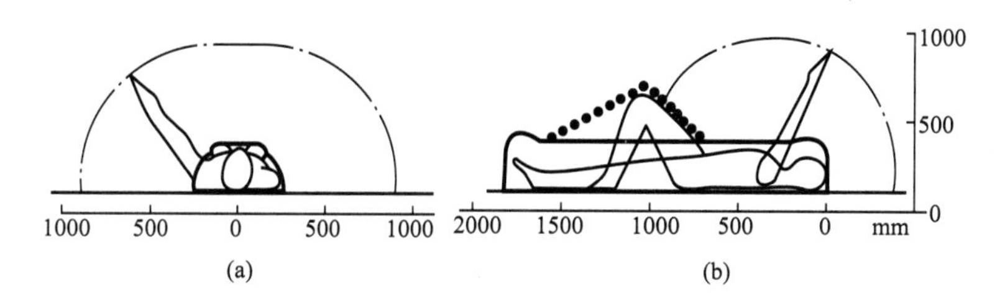

图 2.17　仰卧的活动空间

图中：——背朝下仰卧时的身体轮廓；

—·—自肩关节起手臂伸直的活动空间；

••••••腿自膝关节弯起的活动空间。

图 2.17(a)为正视图，零点位于正中中垂平面上。图 2.17(b)为侧视图，零点位于经头顶的垂直切线上。垂直切线与仰卧平面的交点作为零点。

2. 常用的功能尺寸

前述常用的立、坐、跪、卧等作业姿势活动空间的人体尺度图，可满足人体一般作业空间概略设计的需要。但对于受限作业空间的设计，则需要应用各种作用姿势下人体功能尺寸测量数据。《工作空间人体尺寸》(GB/T 13547—1992) 标准提供了我国成年人立、坐、跪、卧、爬等常取姿势功能尺寸数据，经整理归纳后列于表 2-8。表列数据均为裸体测量结果，使用时应增加修正余量。

表 2-8　我国成年人上肢功能尺寸　　　　（单位：mm）

测量项目	男(18～60 岁)			女(18～55 岁)		
	P_5	P_{50}	P_{95}	P_5	P_{50}	P_{95}
立姿双手上举高	1971	2108	2245	1845	1968	2089
立姿双手功能上举高	1869	2003	2138	1741	1860	1976
立姿双手左右平展宽	1579	1691	1802	1457	1559	1659
立姿双臂功能平展宽	1374	1483	1593	1548	1344	1438
立姿双肘平展宽	816	875	936	156	811	869
坐姿前臂手前伸长	416	447	478	383	413	442
坐姿前臂手功能前伸长	310	343	376	277	306	333
坐姿上肢前伸长	777	834	892	712	764	818
坐姿上肢功能前伸长	673	730	789	607	657	707
坐姿双手上举高	1249	1339	1426	1173	1251	1328
跪姿体长	592	626	661	553	587	624
跪姿体高	1190	1260	1330	1137	1196	1258
俯卧体长	2000	2127	2257	1867	1982	2102

(续)

测量项目	男(18～60岁)			女(18～55岁)		
	P_5	P_{50}	P_{95}	P_5	P_{50}	P_{95}
俯卧提高	364	372	383	359	369	384
爬姿体长	1247	1315	1384	1183	1239	1296
爬姿体高	761	798	836	694	738	783

3. 以身高计算各部分尺寸

正常成年人人体各部分之间存在一定的比例关系，因而按正常人体结构关系，以站立平均身高为基数来推算其他各部分的结构尺寸是比较符合实际情况的。

根据标准《中国成年人人体尺寸》(GB/T 10000—1988) 的人体基础数据，推导出我国成年人人体尺寸与身高 H 的比例关系，如图 2.18 所示。

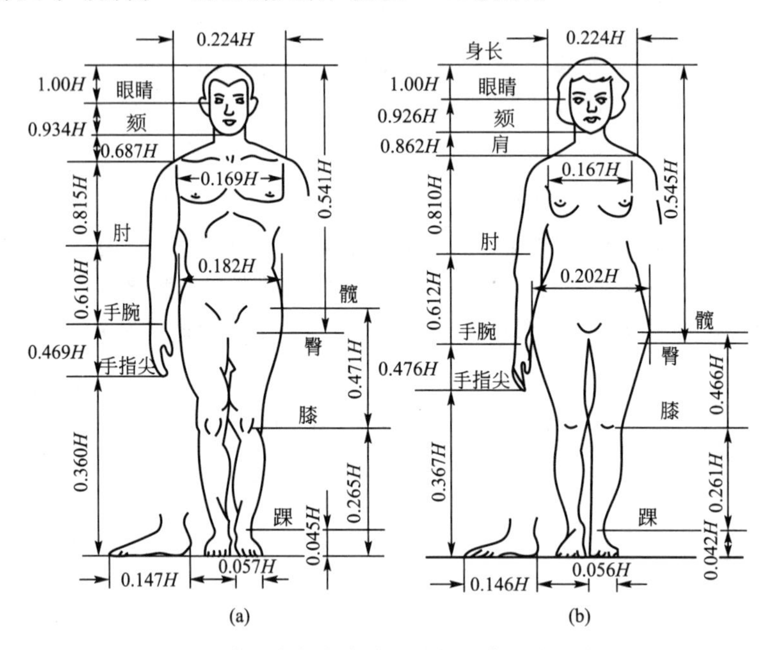

图 2.18　我国成年人人体尺寸与身高 H 的比例关系

2.4 人体各关节的活动角度

人体各关节的活动角度如图 2.19 至图 2.23 所示。

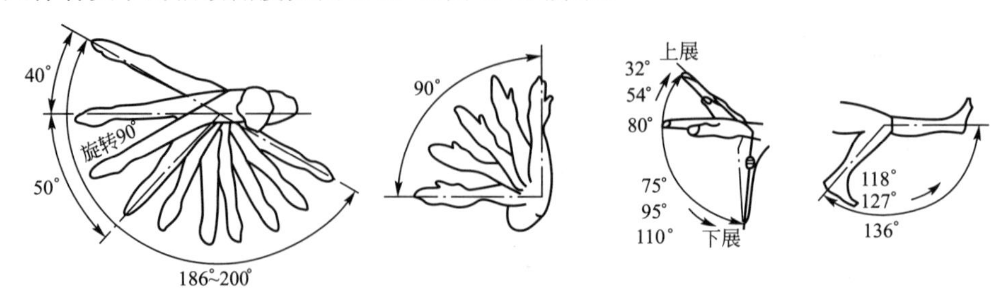

图 2.19　人体关节活动角度(一)

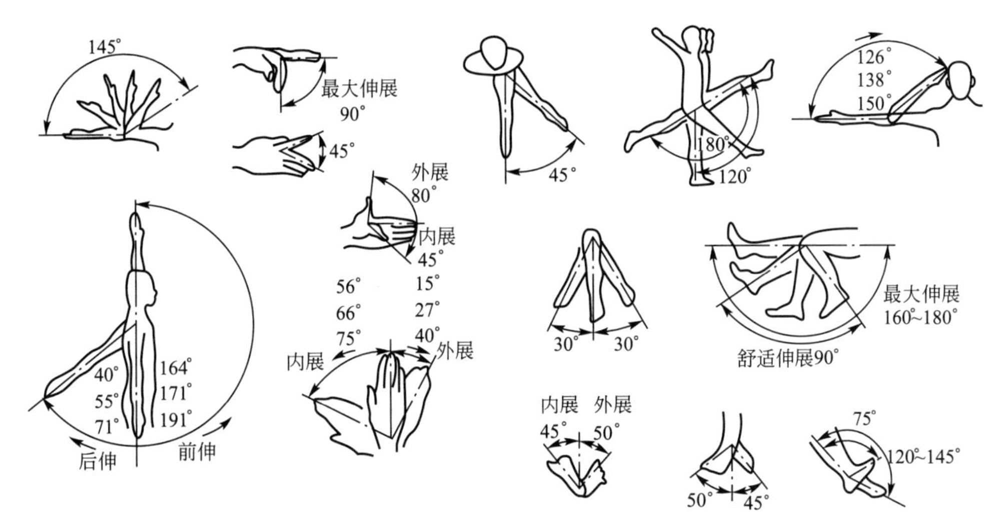

图 2.19 人体关节活动角度(一)(续)

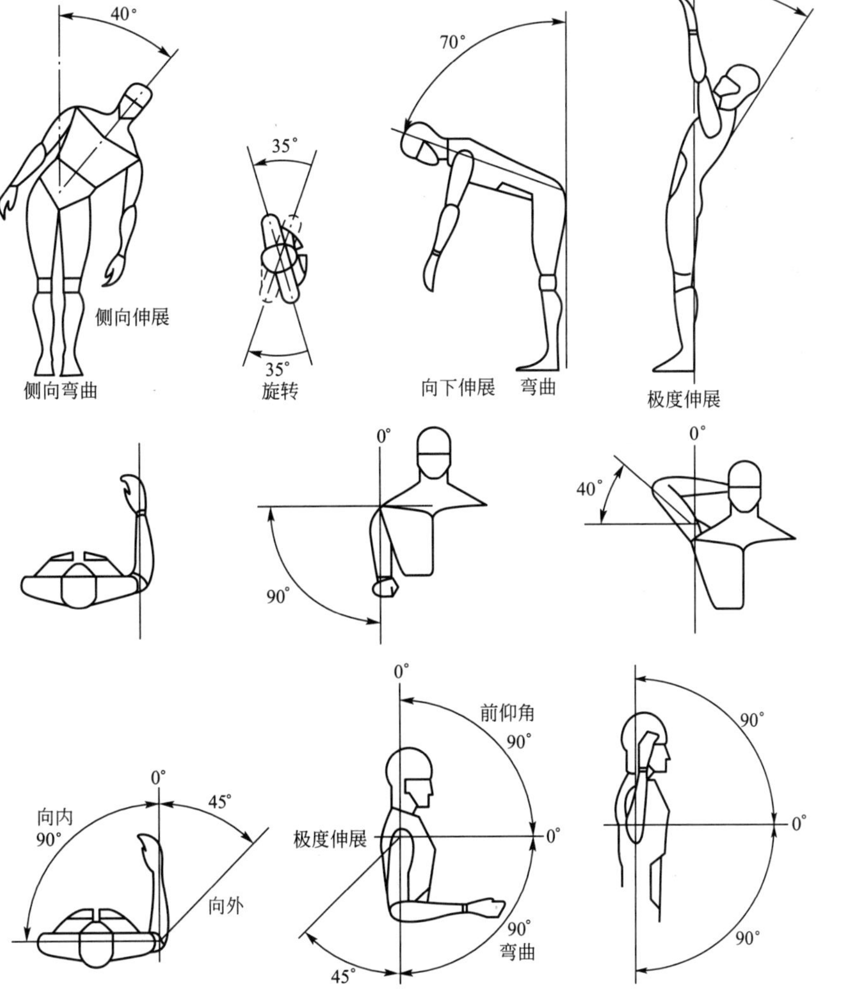

图 2.20 人体关节活动角度(二)

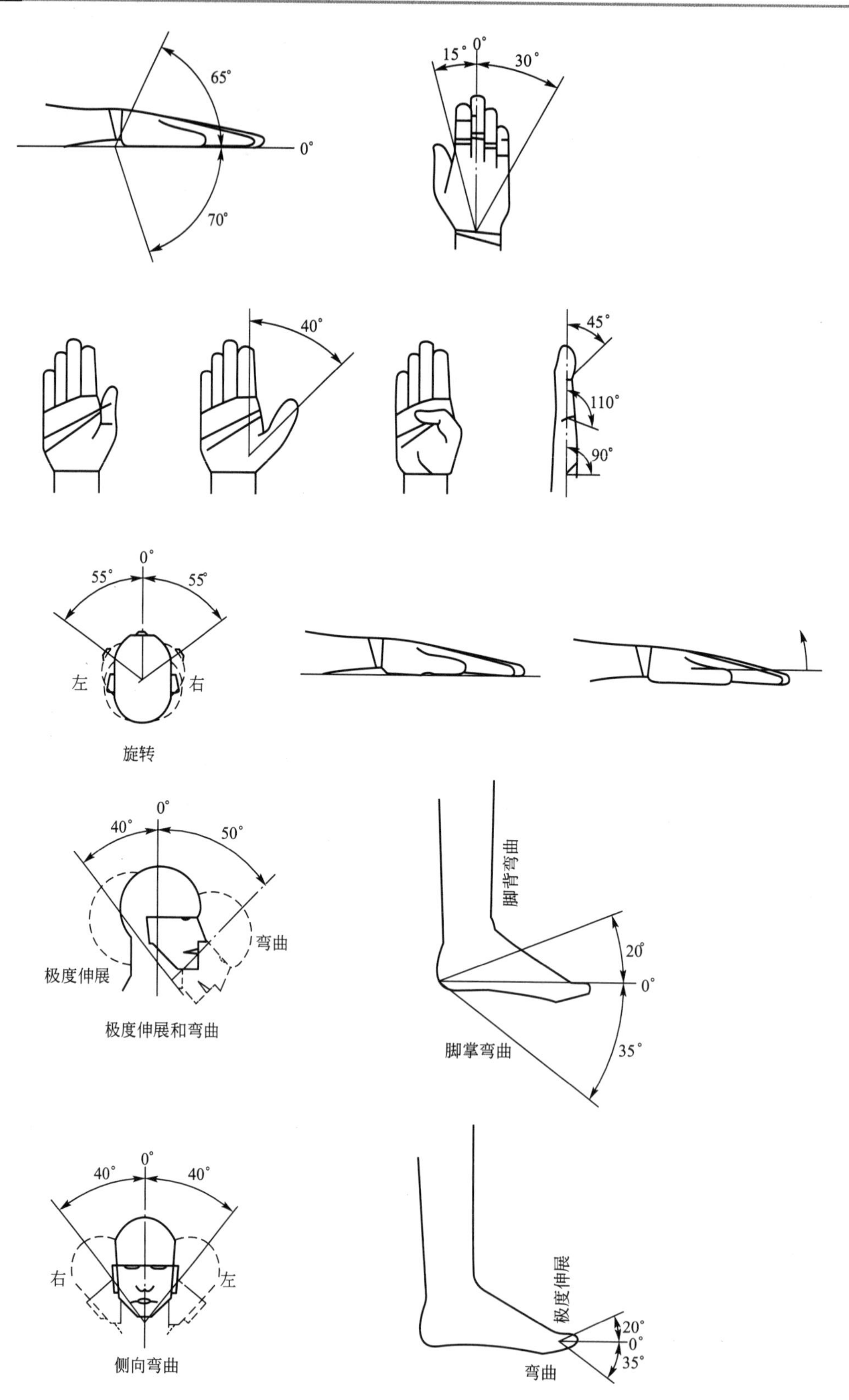

图 2.21　人体关节活动角度(三)

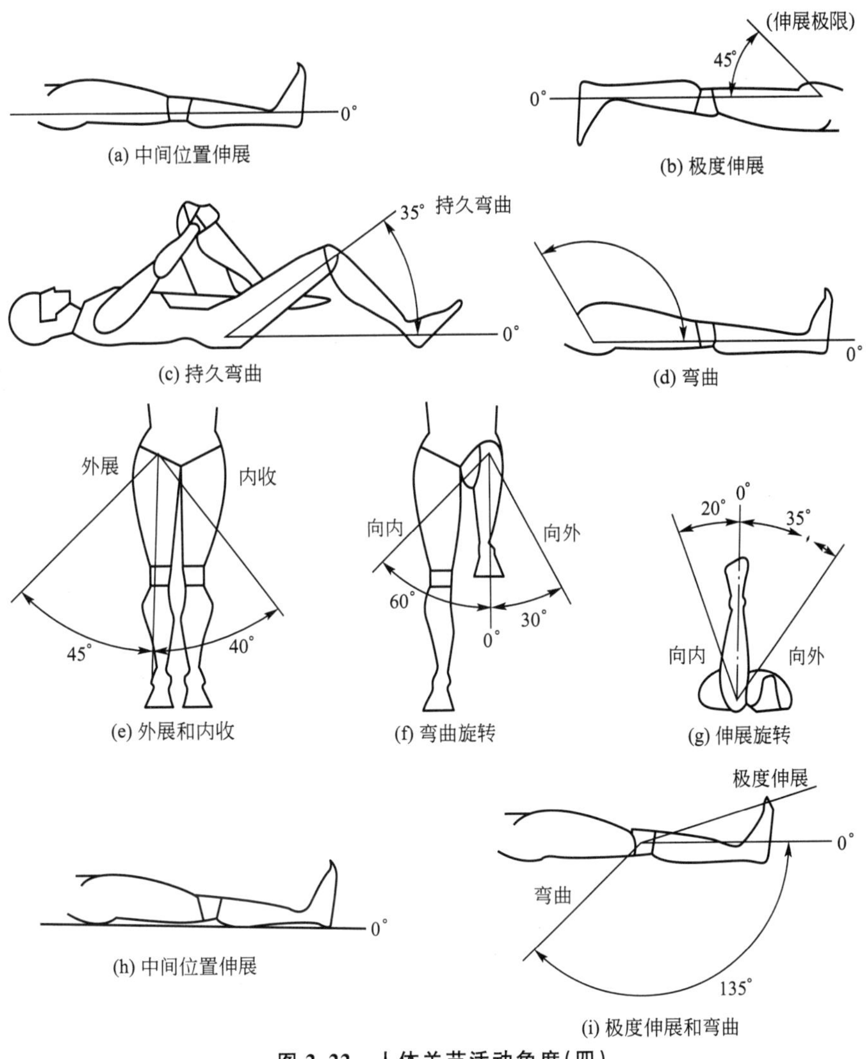

图 2.22 人体关节活动角度(四)

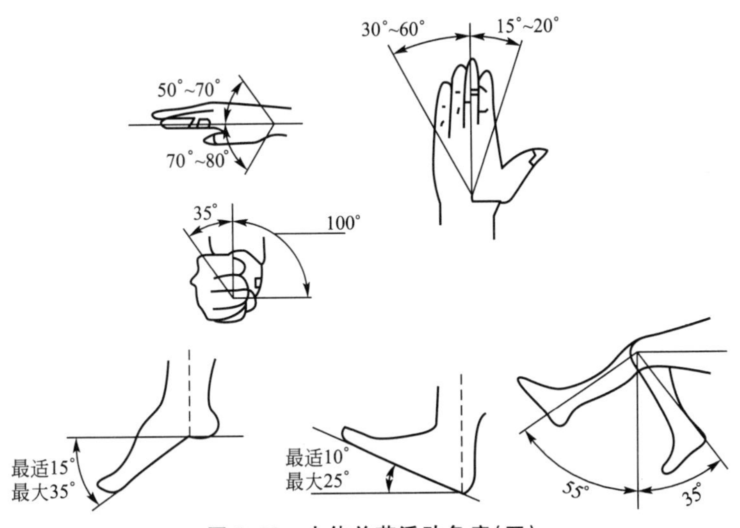

图 2.23 人体关节活动角度(五)

2.5 常用人体测量数据的应用

只有在熟悉人体测量基本知识之后，才能选择和应用各种人体数据，否则有的数据可能被误解，如果使用不当，还可能导致严重的设计错误。另外，各种统计数据不能作为设计中的一般常识，也不能代替严谨的设计分析。因此，当设计中涉及人体尺度时，设计者必须熟悉数据测量定义、适用条件、百分位的选择等方面的知识，才能正确地应用有关数据。

为了使人体测量数据能有效地为设计者利用，从以上各节所介绍的大量人体测量数据中选出一部分将其应用原则加以介绍。

2.5.1 身高

1. 定义

身高是指人身体垂直站立、眼睛向前平视时从脚底到头顶的垂直距离，如图2.24所示。

2. 应用

这些数据用于确定通道、门、床、担架等的长度。然而，一般建筑规范规定的和成批生产预制的门和门框高度都适用于99%以上的人，所以这些数据可能对于确定人头顶上的障碍物高度更为重要，例如，①楼梯间休息平台净空：等于或大于2100mm；②楼梯跑道净空：等于或大于2300mm。

3. 注意

身高是在不穿鞋袜时测量的，故在使用时应给予适当补偿。

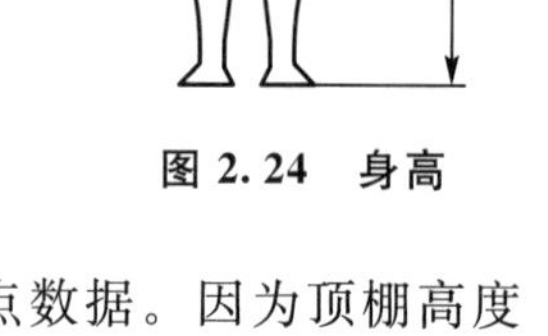

图2.24 身高

4. 百分点选择

由于身高数据主要的功用是确定净空高，所以应该选用高百分点数据。因为顶棚高度一般不是关键尺寸，设计者应考虑尽可能适应100%的人。

2.5.2 眼睛高度

1. 定义

眼睛高度是指人身体垂直站立、眼睛向前平视时从脚底到内眼角的垂直距离，如图2.25所示。

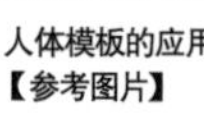

人体模板的应用【参考图片】

2. 应用

这些数据可用于确定在剧院、礼堂、会议室、室外墙体或充当墙体阻挡视线的距离等高度，也可用于布置广告和其他展品的位置和高度，还可用于确定屏风和开敞式办公室内隔断的高度。

3. 注意

由于这个尺寸是光脚测量的，所以还要加上鞋跟的高度，男子大约需 2.5cm，女子会更高大约需加 7.8cm。这些数据应该与脖子的弯曲和旋转以及视线角度资料结合使用，以确定不同状态、不同头部角度的视觉范围。

4. 百分点选择

百分点选择将取决于空间或场所的性质。例如，空间或场所对私密性要求较高，那么所设计隔离高度就与较高人的眼睛高度密切相关(第 95 百分点或更高)，假如高个子人的视线不能越过隔断看过去，那么矮个子人也一定不能；反之，假如设计问题是允许人看到隔断里面，则逻辑是相反的，隔断高度应考虑较矮人的眼睛高度(第 5 百分点或更低)。

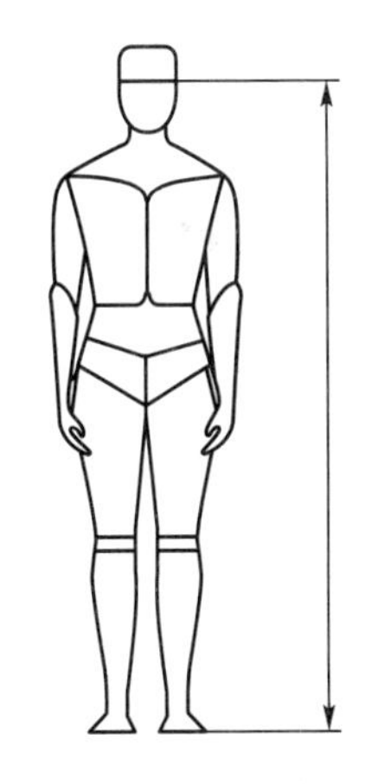

图 2.25 眼睛高度

室内屏风式隔断系统在不同程度上起到了隔声和遮挡视线的作用，而且还划分工作单元的范围和通行通道。根据是把隔断一侧坐着的人的视线与另一侧站着的人的视线隔开，还是分隔两侧坐着的人的视线，可以把隔断设计成三种高度：120cm 以下的低隔断可保证坐姿时的私密性，站立时仍可自隔断顶部看出去；152cm 的隔断，可提供更高的视觉私密性，如果高的话，站起来仍可从上方看出去；第三种隔断约 203cm 以上，提供了最高的私密性，但会产生压迫感。高的隔断在界定分区时相当有用，但最好能配合较低的隔断，尤其在视觉接触的区域更是如此。有的系统也采用高及天花板的隔断。隔断的高度有时也具有象征意义——表示地位，资历越高的员工隔断越高，按此逐级排列下来。

2.5.3 肘部高度

1. 定义

肘部高度是指从脚底到人的前臂与上臂接合处可弯曲部分的垂直距离，如图 2.26 所示。

2. 应用

确定站着使用的工作台面的舒适高度，肘部高度数据是必不可少的，主要用于确定柜台、梳妆台、厨房案台的高度。通常，这些台面最舒适的高度是低于人的肘部高度 7.6cm。另外，休息平面的高度大约应该低于肘部高度 2.5～3.8cm。

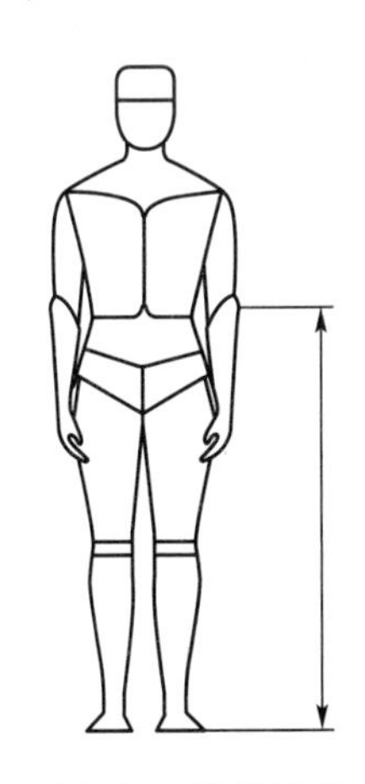

图 2.26 肘部高度

3. 注意

确定上述高度时必须考虑活动的性质，这一点很重要。

4. 百分点选择

假定工作面高度确定为低于肘部高度约 7.6cm，那么从 96.5cm(第 5 百分点数据)到 111.8cm(第 95 百分点数据)这样一个范围都将适合中间的 90% 的男性使用者。考虑到第 5 百分点的女性肘部高度较低，这个范围应为

人体模板的应用
【参考视频】

88.9～111.8cm才能对男女使用者都适应。由于其中包含许多其他因素，如存在特别的功能要求和每个人对舒适高度见解不同等，所以这些数值是可以稍微变化的。

2.5.4 挺直坐高

1. 定义

挺直坐高是指人挺直坐着时，座椅座面到头顶的垂直距离，如图2.27所示。

2. 应用

用于确定座椅上方障碍物的允许高度。在布置双层床时，或进行创新的节约空间设计时，如火车卧铺空间的高度设计等，都要由这个关键的尺寸来确定其高度。确定办公室或其他场所的低隔断及餐厅和酒吧里隔断都要用到这个尺寸。

3. 注意

座椅的倾斜、座椅软垫的弹性、帽子的厚度及人坐下和站起来时的活动都是要考虑的重要因素。

4. 百分点选择

由于涉及间距问题，采用第95百分点的数据是比较合适的。

2.5.5 正常坐高

1. 定义

正常坐高是指人放松坐着时，从座椅表面到头顶的垂直距离，如图2.28所示。

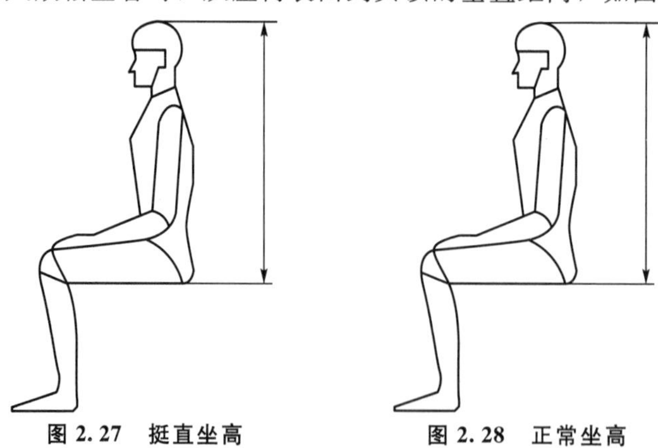

图2.27　挺直坐高　　图2.28　正常坐高

2. 应用

可用于确定座椅上方障碍物的最小高度。布置上下铺时，进行创新的节约空间设计时，在吊柜下工作时，都要根据这个关键尺寸来确定其高度。

人体模板实验报告
【参考图文】

3. 注意

座椅的倾斜、坐垫的弹性、帽子的厚度及人坐下、站起来时的活动都是要考虑的重要因素。

4. 百分点选择

由于涉及间距问题，采用第 95 百分点的数据比较合适。

2.5.6 坐时眼睛高度(坐姿眼高)

1. 定义

坐时眼睛高度是指人的内眼角到座椅座面的垂直距离，如图 2.29 所示。

2. 应用

当视线是设计问题的中心时，确定视线和最佳视区就要用到这个尺寸，这类设计对象包括剧院、礼堂、教室和其他需要有良好视听条件的室内空间。

3. 注意

应该考虑头部与眼睛的转动角度、范围，座椅软垫的弹性，座椅面距地面的高度和可调座椅的调节角度范围。

4. 百分点选择

假如有适当的可调节性，就能适应从第 5 百分点到第 95 百分点或者更大的范围。

2.5.7 肩高

1. 定义

肩高是指从座椅座面到脖子与肩峰之间的肩中部位置的垂直距离，如图 2.30 所示。

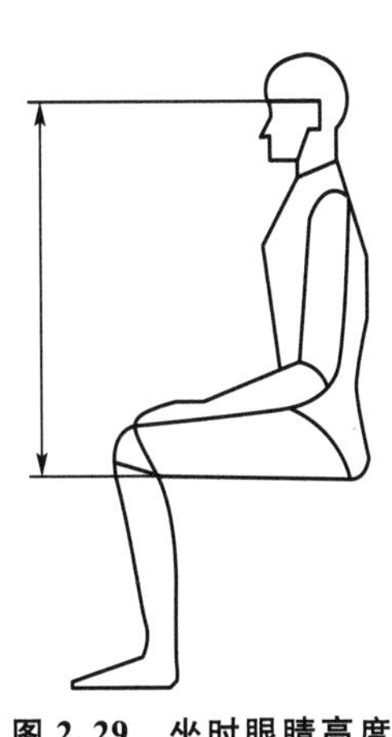

图 2.29 坐时眼睛高度

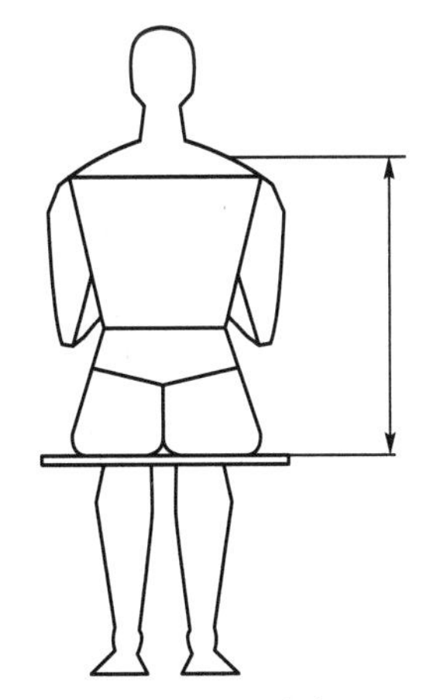

图 2.30 肩高

2. 应用

这些数据大多数用于机动车辆中比较紧张的工作空间的设计，很少被建筑师和室内设计师所使用。但是，在设计那些对视觉听觉有要求的空间时，这个尺寸有助于确定出妨碍视线的障碍物，在确定火车座的高度以及类似的设计中可能有用。

3. 注意

要考虑座椅软垫的弹性。

4. 百分点选择

由于涉及间距问题，一般使用第95百分点的数据。

2.5.8 肩宽

1. 定义

肩宽是指人肩两侧三角肌外侧的最大水平距离，如图2.31所示。

2. 应用

肩宽数据可用于确定环绕桌子的座椅间距和影剧院、礼堂中的排椅座位间距，也可确定室内和室外空间的道路宽度。

3. 注意

使用这些数据要注意可能涉及的变化。要考虑衣服的厚度，对薄衣服要附加7%，对厚衣服要附加7.6cm；还要注意由于躯干和肩的活动，两肩之间所需的空间会加大。

4. 百分点选择

由于涉及间距问题，应使用第95百分点的数据。

2.5.9 两肘宽度

1. 定义

两肘之间宽度是指两肋弯曲、自然靠近身体、前臂平伸时两肋外侧面之间的水平距离，如图2.32所示。

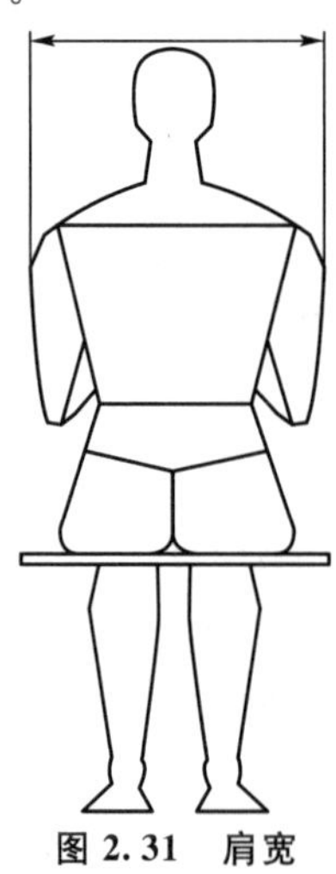

图2.31 肩宽

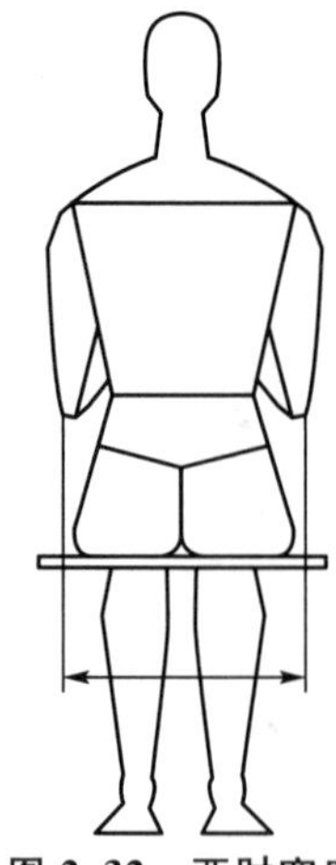

图2.32 两肘宽度

2. 应用

这些数据可用于确定会议桌、报告桌、柜台和牌桌周围座椅的位置。

3. 注意

应该与肩宽尺寸结合使用。

4. 百分点选择

由于涉及间距问题，应使用第 95 百分点的数据。

2.5.10 臀部宽度

1. 定义

臀部宽度是指臀部最宽部分的水平尺寸。一般是坐着测量这个尺寸的，也可以站着测量。坐着测量的尺寸要比站着测量的尺寸大一些，如图 2.33 所示。

2. 应用

这些数据对扶手的座椅内侧尺寸特别重要，对酒吧、前台和办公座椅极为有用。

3. 注意

根据具体条件，与两肘之间宽度和肩宽结合使用。

4. 百分点选择

由于涉及间距问题，应使用第 95 百分点的数据。

2.5.11 肘部平放高度

1. 定义

肘部平放高度是指从座椅座面到肘部尖端的垂直距离，如图 2.34 所示。

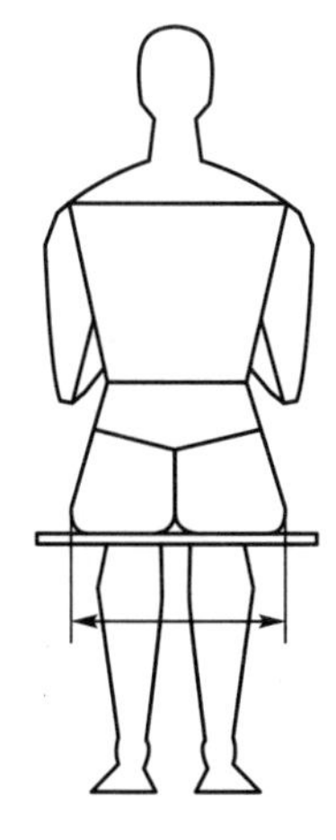

图 2.33 臀部宽度

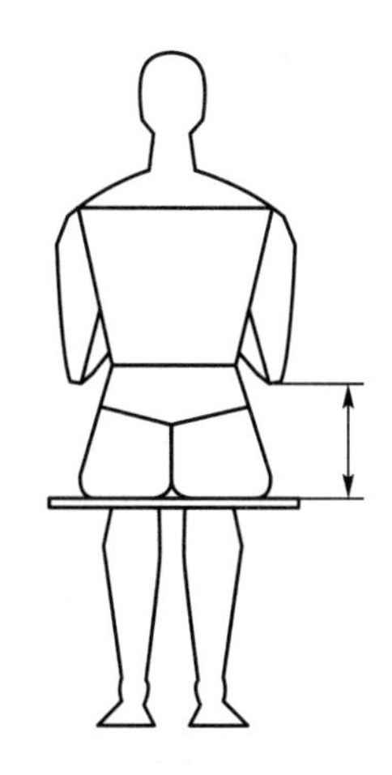

图 2.34 肘部平放高度

2. 应用

与其他一些数据和考虑因素联系在一起，用于确定椅子扶手、工作台、书桌、餐桌和其他特殊设备、设施的高度。

3. 注意

座椅软垫的弹性、座椅表面的倾斜及身体姿势都应予以注意。

4. 百分点选择

肘部平放高度既不涉及间距问题，也不涉及伸手够物的问题，其目的是使手臂得到舒适的休息。选择第50百分点左右的数据是很合理的。在许多情况下，这个高度在14～27.9cm之间，这样一个范围可以适合大部分使用者。

2.5.12 大腿厚度

1. 定义

大腿厚度是指从座椅座面到大腿与腹部交接处的大腿端部之间的垂直距离，如图2.35所示。

2. 应用

这些数据是设计柜台、书桌、会议桌、家具及其他一些室内设备的关键尺寸，而这些设备都需要把腿放在工作面下面。特别是有直拉式抽屉的工作面，要使大腿与大腿上方的障碍物之间有适当的活动间隙，这些数据是必不可少的。

3. 注意

在确定上述设备的尺寸时，其他一些因素也应该同时予以考虑，如膝腘高度和座椅软垫的弹性。

4. 百分点选择

由于涉及间距问题，应选用第95百分点的数据。

2.5.13 膝盖高度

1. 定义

膝盖高度是指从脚底到膝盖骨中点的垂直距离，如图2.36所示。

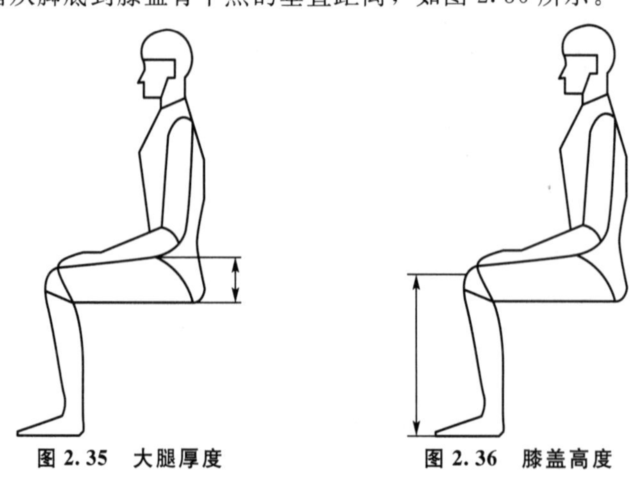

图2.35 大腿厚度　　图2.36 膝盖高度

2. 应用

这些数据是确定从地面到书桌、餐桌、柜台底面距离的关键尺寸，尤其适用于使用者需要把大腿部分放在家具下面的场合。坐着的人与家具底面之间的靠近程度，决定了膝盖高度和大腿厚度的关键尺寸。

3. 注意

要同时考虑座椅高度、鞋跟的高度、坐垫的弹性和衣服的厚度。

4. 百分点选择

要保证适当的活动间距，故应选用第 95 百分点的数据。

2.5.14 膝腘高度

1. 定义

膝腘高度是指人挺直身体坐着时，从脚底到膝盖背后(腿弯)的垂直距离。测量时膝盖与髁骨垂直方向对正，赤裸的大腿底面与膝盖背面(腿弯)接触座椅座面，如图 2.37 所示。

2. 应用

这些数据是确定座椅座面高度的关键尺寸，尤其对于确定座椅前缘的最大高度更为重要。

3. 注意

选用这些数据时必须注意坐垫的厚度和弹性。

4. 百分点选择

确定座椅高度，应选用第 5 百分点的数据，因为如果座椅太高，大腿受到压力会使人感到不舒服。假如一个座椅高度能适应矮个子人，也就能适应高个子人。

2.5.15 臀部—膝腿部长度

1. 定义

臀部—膝腿部长度是由臀部最后面到小腿最后面的水平距离，如图 2.38 所示。

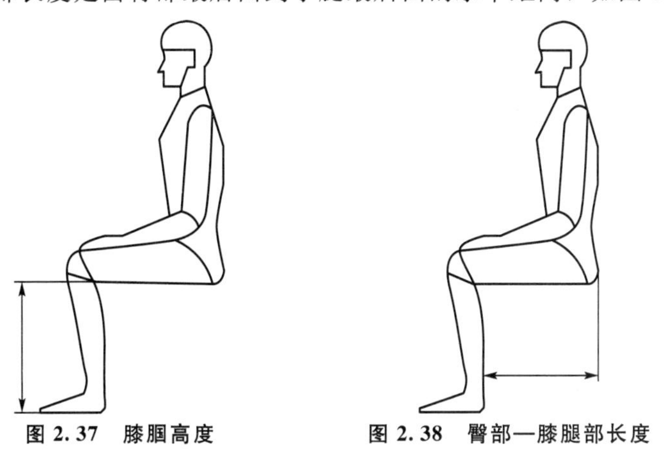

图 2.37 膝腘高度　　图 2.38 臀部—膝腿部长度

2. 应用

这个长度尺寸应用于座具的设计中，尤其适用于确定腿的位置、确定长凳和靠背椅等前面的垂直面及确定椅面的长度。

3. 注意

要考虑椅子座面的倾斜度。

4. 百分点选择

应该选用第5百分点的数据，这样能适应最多的使用者。臀部—膝腿部长度较长和较短的人，如果选用第95百分点的数据，则只能适合这个长度较长的人，而不适合这个长度较短的人，但在景观设计中应灵活考虑。

2.5.16 臀部—膝盖长度

1. 定义

臀部一膝盖长度是从臀部最后面到膝盖骨最前面的水平距离，如图2.39所示。

2. 应用

这些数据用于确定椅背到膝盖前方的障碍物之间的适当距离，例如，在影剧院、礼堂和公共汽车中的固定排椅设计中，这一因素是必须要考虑的。

3. 注意

这个长度比臀部一足尖长度要短，如果座椅前面的家具或其他室内设施没有放置足尖的空间，就应该应用臀部一足尖长度。

4. 百分点选择

由于涉及间距问题，应选用第95百分点的数据。

2.5.17 臀部—足尖长度

1. 定义

臀部一足尖长度是从臀部最后面到最前脚趾尖端的水平距离，如图2.40所示。

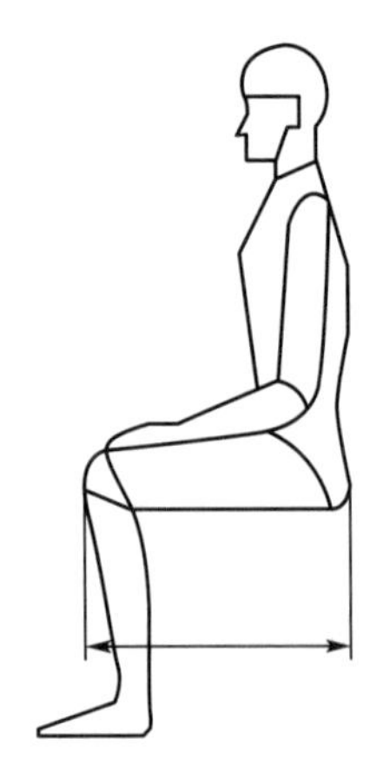

图2.39 臀部一膝盖长度

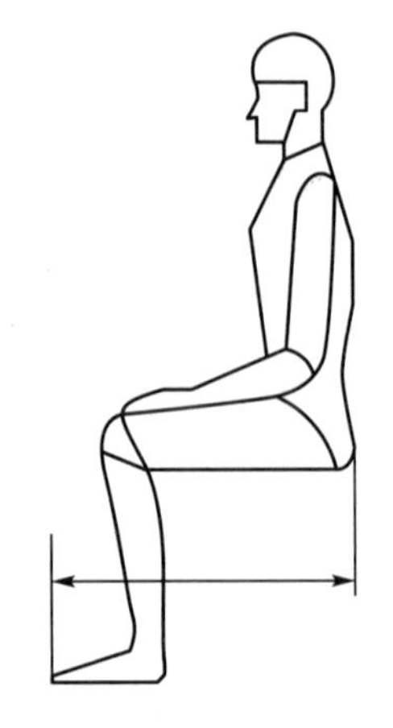

图2.40 臂部一足尖长度

2. 应用

这些数据用于确定椅背到足尖前方的障碍物之间的适当距离。如用于影剧院、礼堂和公共汽车中的固定排椅设计中。

3. 注意

如果座椅前方的家具或其他室内设施有放脚的空间，而且间隔要求比较重要，就可以使用臀部一膝盖长度来确定合适的间距。

4. 百分点选择

由于涉及间距问题，应选用第 95 百分点的数据。

2.5.18 垂直手握高度

1. 定义

垂直手握高度是指人站立、手握横杆，然后使横杆上升到人感到不舒服或拉得过紧的限度为止，此时从脚底到横杆顶部的垂直距离，如图 2.41 所示。

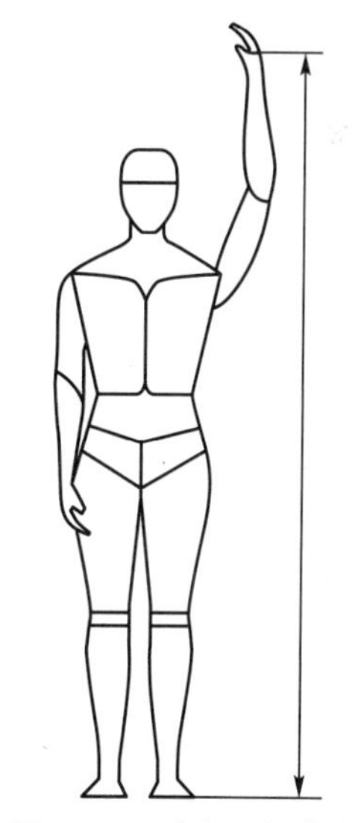

图 2.41 垂直手握高度

2. 应用

这些数据可用于确定开关、控制器、拉杆、把手、书架，以及衣帽架、柜橱等的最大高度。

3. 注意

尺寸是不穿鞋袜测量的，使用时要给予适当补偿。

4. 百分点选择

由于涉及伸手够东西的问题，如果采用高百分点的数据就不能适应矮个子人，所以设计出发点应该基于适应矮个子人，这样也同样能适应高个子人。所以应选用第 5 百分点的数据。

2.5.19 侧向手握距离

1. 定义

侧向手握距离是指人直立，右手侧向平伸握住横杆，一直伸展到没有感到不舒服或拉得过紧的位置，这时从人体中线到横杆外侧面的水平距离，如图 2.42 所示。

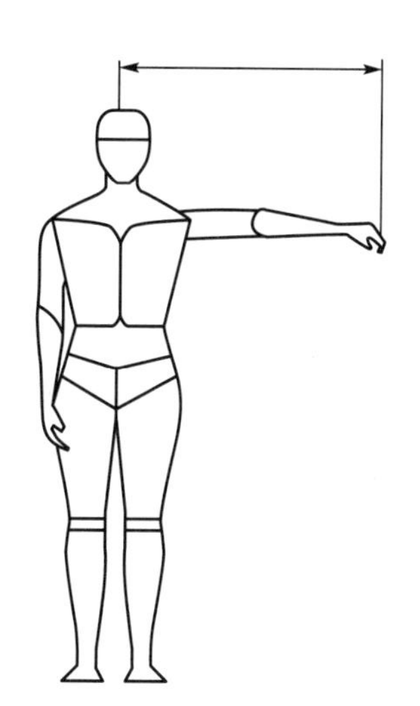

图 2.42 侧向手握距离

2. 应用

这些数据有助于设备设计人员确定控制开关等装置的位置，它们还可以被建筑师和室内设计师用于某些特定的场所，如各种实验室等的设计中。如果使用者是坐着的，这个尺寸可能会稍有变化，但仍能用于确定人侧面的书架位置。

3. 注意

如果涉及的活动需要使用专门的手动装置、手套或其他某种特殊设备，这些都会延长使用者的一般手握距离，对于这个延长量应予以考虑。

4. 百分点选择

由于主要是确定手握距离，这个距离应能适应大多数人，因此，选用第5百分点的数据是合理的。

2.5.20 向前手握距离

1. 定义

向前手握距离是指人肩膀靠墙垂直站立，手臂向前水平伸直，食指与拇指尖接触，这时从墙到拇指梢的水平距离，如图2.43所示。

2. 应用

有时人们需要越过某种障碍物去够一个物体或者操纵设备，这些数据可用于确定障碍物的最大尺寸。

3. 注意

要考虑操作或工作的特点。

4. 百分点选择

同侧向手握距离相同，选用第5百分点的数据，这样能适应大多数人。

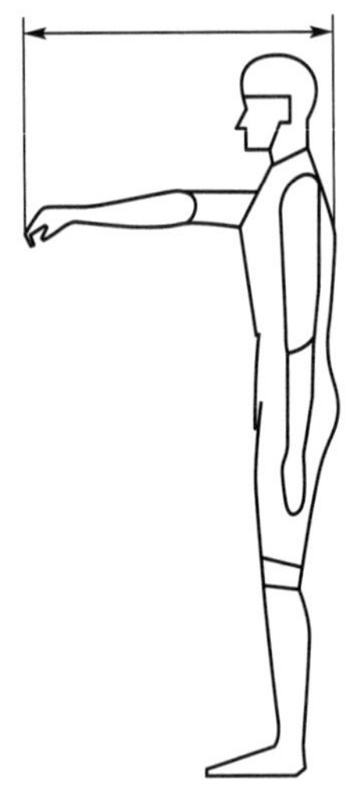

图2.43 向前手握距离

2.6 影响人体尺寸差异的因素

人体尺寸测量仅仅着眼于积累资料是不够的，还要进行大量的细致分析工作。由于很多复杂的因素都在影响着人体尺寸，所以个人与个人之间，群体与群体之间，在人体尺寸上存在很多差异，不了解这些就不可能合理地使用人体尺寸的数据，也就达不到预期的目的。差异的存在主要表现在以下几个方面。

2.6.1 种族差异和地区差异

不同的国家和地区、不同的种族，因地理环境、生活习惯、遗传特性的不同，人体尺寸的差异是十分明显的，从越南人的160.5cm身高到比利时人的179.9cm身高，高度差达19.4cm。随着国际交流的不断增加，不同国家、不同地区的人使用同一产品、同一设施的情况越来越多，因此在设计中考虑多民族的通用性也将成为一个值得注意的问题。表2-9列出了一些国家人体尺寸的对比。

表 2-9 不同国家人体尺寸对比表

序号	国家与地区	性别	身高 H/cm	标准差/cm	序号	国家与地区	性别	身高 H/cm	标准差/cm
1	美国	男	175.5(市民)	7.2	7	意大利	男	168.0	6.6
		女	161.8(市民)	6.2			女	156.0	7.1
		男	177.8(城市青年1986年资料)	7.2	8	加拿大	男	177.0	7.1
2	俄罗斯	男	177.5(1986年资料)	7.0	9	西班牙	男	169.0	6.1
3	日本	男	165.1(市民)	5.2	10	比利时	男	173.0	6.6
		女	154.4(市民)	5.0	11	波兰	男	176.0	6.2
		男	169.3(城市青年1986年资料)	5.3	12	匈牙利	男	166.0	5.4
4	英国	男	178.0	6.1	13	捷克	男	177.0	6.1
5	法国	男	169.0	6.1	14	非洲地区	男	168.0	7.7
		女	159.0	4.5			女	157.0	4.5
6	德国	男	175.0	6.0					

2.6.2 世代差异

随着人类社会的不断发展，卫生、医疗、生活水平的提高，以及体育运动的大力发展，人类的成长和发育也发生了很大的变化。我们在过去100年中观察到的生长加快(加速度)是一个特别的问题，子女们一般比父母长得高，这个问题在人们的身高平均值上也可以得到证实。欧洲的居民预计每10年身高增加10～14mm，因此，若使用三四十年前的数据会导致相应的错误。美国的军事部门每10年测量一次入伍新兵的身体尺寸，以观察身体的变化，第二次世界大战时入伍新兵的身体尺寸超过了第一次世界大战时期。美国卫生福利和教育部门在1971—1974年所做的研究表明：大多数女性和男性的身高比1960—1962年国家健康调查的结果要高。最近的调查表明51%的男性不低于175.3cm，而1960—1962年只有38%的男性达到这个高度。认识这种缓慢变化与各种设备的设计、生产和发展周期之间的关系的重要性，并做出预测是极为重要的。

2.6.3 年龄的差异

年龄造成的差异也应引起注意，体形随着年龄变化最为明显的时期是青少年时期。人体尺寸的增长过程，通常男性15岁、女性13岁双手的尺寸就达到一定值。男性17岁、女性15岁脚的大小也基本定型，女性18岁结束，男性20岁结束。此后，人体尺寸随年龄的增加而缩减，而体重、宽度及围长的尺寸却随着年龄的增长而增加。一般来说，青年人比老年人身高高一些，老年人比青年人体重重一些；男人比女人高一些，女人比男人娇小一些。在进行具体设计时必须判断与年龄的关系，是否适用于不同的年龄。对工作空间的设计应尽量使其适应于20～65岁的人。美国人的研究发现，45～65岁的人与20岁的人相比，身高减少了4cm，体重增加了6(男)～10kg(女)，如表2-10所示。

表2-10　年龄差异与人体变化

测量项目 \ 年龄分组 / 百分位数	男(18～60岁)							女(18～55岁)						
	1	5	10	50	90	95	99	1	5	10	50	90	95	99
胸宽	242	253	259	280	307	315	331	219	233	29	260	289	299	319
胸厚	176	186	191	212	237	245	261	159	170	176	199	230	239	260
肩宽	330	344	351	375	397	403	415	304	32	328	351	371	377	387
最大肩宽	383	398	405	431	460	469	486	347	363	371	397	428	438	458
臂围	273	282	288	306	327	334	346	275	290	296	317	340	346	360
坐姿臀宽	284	295	300	32	347	355	369	295	310	318	344	374	382	400
坐姿两肘间宽	353	371	381	422	473	489	518	326	348	360	404	460	478	509
胸围	762	791	806	867	944	970	1018	717	745	760	825	919	949	1005
腰围	620	650	665	735	859	895	960	622	659	680	772	904	950	1025
臂围	780	805	820	875	948	970	1009	795	824	840	900	975	1000	1044

关于儿童的人体尺寸很少见，而这些资料对于设计儿童用具、幼儿园、学校是非常重要的。考虑到安全和舒适的因素则更是如此，儿童意外伤亡与设计不当有很大的关系。例如，只要头部能钻过的间隔，身体就可以过去，猫、狗是如此，儿童的头部比较大，所以也是如此。按此考虑，栏杆的间距应必须阻止儿童头部钻过，以5岁幼儿头部的最小尺寸为例，其约为14cm，如果以它为平均值，为了使大部分儿童的头部不能钻过，多少要窄一些，最多不超过11cm。随着人们寿命的增加，进入人口老龄化的国家越来越多，如美国65岁以上的人有2000万，接近总人口的1/10，而且每年都在增加。我国2030年或更早也将进入老龄社会，所以设计中涉及老年人的各种问题不能不引起我们的重视，应有老年人的人体尺寸。

在没有具体尺寸的情况下，至少有两个问题应引起我们的注意。

(1) 无论男女，上年纪后身高均比年轻时矮。

(2) 老年人伸手够东西的能力不如年轻人，如图2.44至图2.46所示。

设计人员在考虑老年人的使用功能时，务必应对上述人体特征给予充分的考虑。家庭用具的设计，首先应当考虑老年人的要求。因为家庭用具一般不必讲究工作效率，而首先需要考虑的是使用安全、方便，在使用方便方面，年轻人可以迁就老年人。所以家庭用具，设施设置，尤其是厨房用具、柜橱和卫生设备的设计，相对高差较大地形的坡道设计，更应照顾老年人的使用。

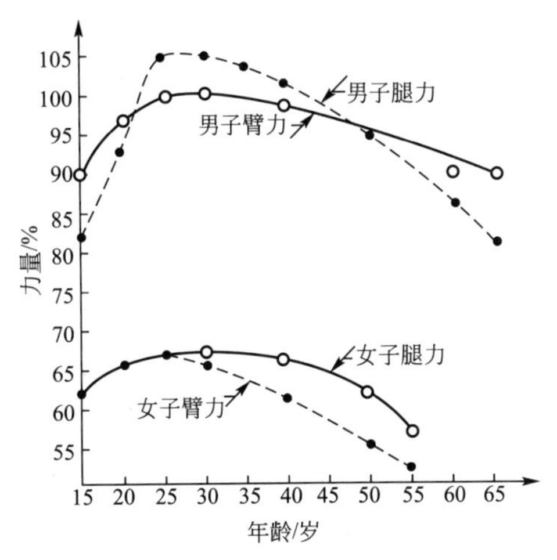

图 2.44 人的臂力和腿力随年龄的变化

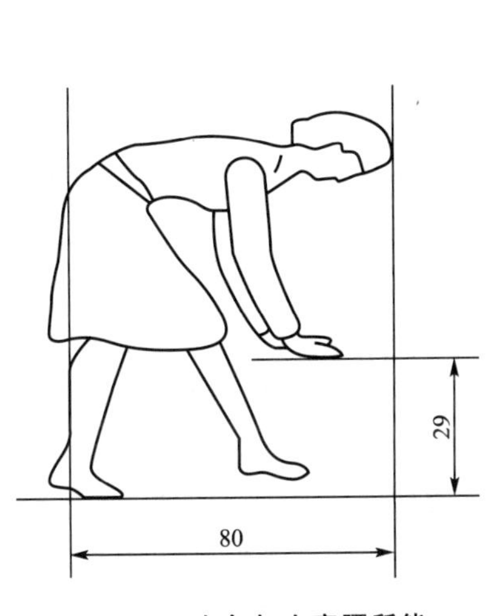

图 2.45 老年妇女弯腰所能及的范围(单位：cm)

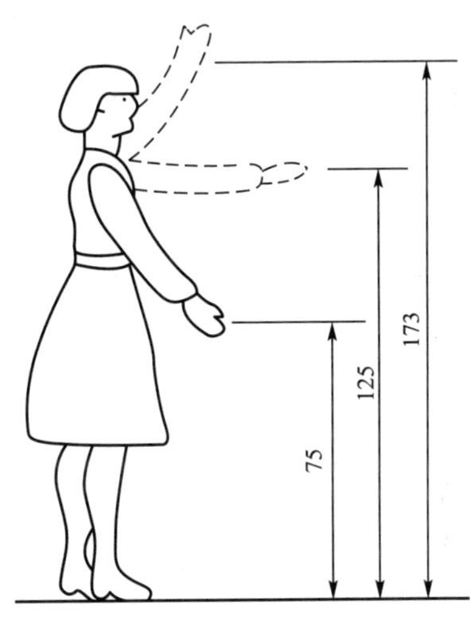

图 2.46 老年妇女站立时手所能及的高度(单位：cm)

2.6.4 性别差异

在男性和女性之间，人体尺寸、重量和比例关系都有明显差别。3～10 岁这一年龄阶段男女的差别极小，同一数值对两性均适用，两性身体尺寸的明显差别从 10 岁开始。一般妇女的身高比男子低 10cm 左右。但有四处尺寸女性比男性大些，即胸厚、臀宽、臂部、大腿周长，在设计中应注意这种差别。

2.6.5 职业差异

不同职业的人，在身体大小及比例上也存在着差异。例如，一般体力劳动者人体尺寸比脑力劳动者的稍大些，在我国一般部门工作的人员要比在体育运动系统工作的人员矮小。也有一些人由于长期的职业活动改变了形体，使其某些身体特征与人们的平均值不同。因此，对于不同职业所造成的人体尺寸差异在下述情况中必须予以注意：为特定的职业设计工具、用品和环境时；在应用从某种职业获得的人体测量数据去设计适用于另一种职业的工具、用品和环境时。

2.6.6 其他差异

其他差异有很多种，如地域性的差异，寒冷地区的人平均身高均高于热带地区，平原地区的人平均身高高于山区。社会的发达程度也是一种重要的差别，发达程度高，营养好，平均身高就高。即使在同一国家，不同区域也有差异，由表2-7列出的我国6个区域的人体体重、身高、胸围的均值和标准差中可明显看出这一差异。进行产品设计时，必须考虑不同国家、不同区域人体尺寸的差异。另外，随着国际经济贸易活动的不断增多，不同民族、不同地区的人使用同一产品、同一设施的情况将越来越多，因此，在设计中考虑产品的多民族通用性也将成为一个值得注意的问题。

2.6.7 残疾人

在每个国家，残疾人都占一定比例，全世界的残疾人约有4亿，但残疾人的残疾等级不同，对设计的要求也不同。在这里我们根据活动的方式，简要地概括成两类。

1）乘轮椅患者

因为没有大范围乘轮椅患者的人体测量数据，所以进行这方面的研究工作是很困难的，又因为患者的类型不同、病因不同，有四肢瘫痪和部分肢体瘫痪，残疾级别也不同，肌肉机能障碍程度和由于乘轮椅对四肢的活动带来的影响不同等种种因素，使得调研工作很难进行。但在设计中要使设计更人性化，首先假定坐轮椅对四肢的活动没有影响，活动的程度接近正常人，而后，重要的是决定适当的手臂能够得到的距离、各种间距及其他一些尺寸，这要将人和轮椅一并考虑，因此对轮椅本身应有一些解剖知识。Henman. L. Kam 博士从几何学的角度测定，在假想姿势中，脚髁保持90°，腿就随椅子坡度抬起，与垂直线夹角15°，膝腘处为105°，靠背大约向后倾斜10°，腿与背部形成100°角。如果身体保持这种相对关系，整个椅子向后倾斜50°，因此椅子面与水平线呈5°角，腿与垂直面之间形成20°夹角，背部与垂直面成15°夹角。如果使用者可以挺直坐着，尽管椅子靠背倾斜，标准的手臂够得到的距离数据完全可以满足要求。如果背部处于一种倾斜状态，与垂直线夹角为15°，则手臂够得着的距离尺寸必须依此修改，因为这个尺寸的标准数据是在背部挺直和椅子面保持水平的情况下得出来的，如图2.47至图2.49所示。

2）能走动的残疾人

对于能走动的残疾人，必须考虑他们使用的辅助工具，如拐杖、助步车、支架等。所以为了做好设计，除应知道一些人体测量数据之外，还应把这些工具当作一个整体来考虑。

了解了人体测量数据的差异，在设计中就应充分注意它对设计中的各种问题的影响及影响的程度，并且要注意手中数据的特点，在设计中加以修正，不可盲目地采用未经细致分析的数据。

轮椅
【参考图片】

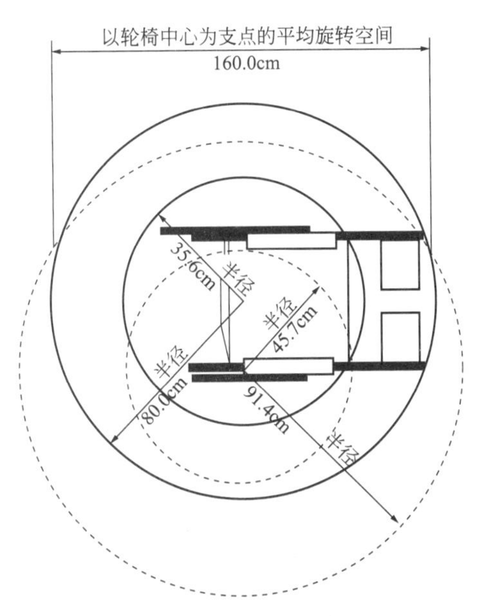

图 2.47 轮椅尺寸

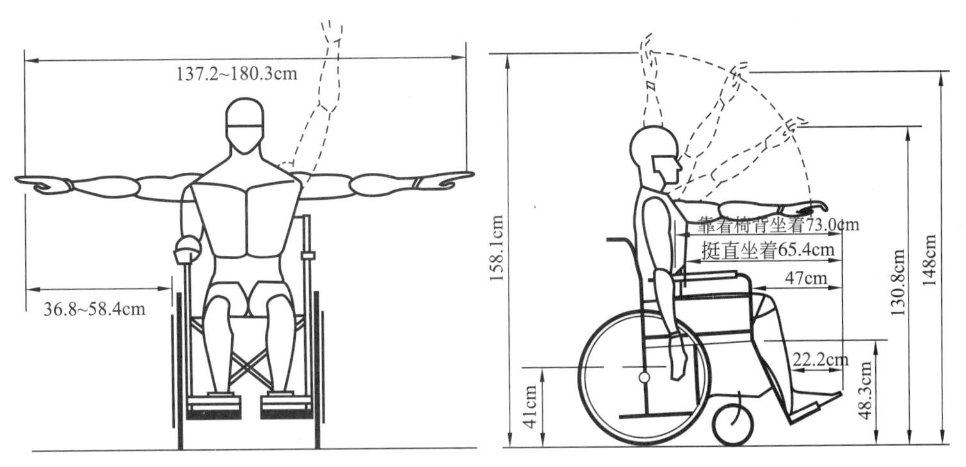

图 2.48 乘轮椅的人体尺寸

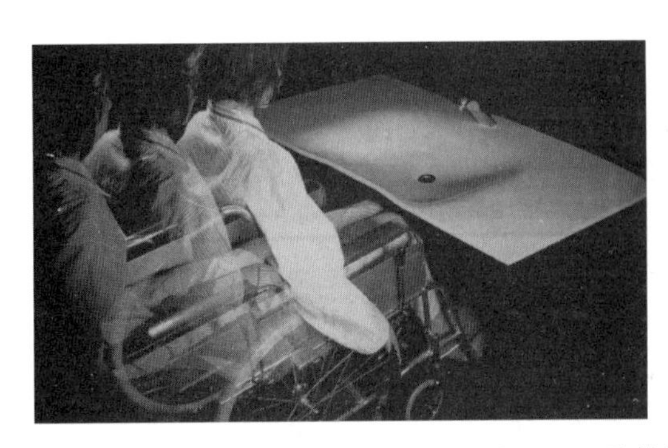

图 2.49 乘轮椅的人实际使用

2.7 人体尺寸运用中应注意的问题

有了完善的人体尺寸数据，只是达到了第一步，而学会正确地使用这些数据才算得上真正达到了人体工程学的目的。

2.7.1 根据设计的使用者或操作者的状况选择数据

设计的任何产品都是针对一定的使用者来进行设计的，因此，选择适应设计对象的数据是很重要的，在设计时必须分析使用者的特征，清楚使用者的年龄、性别、职业和民族，包括我们在前述2.6节中所讲到的各种问题，使得所设计的室内环境和设施适合使用对象的不同特征。

2.7.2 百分位的运用

在很多的数据表中只给出了第5百分位、第50百分位和第95百分位的人体尺寸，因为这三个数据是人们经常见到和用到的尺寸，最常用的是第5百分位和第95百分位的人体尺寸，有人可能产生疑问，为什么不用平均值？我们可以举例说明。

例如，如果以第50百分位的身高尺寸来确定门的净高，这样设计的门会使50%的人有碰头的危险。又如，座位舒适的最重要的标准之一是使用者的脚要稳妥地踏在地面上，否则两腿会悬空挂着，大腿软组织会过分受压，双腿会因坐骨神经受压而导致麻木，假设小腿加足高(包括鞋)的平均值是44cm，若以此为依据，则设计出的椅子会有50%的人脚踩不到地，女性的腿较短，使用这样的椅子会不合适。因此，座平面高度的尺寸不能使用平均值，而是要用较小的尺寸才合适。可见，在这里平均值不是普遍适用的。在某些场合，有些家具产品不使用极值(最大和最小)，而要以人体平均尺寸为依据来进行设计，即第50百分位的尺寸数据，例如，柜台的高度如果按第50百分位的尺寸设计可能比按侏儒或巨人的尺寸设计更合适，这种方法照顾到了大多数人。学校的课桌高度就要以平均准则来设计。

经常采用第5百分位和第95百分位数据的原因正如前面所述，它们概括了90%的大多数人的人体尺寸范围，能适应大多数人的需要。

设计中选择合理的百分位很重要，那么我们在具体的设计中如何来选择呢，简单地说有这样一个原则："够得着的距离，容得下的空间"。选择测量数据要考虑设计内容的性质：一种是人在作业时或进行其他活动时所需要的活动空间；另一种是人在作业和进行其他活动时的接触空间，即人必须触及事物的空间。前者往往大于人体尺寸，采用高百分位的数值，以保证能容得下；后者应严格按人体尺寸来设计，即采用较低百分位的数值，以保证能够得着，最好采用可调节措施。在不涉及安全问题的情况下，使用百分位的具体建议如下。

(1) 最大准则，是指家具产品的尺寸依据人体测量数据的最大值进行设计。

由人体总高度、宽度决定的物体，诸如门、入口、通道、座面的宽度、床的长度、担架等，其尺寸应以第95百分位的尺寸数值为依据。若能满足大个的需要，小个子自然没问题。用最大准则设计产品时，它可以满足95%的大多数人的需要。在设计床的长度时，应按男子身高幅度的上限加鞋厚来考虑。

(2) 最小准则，是指家具产品的尺寸依据人体测量数据的最小值来进行设计。

由人体某一部分决定的物体。诸如腿长、臂长决定的座面高度和手所能触及的范围等，其尺寸应以第5百分位的尺寸数值为依据。若小个子够得着，大个子自然没问题。应用最小准则时，这个产品可以满足95%的大多数人的需要。

(3) 特殊情况下，如果以第5百分位或第95百分位为限值，会造成界限以外的人员使用时不仅不舒适，而且有损健康和造成危险，这时，尺寸界限应扩大至第1百分位和第99百分位，如紧急出口的直径应以第99百分位的数据为准，使用者与紧急制动杆的距离以及栏杆间距应以第1百分位数据为准。

(4) 平均准则，是指家具产品以人体平均尺寸为依据来进行设计，目的不在于确定界限，而在于决定最佳范围时，以第50百分位人体尺寸为依据，即以体型中等的人的人体测量数据为准，这种方法照顾到了大多数人。学校的课桌高度、门铃、插座和电灯开关的安装高度以及付账柜台高度就要以平均准则来设计。

(5) 可调节准则，在某些情况下，我们选择把家具产品的功能尺寸设计成可调的，也就是通过增加家具产品的尺寸范围来满足不同体型的人的需要，扩大使用的范围，并可使大部分人的使用更合理和理想。

例如，可升降的椅子和可调节的隔板，如图2.50所示。由于升降椅的高度是可调的，不同身高的人坐上去，可以根据自己的要求来调整它的高度。用可调准则时，取第5百分位与第95百分位尺寸作下限和上限，即大于第5百分位，小于第95百分位尺寸的人都可以根据自己的尺寸，把产品调整到适合自己的位置，它的满足度是90%，满足了大多数人的要求。有时需确定更大的幅度，可取第1百分位至第99百分位，尽量适用于更多的人；有时设计时不采用这样大的范围，简单地以第10百分位至第90百分位尺寸为幅度，因为这样的设计技术上简便，使用起来对大多数人合适。

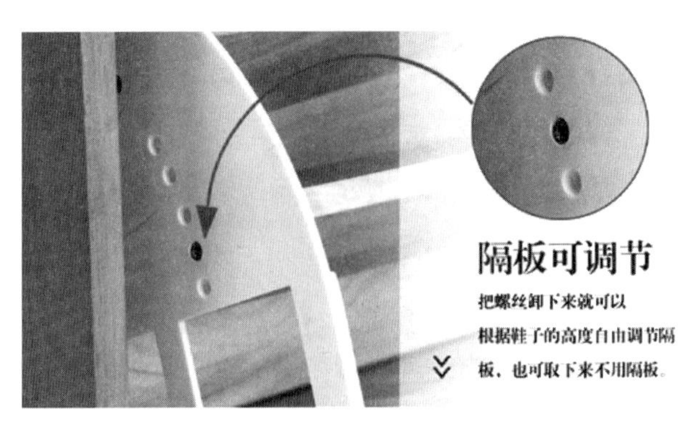

图2.50 通过搁板托来调节搁板的高度

(6) 使用新人体数据准则。

(7) 地域性准则。

(8) 功能修正与最小心理空间相结合准则。

2.7.3 设计中应分别考虑各项人体尺寸

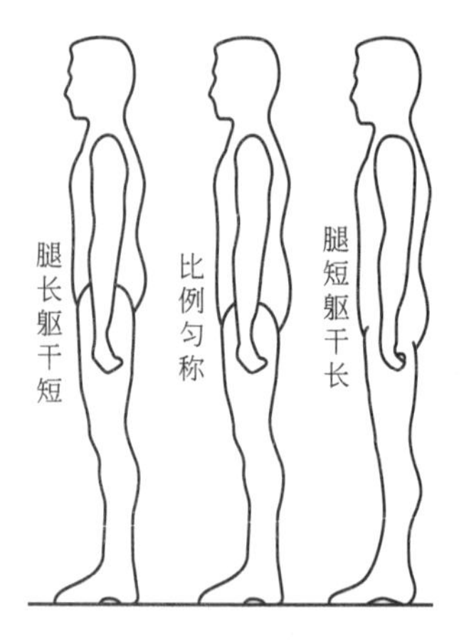

图 2.51 身高相等的一组人中，身体各部分的比例

实践中常发生各项尺寸以比例适中的人为基准的错误做法，身高一样的人，例如，身高都是第5百分位的人，他们的坐高、坐深、伸手可及的范围也都相应较小，有人认为这是理所当然的，实际上并非完全如此。

如图2.51所示，为一个身体比例均匀的人与身体比例不均匀的人(一边的人腿特别长，另一边的人上身特别长)的比较图。实际上身高相等的一组人里身体坐高的差在10cm内。

人体测量的每一个百分位数值，只表示某项人体尺寸，如身高第50百分位只表示身高处于第50百分位，并不表示身体的其他部分尺寸也处于第50百分位。绝对没有一个各项人体尺寸同时处于同一百分位的人，因此在设计时要分别考虑每个项目的尺寸。

2.7.4 平均值的谬误

选择数据时，把第50百分点数据代表“平均人”的尺寸是错误的，这里不存在“平均人”，只有平均值，在某种意义上这是一种易于产生错觉的、含糊不清的概念。第50百分点只说明你所选择的某一项人体尺寸有50%的人适用，不能说明别的什么。事实上几乎没有任何人真正够得上“平均人”，美国的Hertz－bexy博士在讨论关于“平均人”的时候指出：“没有平均的男人和女人存在，或许只是个别一两项上(如身高、体重或坐高)是平均值。”因此这里有两点要特别注意：一是人体测量的每一个百分位数值、指标是某项人体尺寸，例如，身高50百分点只表示身高，并不表示身体的其他部分；二是绝对没有一个各项人体尺寸同时处于同一百分位的人。

习　　题

一、填空题

1. 门的净高经常以第________百分位的________尺寸来确定。

2. 确定可升降的椅子的高度时如果取第10百分位至第95百分位这个范围之内的值，说明此设计能满足的________%的人。

3. 在通道设计中，应参照________的人体尺度进行设计。

4. 人体尺寸存在________差异，________差异，________差异，________差异，________差异，________差异，等等。

5. 第5百分位表示有________%的人的尺寸等于或小于该尺寸；第90百分位表示有

________%的人体尺寸高于此尺寸；第 50 百分位表示________的人体尺寸。

6. 如果设计中的问题是决定隔断与屏风的高度，以保证隔断后面人的私密性要求，隔断高度的确定应考虑人的________，且应取第________百分位或更高。

二、选择题

1. 如果在设计中，由于经济原因设计对象(如桌椅)不能设计成可调式的，那么设计中基准应选择(　　)。

A. 中值　　B. 均值　　C. 大百分位数　　D. 小百分位数

2. 常用百分位取(　　)和(　　)。

A. 50%　100%　　B. 1%　99%

C. 5%　95%　　D. 0%　100%

3. 确定居室内大衣柜深度的尺寸是依据人体的(　　)。

A. 臀部宽度　　B. 两肘宽度　　C. 肩部宽度　　D. 上臂长度

4. 测量学中的百分位数是指(　　)。

A. 比平均数大的百分位数

B. 比平均值小的百分位数

C. 有百分之多少的人其测量值小于该值对应的数值

D. 与平均值相差的百分比

5. 柜台和学校的课桌高度常按(　　)的尺寸设计。

A. 第 5 百分位　　B. 第 10 百分位

C. 第 50 百分位　　D. 第 95 百分位

三、计算题

1. 已知某地区人的足长平均值为 256mm，标准差为 42.5mm，求适合于该地区 80%的人穿的鞋子的长度。

2. 一个地区人体测量的均值为 1660mm，标准差为 58mm，求这个地区第 80%、第 90%、第 95%的百分位数。

3. 已知东北女性身高平均值为 1568mm，标准差为 50.8 mm。东北女性 A 身高为 1650mm，试求有百分之多少的东北女性超过其高度。

4. 已知华北男性身高平均值为 1710mm，标准差为 56.5mm。设计适用于 90%华北男性使用的产品，试问应按怎样的身高范围设计该产品尺寸？

四、简答题

1. 人体尺寸分为哪两种？它们各自的定义是什么？

2. 百分位的定义是什么？

五、人体模板制作

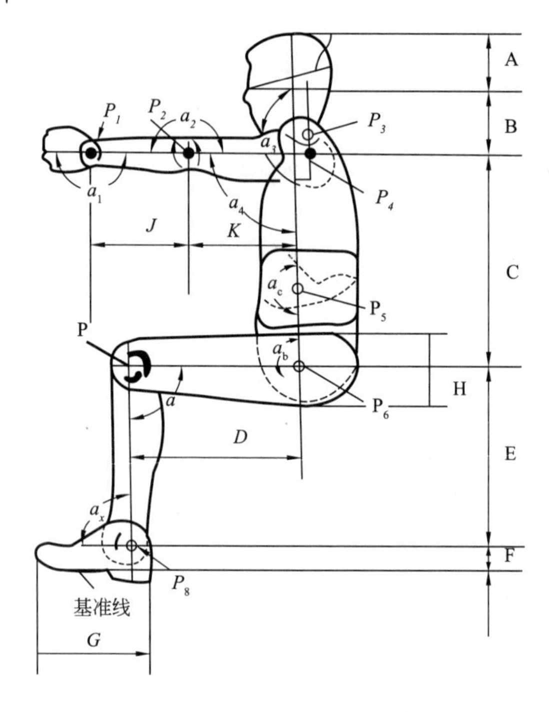

二维人体模板关节角度的调节范围

人体关节		调节范围		人体关节		调节范围	
关节部位	关节名称	角度代号	角度调节量	关节部位	关节名称	角度代号	角度调节量
P_1	腕关节	α_1	140°～200°	P_5	腰关节	α_5	168°～195°
P_2	肘关节	α_2	60°～180°	P_6	髋关节	α_6	65°～120°
P_3	头/颈关节	α_3	130°～225°	P_7	膝关节	α_7	75°～180°
P_4	肩关节	α_4	0°～135°	P_8	胸关节	α_8	70°～125°

六种不同身高尺寸的人体各部位关节间的分段尺寸（单位：mm）

身高 / 尺寸段	1525	1575	1625	1675	1725	1775	身高 / 尺寸段	1525	1575	1625	1675	1725	1775
A	90	96	103	103	108	108	F	108	114	114	119	125	127
B	210	210	216	222	228	235	G	254	267	280	293	306	319
C	394	406	420	432	441	452	H	76	76	82	82	88	88
D	368	381	391	406	418	433	J	216	229	242	242	248	254
E	355	368	381	393	405	420	K	242	255	255	268	281	294

第3章 人体动作空间

目的与要求

通过本章的学习，使学生熟悉和掌握肢体活动范围、人体活动空间及各种居住行为与室内空间的关系。

内容与重点

本章主要介绍了肢体活动范围、人体活动空间、居住行为与室内空间。重点掌握各种肢体及人体活动范围、各种居住行为与室内空间的关系。

引例

楼梯的设计

楼梯是室内设计中常用到的，造型复杂的楼梯会给人一种惊艳的感觉。

问题：人们在下楼梯时，可能会摔跤(如下图)，有的楼梯为设计而设计，人们走在上面很没有安全感。

分析：避免表面光滑的楼梯是必需的。而釉面的楼梯，光滑不必再说，它设计得很不安全。数据显示：一般楼梯的坡度范围在23°～45°，适宜的坡度为30°左右。坡度过小时(小于23°)，可做成坡道；坡度过大时(大于45°)，可做成爬梯。公共建筑的楼梯坡度较平缓，常用26°34′(正切为1/2)左右。住宅中的共用楼梯坡度可稍陡些，常用33°42′(正切为1/1.5)左右。楼梯踏步最小宽度和最大高度见下表。

楼梯踏步最小宽度和最大高度(mm)

楼梯类别	最小宽度	最大高度
住宅共用楼梯	260	175
幼儿园、小学校等楼梯	260	150
电影院、剧场、体育馆、商场、医院、旅馆和大中学校等楼梯	280	160
其他建筑楼梯	260	170
专用疏散楼梯	250	180
服务楼梯、住宅套内楼梯	220	200

对成年人而言，楼梯踏步高度以150mm左右较为舒适，不应高于175mm。踏步的宽度以300mm左右为宜，不应窄于250mm。当踏步宽度过大时，将导致梯段长度增加；而踏步宽度过窄时，会使人们行走时产生危险。在实际中经常采用出挑踏步面的方法，使得在梯段总长度不变情况下增长踏步面宽（见下图）。一般踏步的出挑长度为20～30mm。

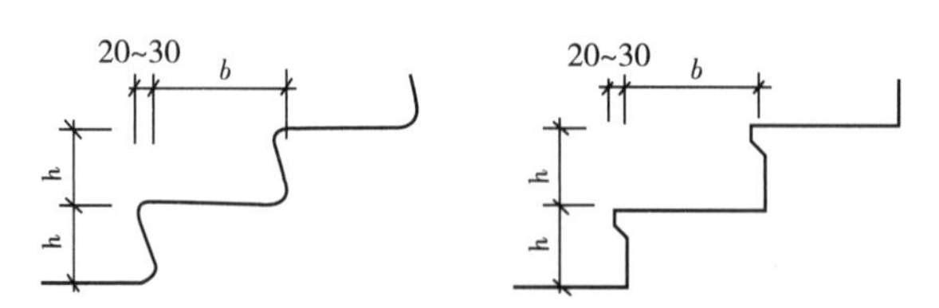

解决办法：严格按照上述数据设计楼梯，把人的安全性放在第一位。为避免表面光滑的楼梯，可以在光滑的楼梯表面上铺地毯或其他摩擦力大的材料，以增大摩擦。避免室内外楼梯只有一级踏步的情况，只有前门的台阶可以例外。在楼板上开洞，例如在挑板下的洞，直径不允许超过114mm，否则儿童的头部可能会伸入并卡住。总的来说，避免楼梯开洞可以避免儿童和成年人把脚卡入洞中。

人体动作空间主要分为肢体活动范围和人体活动空间(作业空间)两类。

肢体活动范围是指人体处于静态时，肢体围绕着躯体做各种动作所划出的限定范围。

它由肢体活动角度和肢体的长度组成，强调作业时人的躯体保持静止，所得人体数据等同于人体尺度中的人体功能尺寸。

人体活动空间是指人体处于动态时全身的动作范围，它强调人的肢体在躯体的帮助下究竟可以伸展到何种程度。例如，在人体姿势的变换或人体移动的情况下，我们在进行各种设计时就不能只单纯地考虑人体本身的尺度，还得考虑人体运动时肢体的摆动或身体的回旋余地所需的空间。

3.1 肢体活动范围

3.1.1 肢体活动角度

肢体的活动角度如图 3.1 和表 3－1 所示，它在解决某些问题上是很有用的，如视野、踏板行程、扳杆的角度等。但在很多情况下，人的活动并非是单一关节的运动，而是多个关节协调的联合运动，所以单一的角度是不能解决所有问题的。

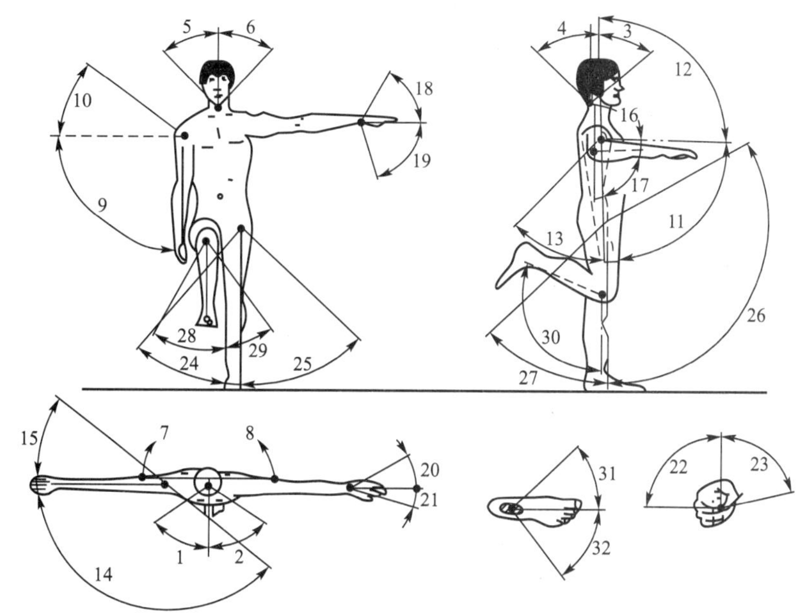

图 3.1　身体各个部位的活动范围(各编号动作注解列于表 3－1 中)

表3-1　身体各部位的活动范围数据

身体部位	移动关节	动作方向	动作角度	
			编号	(°)
头	脊柱	向右转	1	55
		向左转	2	55
		屈伸	3	40
		极度伸展	4	50
		向一侧弯曲	5	40
		向一侧弯曲	6	40
肩胛骨	脊柱	向右转	7	40
		向左转	8	40
臂	肩关节	外展	9	90
		太高	10	40
		屈曲	11	90
		向前太高	12	90
		极度伸展	13	45
		内收	14	140
		极度伸展	15	40
		外展旋转		
		(外观)	16	90
		(内观)	17	90
手	腕(枢轴关节)	背屈曲	18	65
		掌屈曲	19	75
		内收	20	30
		外展	21	15
		掌心朝上	22	90
		掌心朝下	23	80
腿	髋关节	内收	24	40
		外展	25	45
		屈曲	26	120
		极度伸展	27	45
		屈曲时回转(外观)	28	30
		屈曲时回转(内观)	29	35
小腿足	膝关节 踝关节	屈曲	30	135
		内收	31	45
		外展	32	50

3.1.2 肢体活动范围

肢体活动范围实际上也就是人们在各种作业环境中，在某种姿态下肢体所能触及的空间范围，因为这一概念也常常被用来解决人们在各种作业环境中的工作位置的空间问题，所以也被称为作业域。人在工作台、机器前操作时最常使用的是上肢，此时的动作在某一限定范围内均呈弧形。人们工作时由于姿势不同，其作业域也不同。我们不可能对所有情况都进行研究，只能考虑比较常见的情况。人们经常采用的姿态基本上是四种：立、坐、跪、卧。在上一章中已经做了详细的介绍。

3.1.3 手和脚的作业域

在日常的工作和生活中，人们经常要采用或站或坐的姿势，手和脚在一定范围内做各种活动，这样所形成的包括左右水平面和上下垂直面的动作域，叫做手脚的作业域，如图 3.2 所示。

水平作业域是指人与台面前，在台面上左右运动手臂而形成的轨迹范围。

1942 年，Banes 根据美国人体测量数据绘制出的水平作业域如图 3.3 所示。水平作业域可以分为最大作业域和通常作业域。

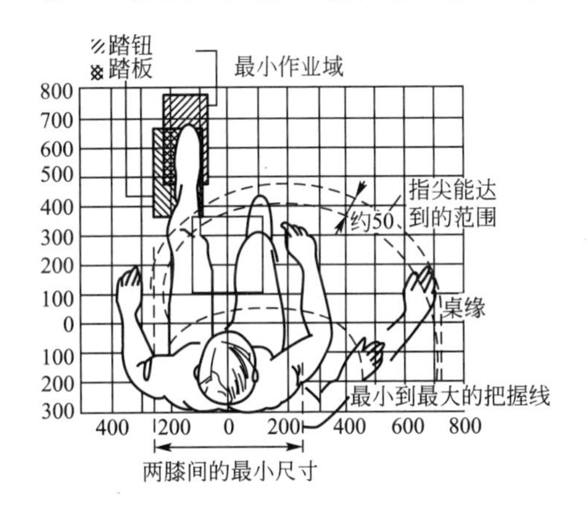

图 3.2 手、脚的作业域(单位：mm)

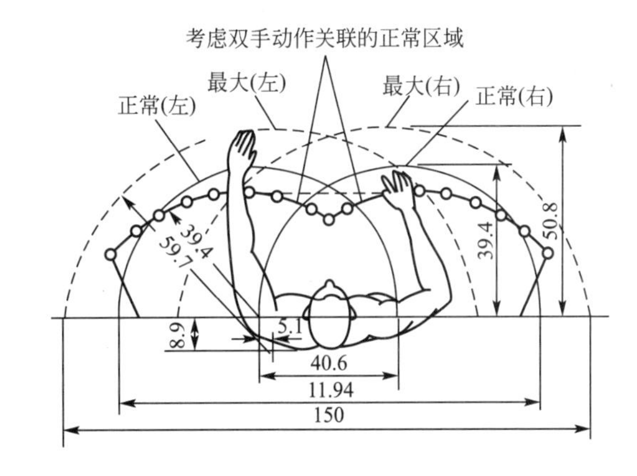

图 3.3 手的水平作业域(单位：cm)

最大作业域是以肩峰点为轴，上肢完全伸直做回转运动所包括的范围，如图 3.3 中虚线所示。由图 3.3 可以看出，水平作业面的最大作业域在 590mm 范围内。

通常作业域是以上臂靠近身体，曲肘、前臂平伸做回转运动时所包括的范围，如图 3.3 点画线所示，如写字板、键盘等手活动频繁的活动区应安排在此区域内。由图 3.3 可以看出，通常作业域在 390mm 范围内。如果以通常的手臂活动范围考虑，桌子的宽度有 400mm 就够了，但由于需要摆放各种用具，所以实际的桌子要大得多。

1956 年美国人 P. C. Squires 通过实验所求得的最大作业域与 Banes 所描绘的最大作业域是一致的，但通常作业域是有差别的。Squires 认为前臂运动时，肘部并不固定于一点不动，而是做圆弧移动，考虑到这一点，通常工作时手的运动轨迹近似于长幅外摆线，如图 3.3 所示的粗实线。

坐姿作业空间水平布置区域【参考图片】

人在工作时，经常使用的操作器具，配置在通常作业区域内，从属的作业工具配置在最大作业域内。

3.1.4 垂直作业域

垂直作业域是指手臂伸直，以肩关节为轴作上下运动所形成的范围。

1. 坐姿

坐姿作业通常在作业面以上进行，其作业范围如图 3.4 所示的作业空间。随作业面高度、手偏离身体中线的距离及举手高度的不同，其舒适的作业范围也在发生变化。

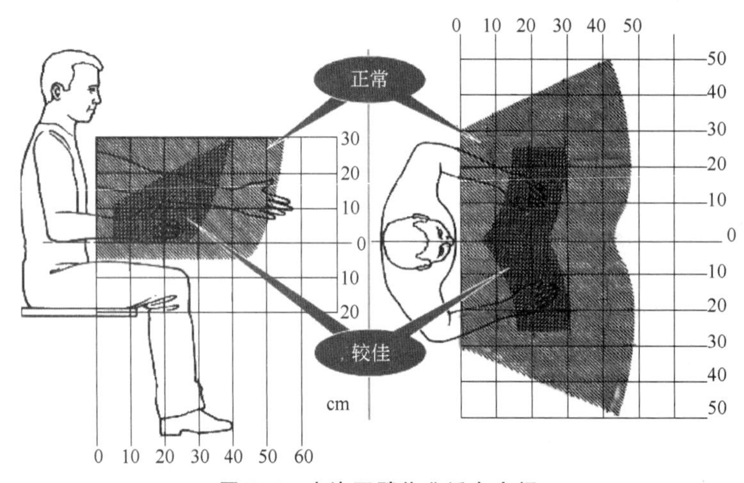

图 3.4 坐姿双臂作业近身空间

若以手处于身体中线处考虑，直臂作业区域由两个因素决定，肩关节转轴高度及该转轴到手心(抓握)的距离(若为接触式操作，则到指尖)。如图 3.5 所示，为第 5 百分位的人体坐姿抓握尺寸范围。以肩关节为圆心的直臂抓握空间半径：男性为 65cm，女性为 58cm。直臂抓握尺寸范围对决定人在某一姿态时手臂触及的垂直范围有用，如搁板、挂件等，带书架的桌子也常用到上述高度数值。设计垂直抓握的作业区时，应以第 5 百分位的人体尺寸为准。

如图 3.4 所示的是坐姿双臂作业近身空间。

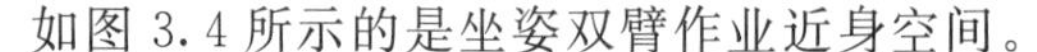

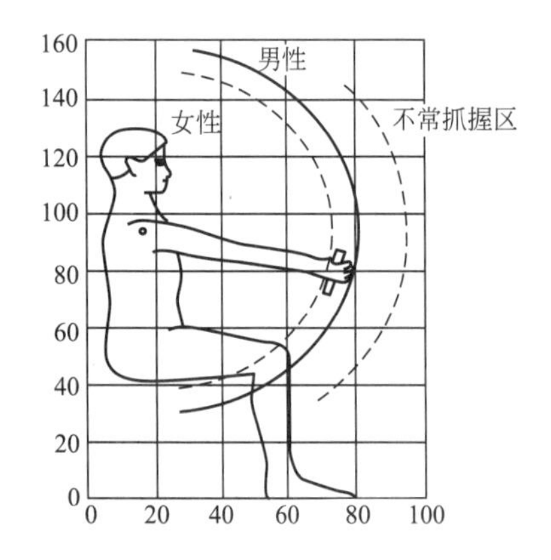

图 3.5 坐姿直臂抓握尺寸范围
(单位：cm)

2. 站姿

站姿作业一般允许作业者自由地移动身体，但其作业空间仍需受到一定的限制。如图 3.6 所示，为站姿单臂作业的近身作业空间，以第 5 百分位的男性为基准，当物体处于地面以上 110～165cm 的高度，并且在身体中心左右 46cm 范围内时，大部分人可以在直立状态下到达身体前侧 46cm 的舒适范围(手臂处于身体中心线处操作)，最大可及区弧半径为 54cm。

对于双手操作的情形，由于身体各部位相互约束，其舒适作业空间范围有所减小，如图 3.7 所示。这时伸展空间为：在距身体中线左右各为 15cm 的区域内，最大操作弧半径 51cm。

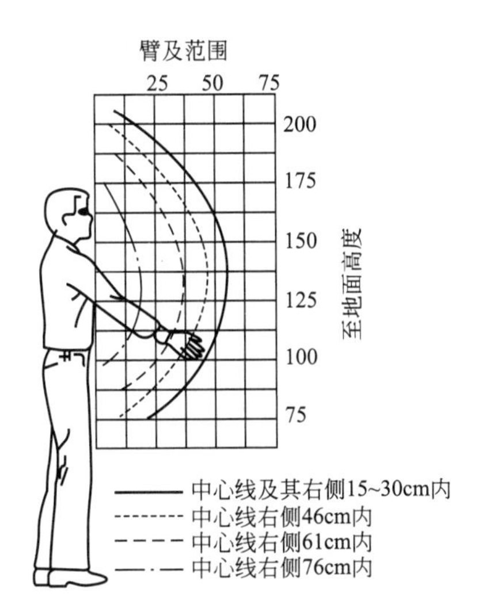

图 3.6 站姿单臂近身作业空间(单位：cm)

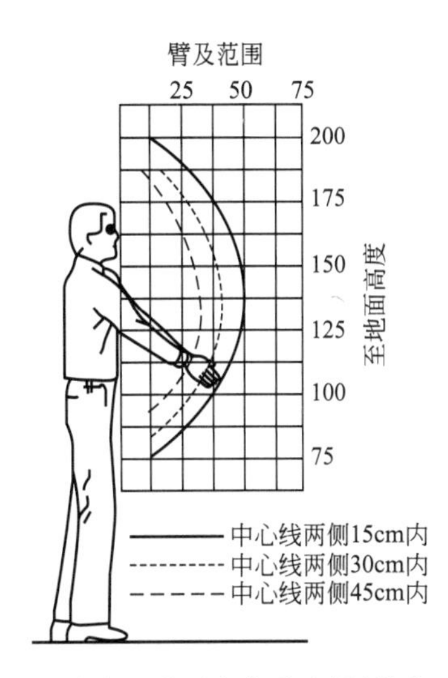

图3.7 站姿双臂近身作业空间(单位：cm)

如图 3.8 所示，为垂直平面内人体上肢最舒适的作业区域。从图中可以看出，人体上肢最舒适的作业区域是一个梯形区域。

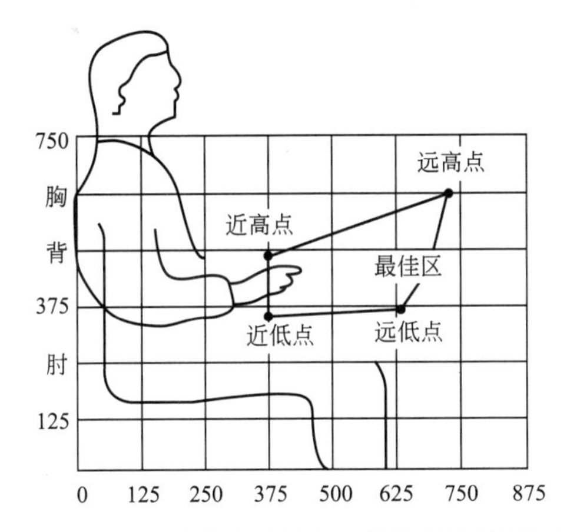

图 3.8 垂直平面内人体上肢最舒适的作业区域(单位：mm)

如图 3.9 和图 3.10 所示，为设计作业域的实例。

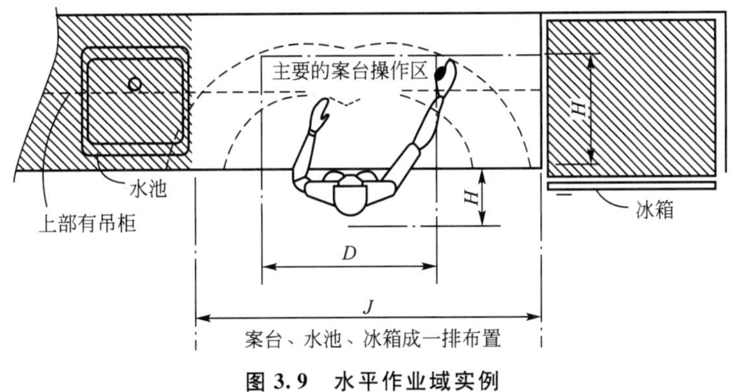

图 3.9 水平作业域实例

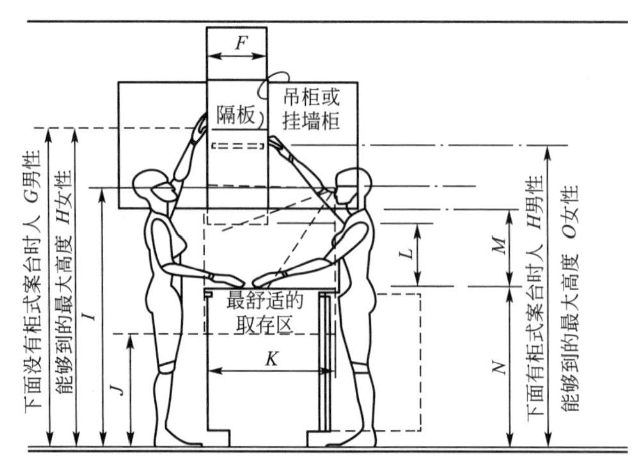

图 3.10 垂直作业域实例

1）摸高

摸高是指手举起时达到的高度。摸高与身高有关，摸高与身高的关系如图 3.11 所示。

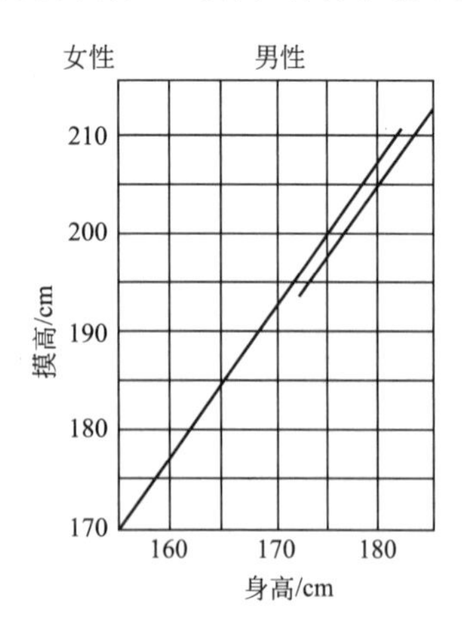

图 3.11 摸高与身高的关系

垂直作业域与摸高是设计各种柜架、扶手和各种控制装置的主要依据，柜架经常被使用的部分应该设计在这个范围内。表 3－2 给出了男性与女性的最大摸高值。

表 3-2 男性与女性的最大摸高

性别	项目	百分位	指尖高/mm	直臂抓摸/mm
男性	高大身材	95	2280	2160
	平均身材	50	2130	2010
	矮小身材	5	1980	1860
女性	高大身材	95	2130	2010
	平均身材	50	2000	1880
	矮小身材	5	1800	1740

2）拉手

建筑类家具及门等的拉手位置要设置在最省力的位置，也就是能发出最大操作力的位置。用背肌活动度测定适宜操作的位置，得到如图 3.12 所示的关于立姿操作时的作业位置难易程度示意。图 3.12 所示为成年男性的数据，以立足面垂直向上 90cm、近身 20cm 的位置为最佳作业点，即最省力位置。女性最佳作业点在垂直方向比男子低约 5cm。

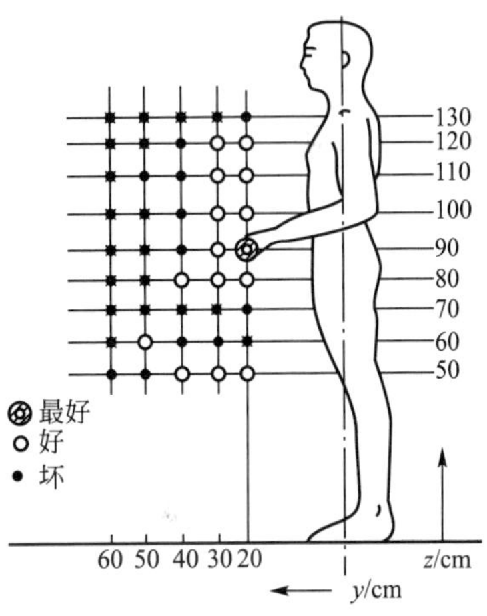

图 3.12 立姿操作最佳位置

拉手位置与身高有关，开门的人老少皆有，身高相差悬殊，往往找不到唯一适合的位置。在欧洲，有的门上装两个拉手以供成人和儿童使用。一般办公室拉手的位置用 100cm，一般家庭用80～90cm 比较合适，幼儿园还要低一些。

开关的高度也应便于操作，一般开关距地 1.2～1.4m，我国《建筑电气工程施工质量验收规范》规定，开关安装高度为 1.3m，这个高度是指距离开关底边的高度。同一室内开关高度应一致；明装插座距地不低于 1.8m，暗装插座距地以 0.3m 为宜。

3.2 人体活动空间

现实生活中人们并非总是保持一种姿势不变，人们总是在变换着姿势，而且人体本身也随着活动的需要而移动位置，这种姿势的变换和人体移动所占用的空间构成了人体活动空间。

3.2.1 人体活动空间

人体活动空间也称“作业空间”。人体的活动大体上可分为手足活动、姿态的变换和人体的移动。人体活动时有不同的姿势，归纳的基本姿势有四种：立位、坐位、跪位和卧位，如图3.13所示。当人采取某种姿态时即占用一定的空间，通过对基本姿态的研究，我们可以了解人在一定的姿态下手足活动时占用空间的大小。

图3.13 常见基本姿态

各种姿态下手足的活动空间如图3.14和图3.17所示。

3.2.2 姿态的变换

姿态的变换所占用的空间并不一定等于变换前的姿态和变化后的姿态占用空间的重叠，如图3.15和图3.16所示，因为人体在进行姿态的改变时，由于力的平衡问题，会有其他的肢体跟随运动，因而占用的空间可能大于前述空间的重叠。

在现实生活中人们并非总是保持一种姿势不变，而且总是变换着姿势。常见的姿势变换时所占用的空间如图3.18所示。

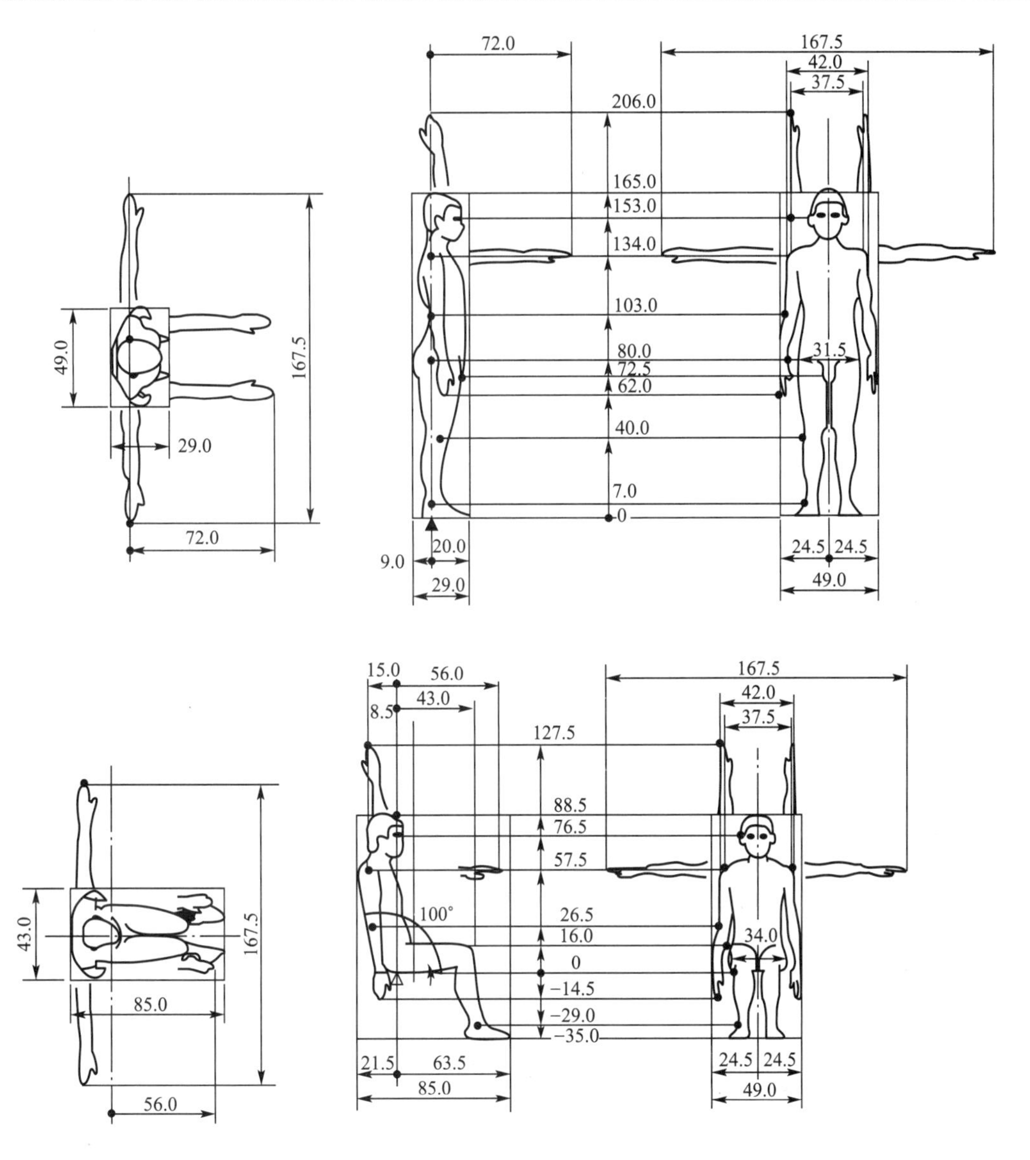

图 3.14　立、坐姿态手足的活动空间

(男子统计率为 50%)(单位: cm)

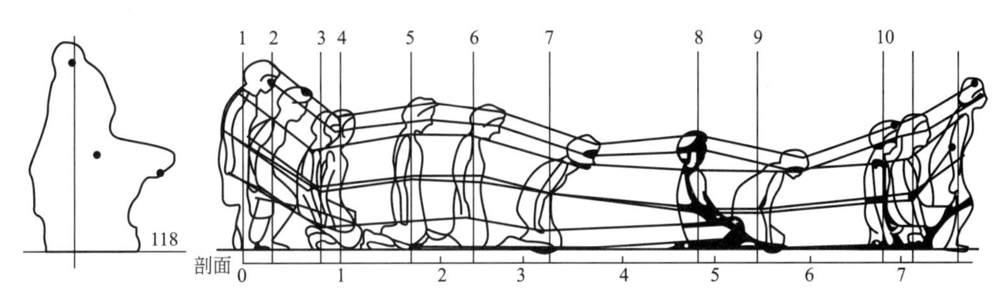

图 3.15　从站立到直身跪再到站立起来为止的动作

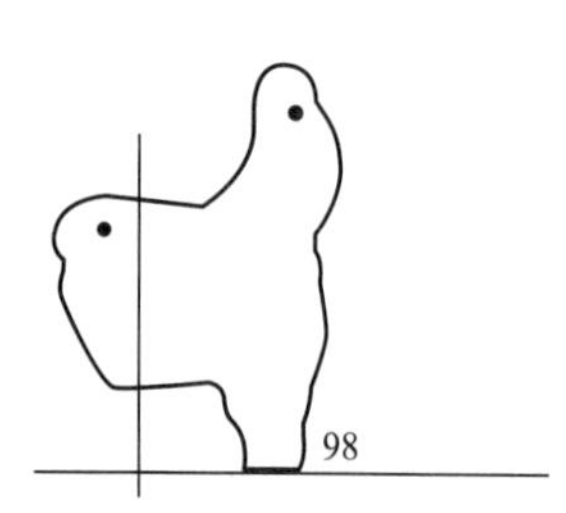

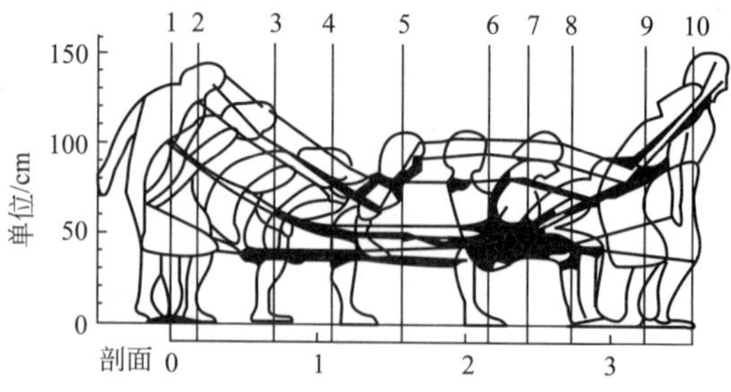

图 3. 16　从休息椅上站立起来的动作

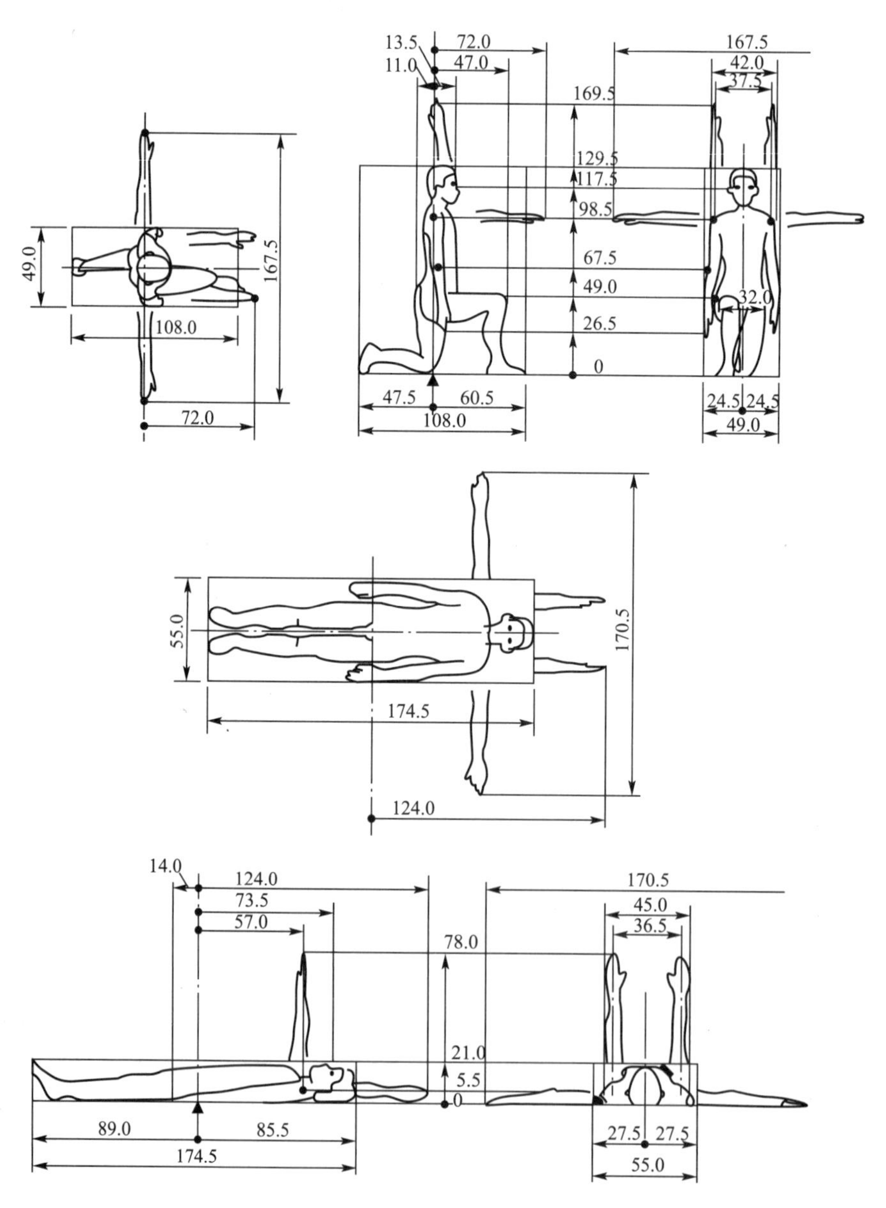

图 3. 17　跪、卧姿态手足的活动空间(男子统计率为 50%)

(单位：cm)

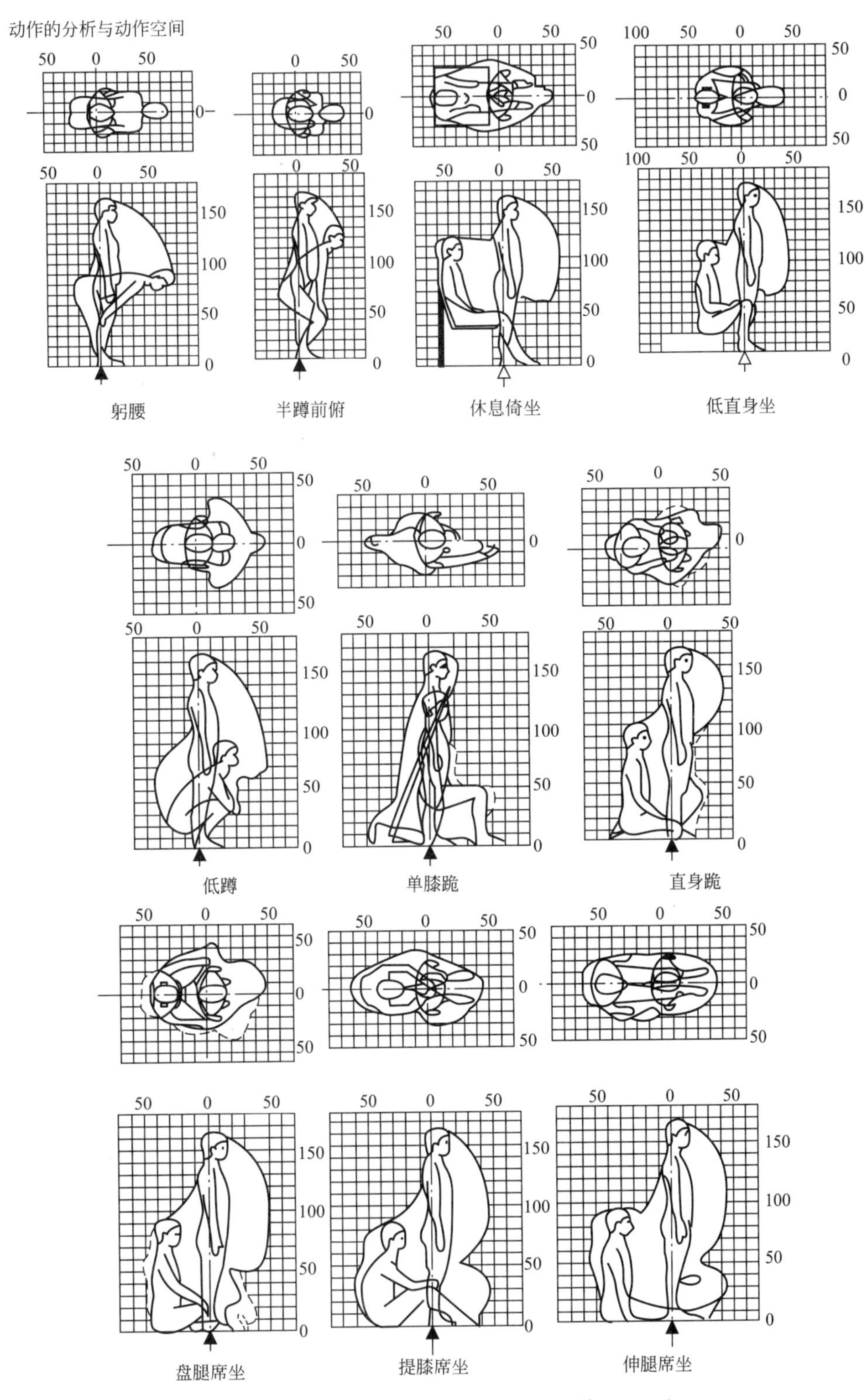

图 3.18 常见姿态变换时的活动空间(单位：cm)

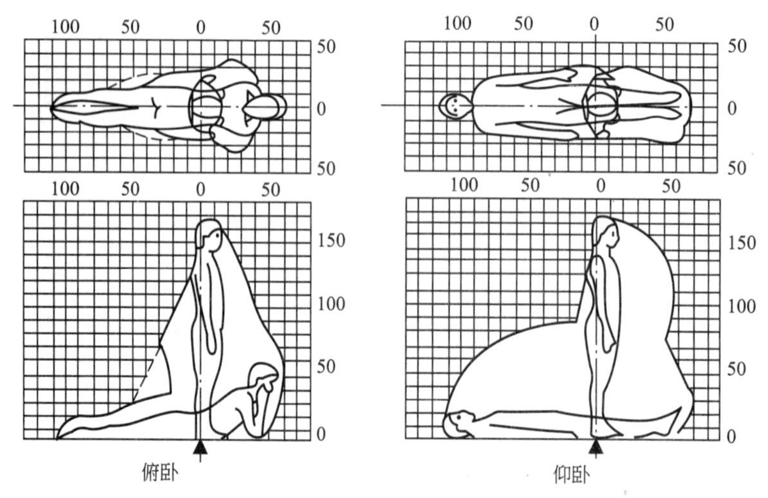

图 3.18　常见姿态变换时的活动空间(单位：cm)(续)

3.2.3　人体移动

人体移动占用的空间不应仅仅考虑人体本身占用的空间，还应考虑连续动作过程中由于运动所必须进行的肢体摆动或身体回旋余地所需的空间，如图 3.19 所示。

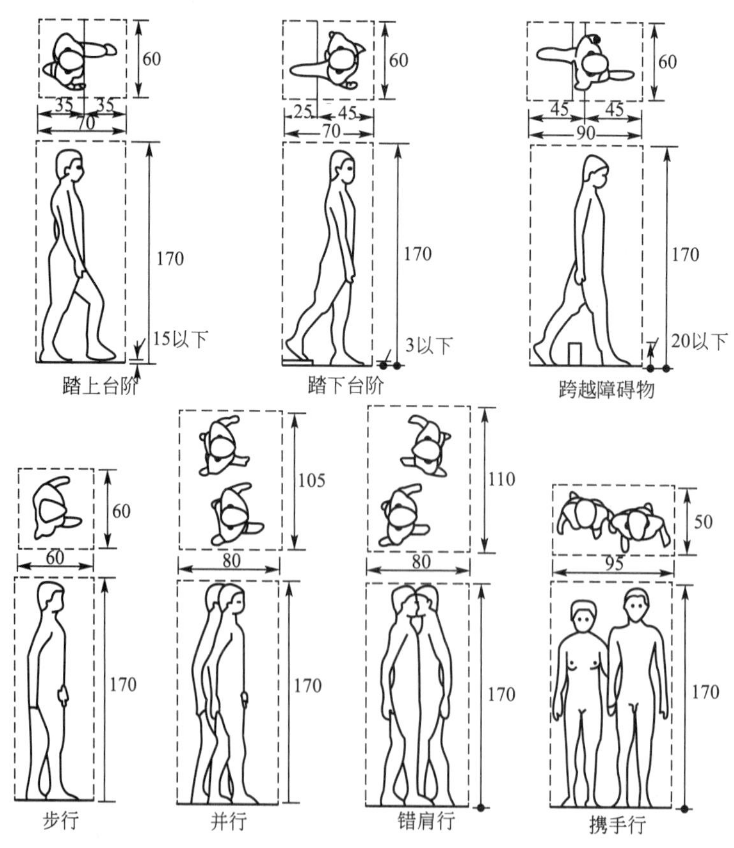

图 3.19　人体移动占用的空间(单位：cm)

人体移动尺寸
【参考图片】

3.2.4 人与物的关系

人在进行各种活动时，很多情况下是与一定物体发生联系的。人与物体相互作用产生的空间范围可能大于或小于人与物各自空间之和。所以人与物占用的空间大小要视其活动方式及相互影响方式决定。例如，人在使用家具和设备时，家具和设备在使用过程中的操作动作或家具与设备部件的移动都会产生额外的空间需求，如图 3.20 和图 3.21 所示。另外，有些生活产品由于使用方式的原因，人必须占用一定的空间位置来使用，如图 3.22 所示。这些因素都会产生除了人体与家具设备之外的空间需求。

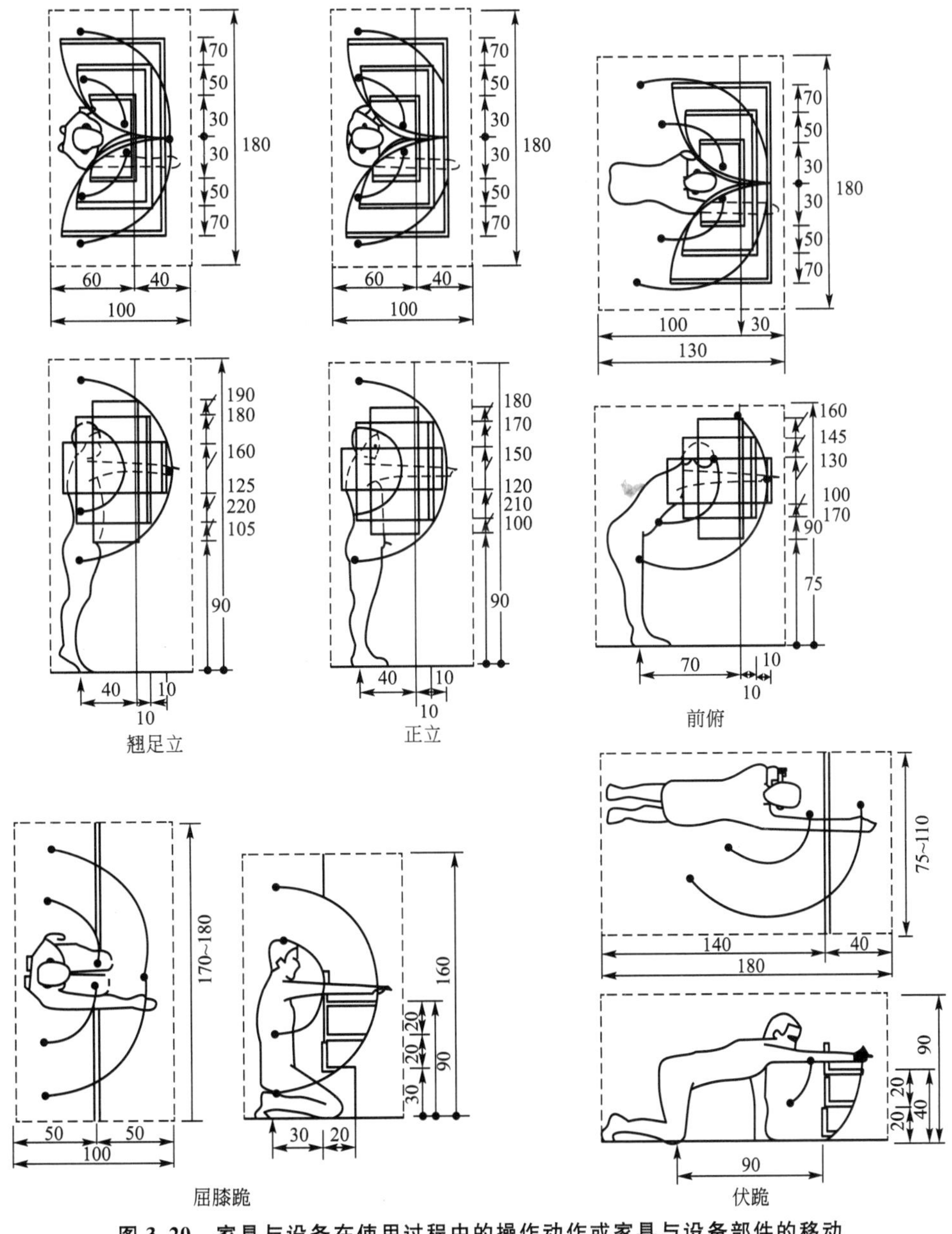

图 3.20　家具与设备在使用过程中的操作动作或家具与设备部件的移动产生额外的空间需求示例(一)(单位：cm)

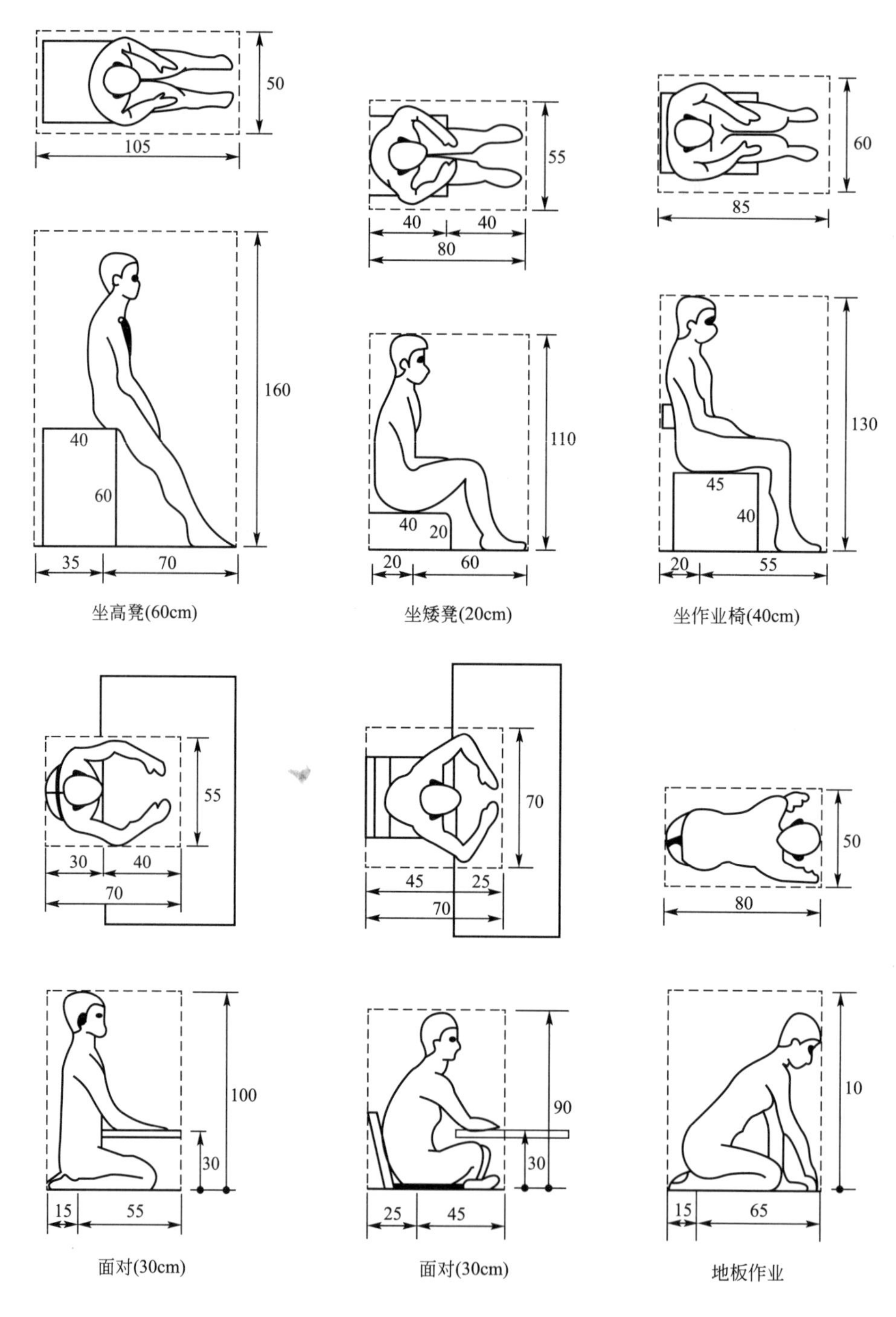

图 3.21 家具与设备在使用过程中的操作动作或家具与设备部件的移动产生额外的空间需求示例(二)(单位：cm)

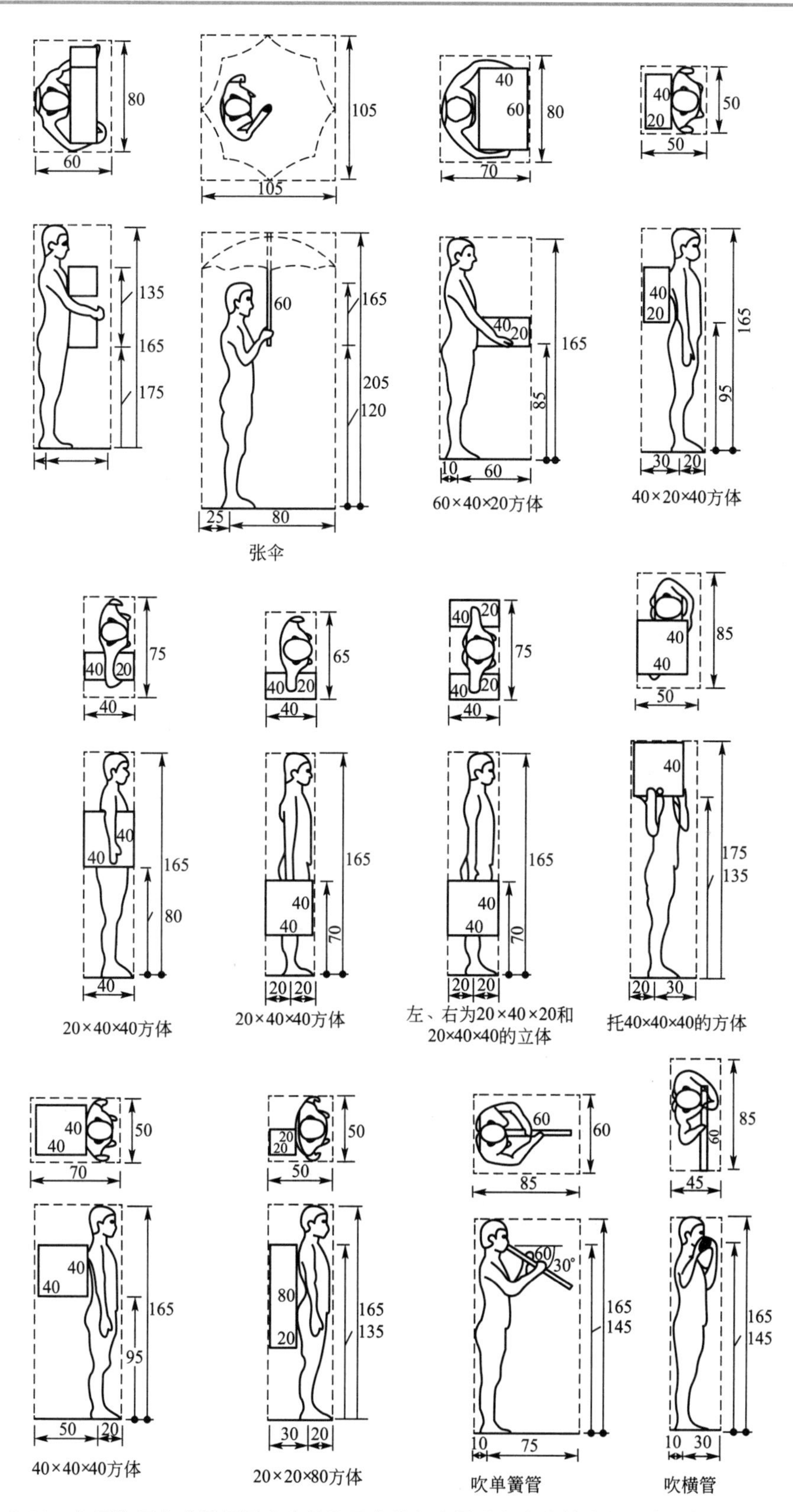

图 3. 22　由于使用方式的原因产生的除了人体与家具设备之外的空间需求示例(单位：cm)

3.3 居住行为与室内空间

3.3.1 人体工程学与住宅室内设计的基本要求

家具的布置方式和布置密度并不是随意的，在摆设家具时，必须为人们留出最基本的活动空间。例如，人们在座位上的坐、起等动作不能发生拥挤与磕碰，开门窗时不能发生碰撞家具等情况。下面所述的就是各种室内活动所需空间的基本尺度要求，在布置家具时，必须尽可能地予以保证，否则，将会给人的生活带来不便或使人产生不舒适的感觉。

(1) 两个较高家具之间(如书柜和书桌之间)，一般应有600～750mm的间隔。

(2) 两个矮家具之间(如茶几与沙发之间)，一般需要450mm的距离。

(3) 双人床的两侧，均应留有400～600mm的空间，以保证上、下床和整理被褥方便。

(4) 当座椅椅背置于房间的中部时，它与墙面(椅后的其他物体)间的距离应大于700mm，否则在出入座位时会感到不便。若座位后还要考虑他人的过往，则在人就座后的椅位与墙面之间应留有610mm的距离。倘若过往的人需端着器物穿行，则此距离需加至780mm，若只留400mm，则仅可供人侧身通行。

(5) 向外开门的柜橱及壁柜前，应留出900mm左右的空间。如果柜前的空间不够宽敞，而人们又常在此活动，采用推拉门可能是较好的解决办法。

(6) 当采用折叠式家具(也可能是多功能的)时，如沙发床、折叠桌等，应备有与家具扩充部分展开面积相适应的空间。

(7) 若人体的平均身高以1.7m计算，则1.7m以上的柜子就不宜放置常用物品了。而当柜高达到2m以上时，则需借助外物才能顺利地取用物品。

(8) 成年女性子的平均身高约为1.6m，因此厨房中工作台面的高度以定在800mm左右为宜。

(9) 站在柜架前操作时，需要600mm左右的空间，而当人蹲在柜架前操作时，则需有800mm左右的空间才够用。

由此可见，人们在室内活动所需的基本空间尺寸不能忽视，在安排布置家具时，应参考以上提供的数据，尽可能予以保证。但十分遗憾的是，就目前国内绝大多数家庭的居住条件来说，无法做到摆放每一件(组)家具均考虑按要求提供所需的活动空间尺寸。这就提出了如何重复利用这些活动空间的问题，即涉及了家具布置的技巧。如就一张写字台、一把座椅、一个单人沙发的组合而言，若用三种不同的方法布置，则会出现该组家具的实际占地面积各不相同的结果。

3.3.2 室内空间性质与人体工程学

1. 人体工程学与起居室的设计

1) 起居室的性质

起居室是家庭群体生活的主要活动空间。在住室面积较小的情况下，它即等于全部的群体生活区域。所以要利用自然条件、现有住宅因素及环境设备等人为因素加以综合考虑，以保障家庭成员各种活动的需要。

为了配合家庭各个成员活动的需要，在空间条件允许的情况下，可采取多用途的布置方式，分设会谈、音乐、阅读、娱乐、视听等多个功能区域。

2）起居室应满足的功能

起居室中的活动是多种多样的，其功能是综合性的，从起居室中的主要活动及常常兼具的活动内容可以看出起居室几乎涵盖了家庭中八成以上的内容，同时它的存在使家庭和外部也有了一个良好的过渡，下面我们详细分析一下起居室中所包含的各种活动的性质及其相互关系：家庭聚谈休闲、会客、用餐、视听、娱乐、阅读。起居室常用人体尺寸如图 3.23 所示。

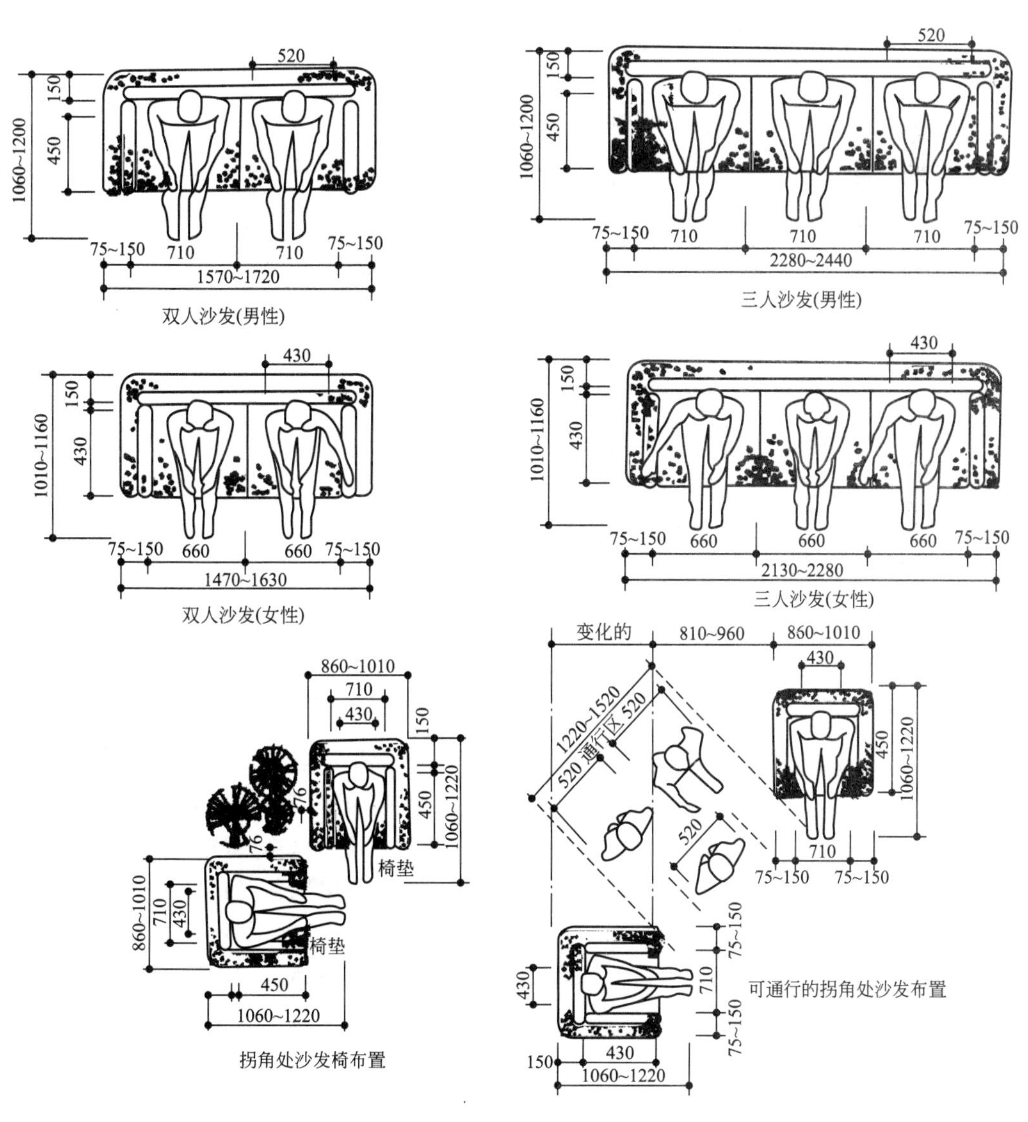

图 3.23　起居室常用人体尺寸(一)(单位：mm)

3）起居室的布局形式

起居室的布局形式应包含以下几个方面。

(1) 起居室应主次分明。

(2) 起居室交通应避免斜穿。

(3) 起居室空间的相对隐蔽性。

(4) 起居室的通风除尘。

起居室常用尺寸如图3.24所示。

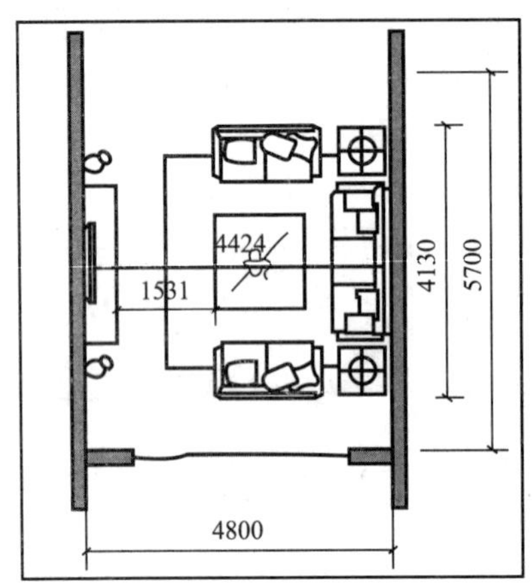

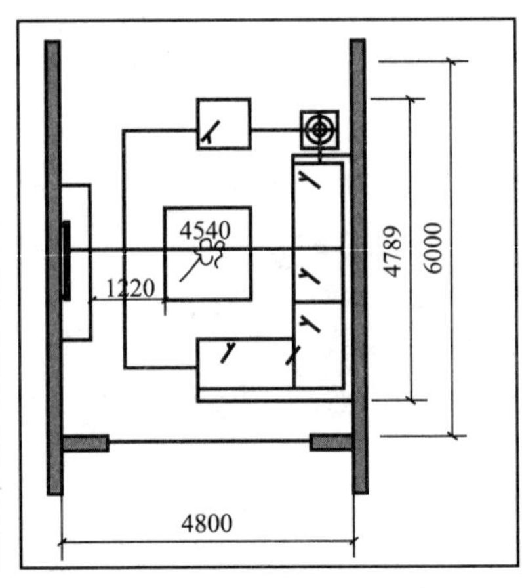

图3.24 起居室常用尺寸(单位：mm)

注：(1)U形摆放，沙发尺寸在3800～5000mm，客厅实墙利用在5700mm以上；

(2)开间上净尺寸在4500mm以上，保证电视到沙发之间视距在4200mm以上，可享受55寸及以上电视带来的视觉感受。

① 贵妃＋单位＋双位＋茶几(脚踏)长度3800～5000mm；

② 电视柜宽600～2400mm，深400～600mm；

③ 茶几长1000～1400mm，宽400～800mm，方形边长1000～1400mm。

2. 人体工程学与餐厅的设计

1）餐厅的功能及空间的位置

餐室是家人日常进餐和宴请亲友的活动空间。从日常生活需求来看，每一个家庭都应设置一个独立餐室，住宅条件不具备设立餐室的也应在起居室或厨房设置一个开放式或半独立式的用餐区域。倘若餐室处于一围合空间，其表现形式可自由发挥；倘若是开放型布局，应与其同处一个空间的其他区域保持格调的统一。无论采取何种用餐方式，餐室的位置居于厨房与起居室之间最为有利，这在使用上可缩短食品供应时间和就座进餐的交通路线。在布置设计上则完全取决于各个家庭不同的生活和用餐习惯。在固定的日常用餐场所外，按不同时间、不同需要临时布置各式用餐场所，例如，阳台上、壁炉边、树荫下、庭园中都是别具情趣的用餐场地。

2）餐厅的家具布置

我国自古就有“民以食为天”的说法，所以用餐是一项较为正规的活动，因而无论在用餐环境还是在用餐方式上都有一定的讲究；而在现代观念中，则更强调幽雅的环境以及气氛的营造。所以，现代家庭在进行餐室装饰设计时，除家具的选择、摆设的位置外，应更注重灯光的调节以及色彩的运用，这样才能布置出一个独具特色的餐室。在灯光处理上，餐室顶部的吊灯或灯棚属餐室的主光源，亦是形成情调的视觉中心。在空间允许的前提下，最好能在主光源周围布设一些低照度的辅助灯具，用来营造轻松愉快的气氛。在色彩上，宜以明朗轻快的调子为主，用以增加进餐的情趣。在家具配置上，应根据家庭日常进餐人数来确定，同时应考虑宴请亲友的需要。

餐室用折叠式的餐桌椅进行布置，以增强在使用上的机动性；为节约占地面积，餐桌椅本身应采用小尺度设计。根据餐室或用餐区位的空间大小与形状以及家庭的用餐习惯，选择适合的家具。西方多采用长方形或椭圆形的餐桌，而我国多选择正方形与圆形的餐桌。此外，餐室中的餐柜的流畅造型与酒具的合理陈设，优雅整洁的摆设也是产生赏心悦目效果的重要因素，更可在一定程度上规范以往不良的进餐习惯，如图 3.25 和图 3.26 所示。

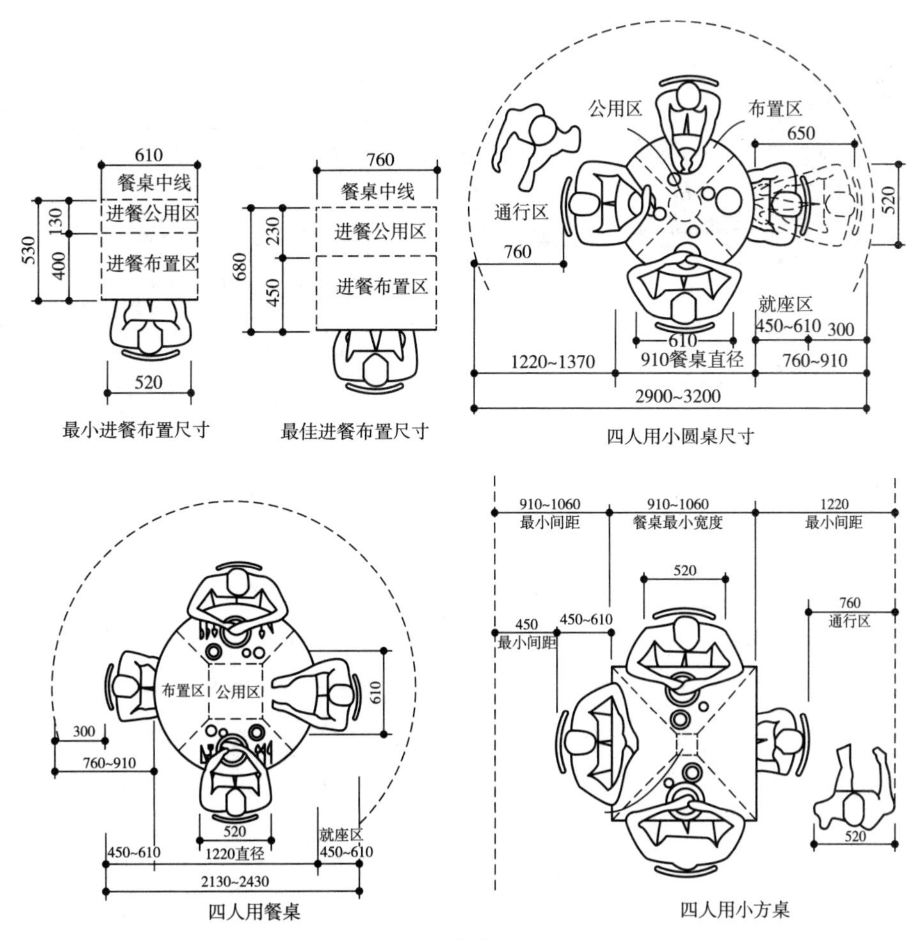

图 3.25 餐厅常用人体尺寸(单位：mm)

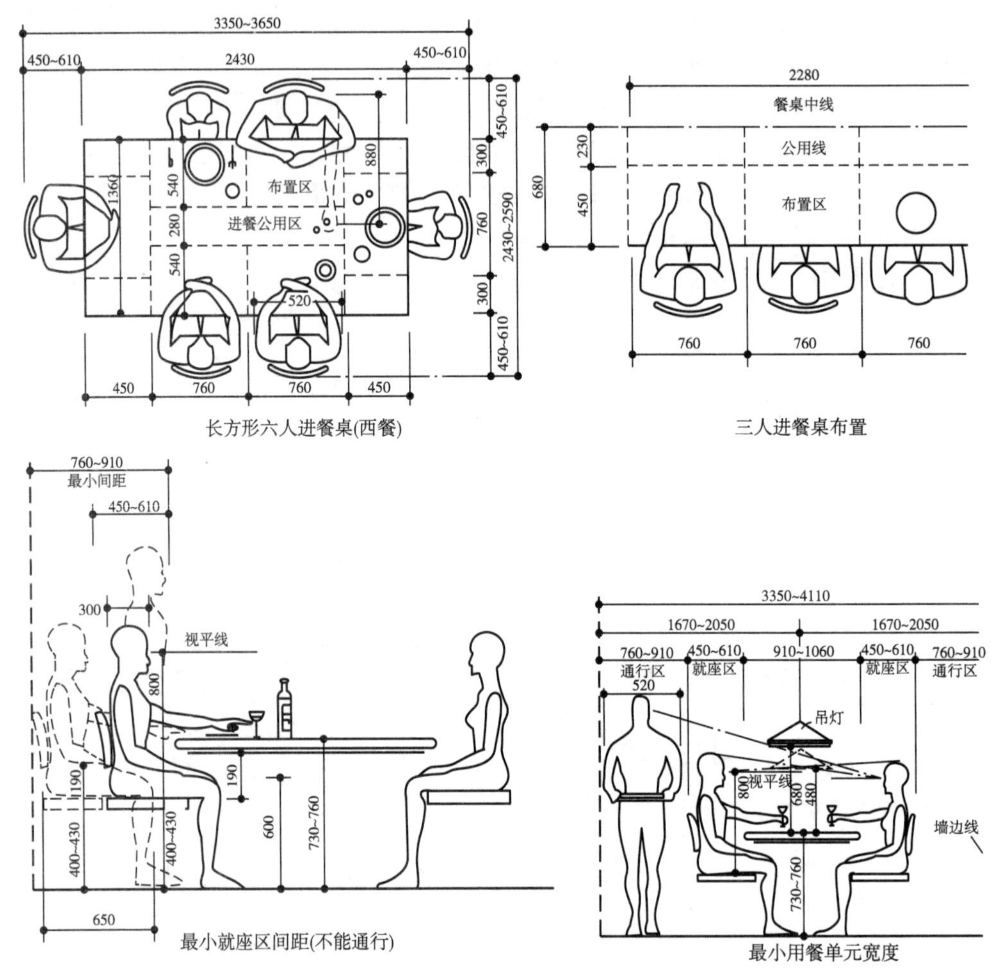

图 3.25　餐厅常用人体尺寸(续)(单位：mm)

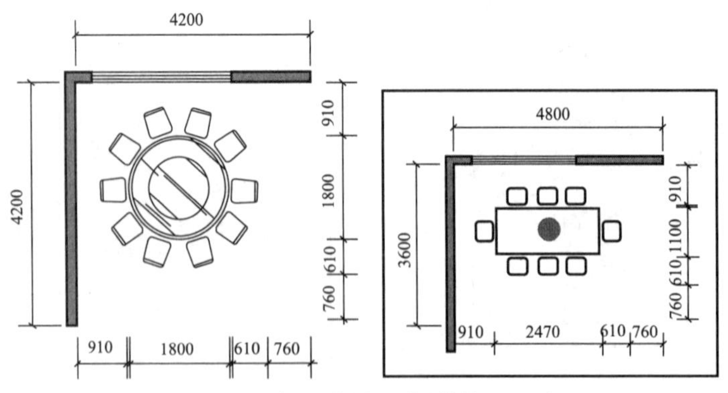

图 3.26　餐厅常用尺寸(单位：mm)

3. 人体工程学与厨房的设计

在人们的传统观念中，厨房常常和昏暗、杂乱、拥挤的感觉联系在一起。在住宅中，厨房的位置也往往较为隐蔽。现在人们已逐步认识到厨房的质量在整个住宅中的重要性。首先，今天的住宅中厨房正在由封闭式走向开敞式，并越来越多地渗透到家居的公共空间中；其次，先进的厨房设备也在改变着厨房的形象及厨房的工作方式。同时，在世界范围内各种生活方式的不断融合，也给厨房的布局和内容带来了更多的选择余地，这也对设计者的知识结构及造型、功能组织能力提出了更高的要求。要想合理地安排厨房空间的功能及创造富有活力和更具人情味的空间氛围，首先应对厨房内容及人的活动规律进行深入了解，如图 3.27 和图 3.28 所示。

人体工程学在厨房中的应用【ppt】

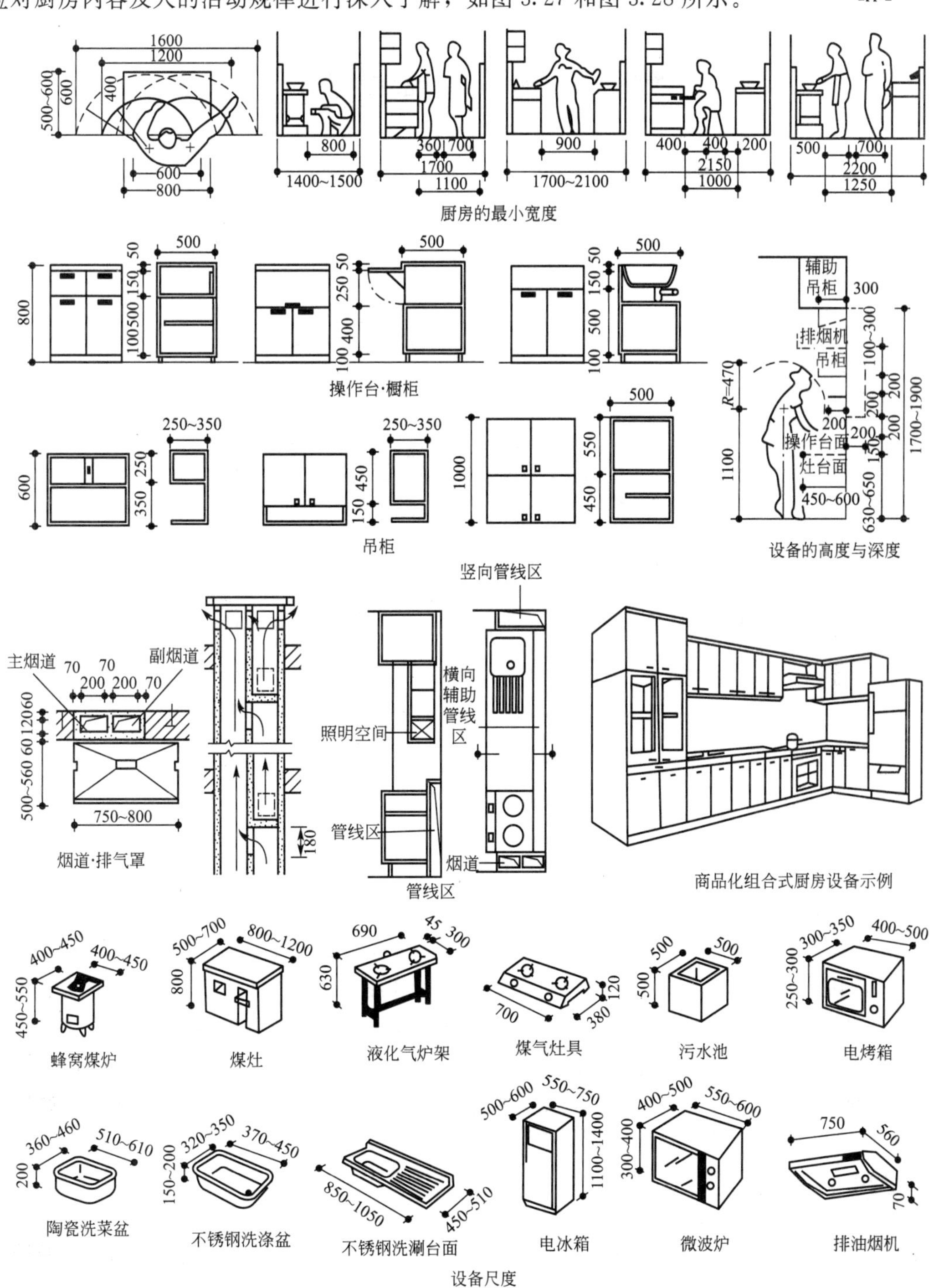

图 3.27 厨房用具与人体尺寸(单位：mm)

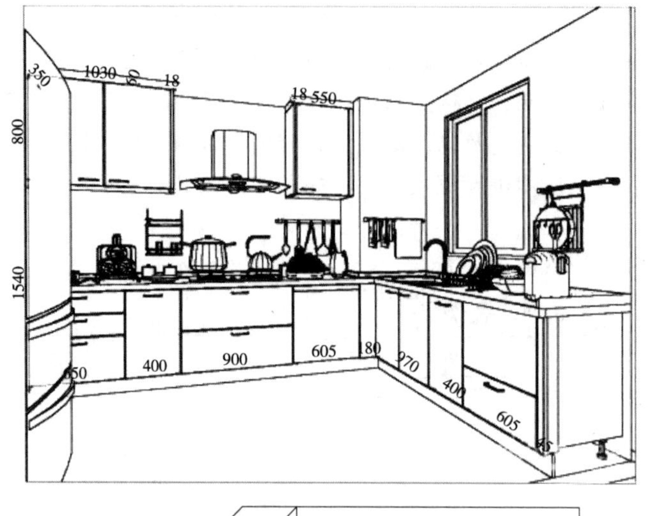

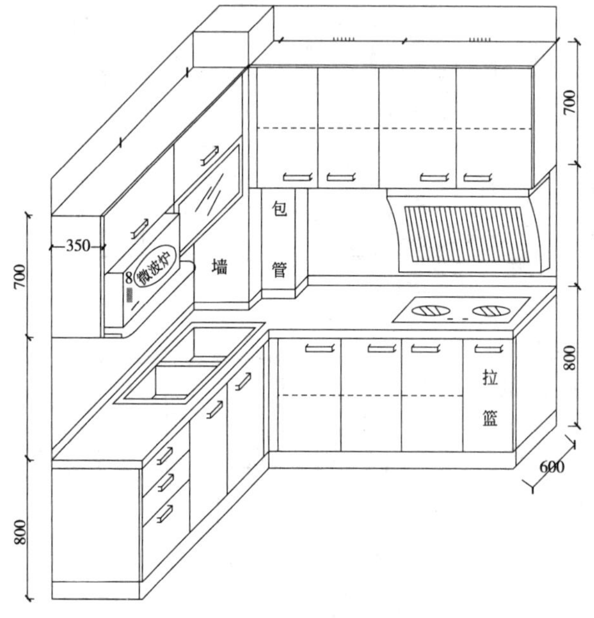

图 3.28　橱柜的基本尺寸(单位：mm)

1）厨房的功能

厨房是住宅中重要的不可忽视的组成部分。许多家庭却认为厨房占据的是隐蔽空间而缺乏热情来设计它，其实这是一种误解。厨房的设计质量与设计风格，直接影响住宅的室内设计风格、格局的合理性、实用性等住宅内部的整体效果及装修质量。

厨房是住宅中功能比较复杂的部分，是否适用取决于是否有足够的使用面积，而且也取决于厨房的形状、设备布置等。它是人们家事活动较为集中的场所，厨房设计是否合理不仅影响它的使用效果，而且也影响整个室内空间的装饰效果。

厨房色彩
【参考图文】

厨房的功能可分为服务、装饰、兼容三大方面。

2）厨房的基本类型

厨房基本类型有：U形厨房、半岛式厨房、L形厨房、走廊式厨房、单墙厨房、岛式厨房，如图3.29和图3.30所示。

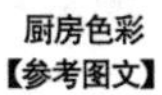

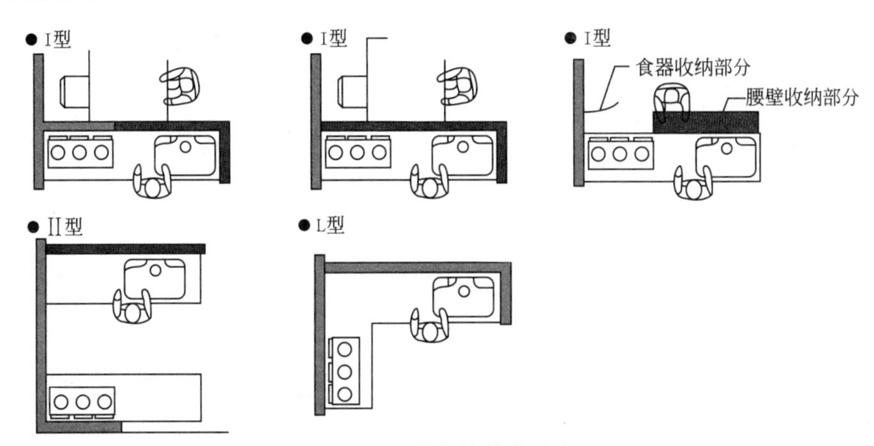

图 3.29 厨房的基本形式

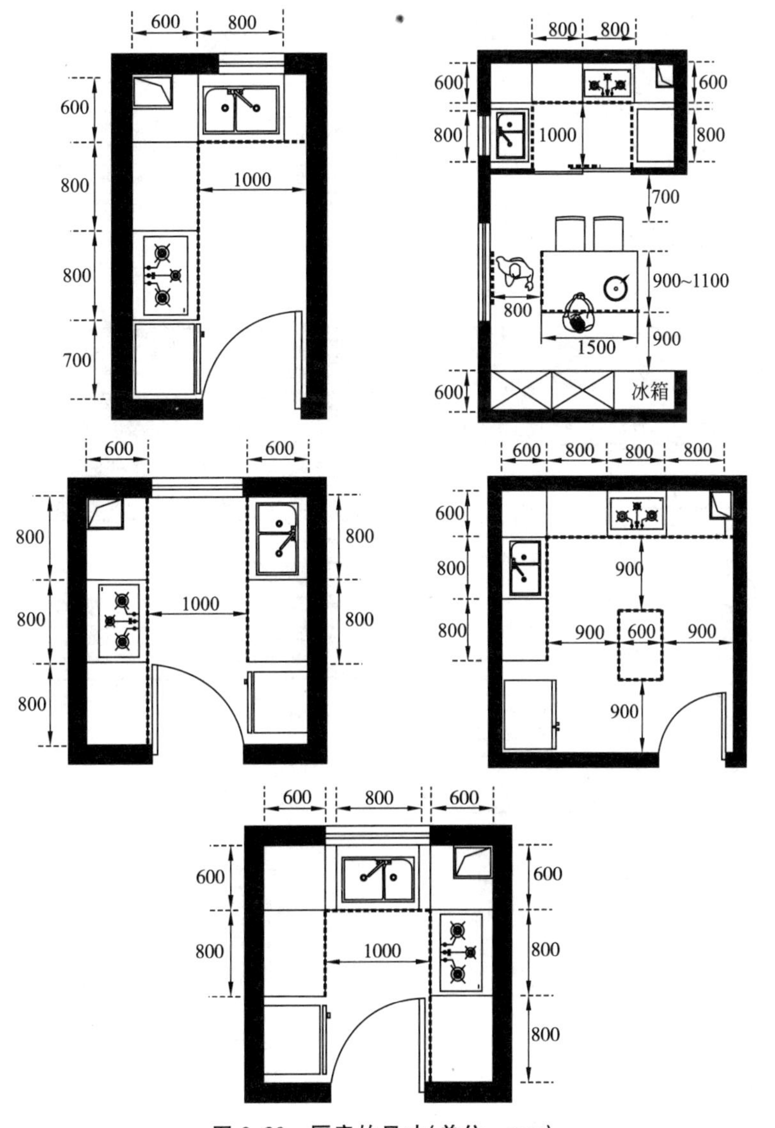

图 3.30 厨房的尺寸(单位：mm)

▼中岛—案例一
中岛功能：操作区、储物柜
*储物柜可根据中岛的尺寸可做单边或双边储物柜
中岛宽度：单边操作≥600mm、双边操作≥900mm
中岛长度：≥900mm

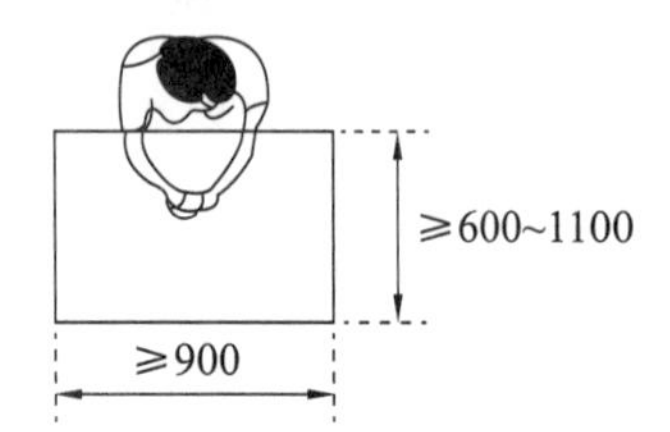

◀ 西式厨房—中岛常规模式（不含早餐台）

室内人体工程学规范：亚洲女性肩宽为400~420mm
亚洲男性肩宽为520mm
单人就餐需要的空间为450×700mm
中岛尺寸：长度根据空间的大小来确定，具体定位根据下面图例
橱柜高度：780~900mm，中岛通常与橱柜同高

▼中岛—案例二
中岛功能：操作区、清洗区、储物柜
*储物柜可根据中岛的尺寸可做单边或双边储物柜
中岛宽度：单边操作≥600mm、双边操作≥900mm
中岛长度：操作区≥600mm、清洗区≥600mm

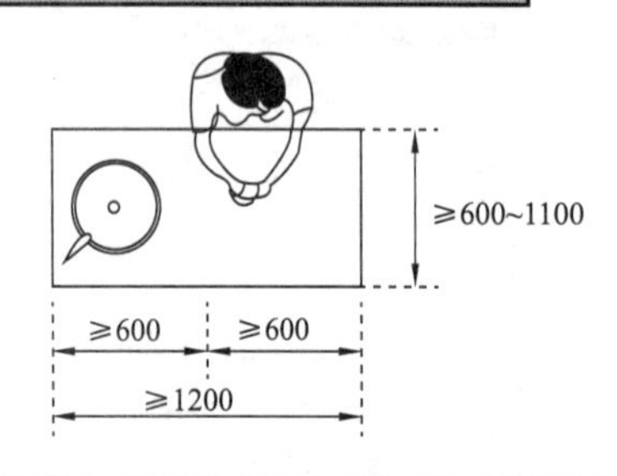

▼中岛—案例三
中岛功能：操作区、清洗区、烹饪区、储物柜
*储物柜可根据中岛的尺寸做单边或双边储物柜
*西厨烹饪区一般使用电磁炉
*清洗区与烹饪区最小间距≥300mm，水火不宜太近
中岛宽度：单边操作≥600mm、双边操作≥900mm
中岛长度：操作区≥600mm、清洗区≥600mm、烹饪区≥600mm

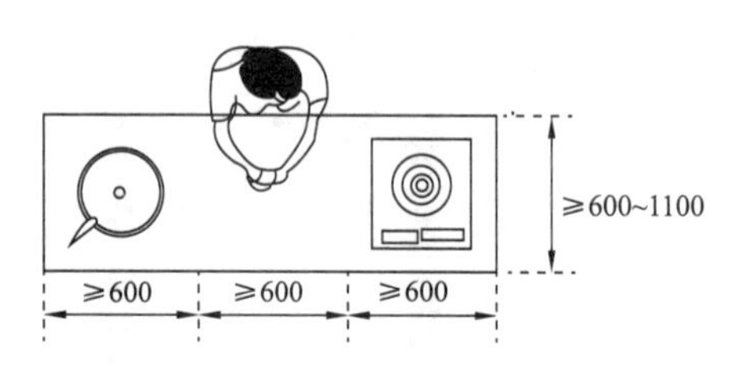

▼中岛—案列四
中岛功能：操作区、储物柜、清洗区、就餐区（单边坐人）
*储物柜可根据中岛的尺寸可做单边或双边储物柜
中岛宽度：≥600mm
中岛长度：操作区≥600mm，就餐区≥700mm

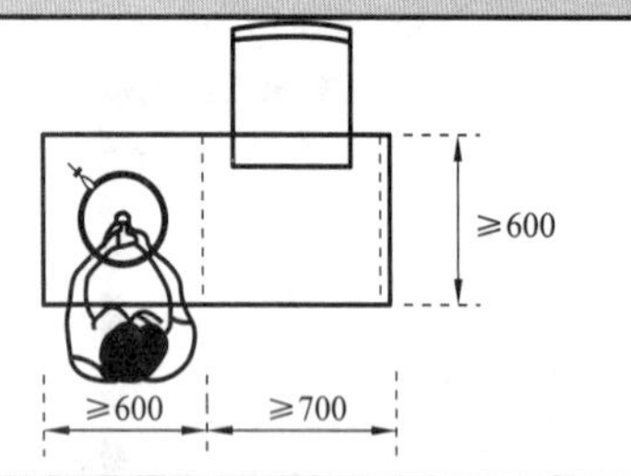

◀ 西式厨房—中岛常规模式（含早餐台）

室内人体工程学规范：亚洲女性肩宽为400~420mm
亚洲男性肩宽为520mm
单人就餐需要的空间为450×700mm
中岛尺寸：长宽根据空间的大小来确定，具体定位根据下面图例
橱柜高度：780~900mm，中岛通常与橱柜同高。

▼中岛—案列六
中岛功能：操作区、储物柜、清洗区、就餐区（单边坐人、单边操作）
*储物柜可根据中岛的尺寸做单边或双边储物柜
中岛宽度：操作区≥600mm、就餐区≥450mm
中岛长度：单人就餐需要的空间为450×700mm，根据就餐人数计算

▼中岛—案列五
中岛功能：操作区、储物柜、清洗区、就餐区（双边坐人）
*储物柜可根据中岛的尺寸可做单边或双边储物柜
中岛宽度：≥900mm
中岛长度：操作区≥600mm、就餐区≥700mm

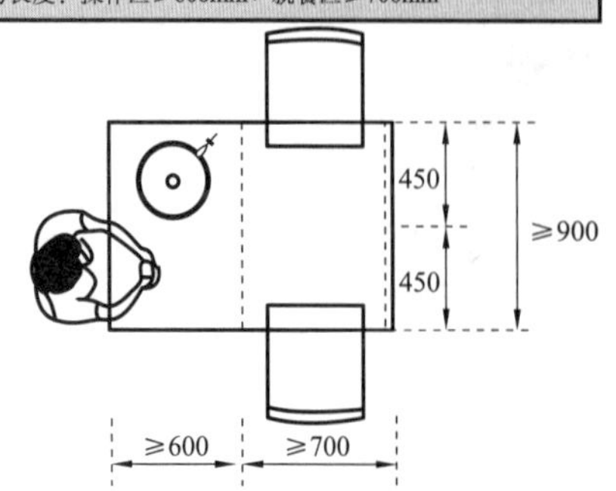

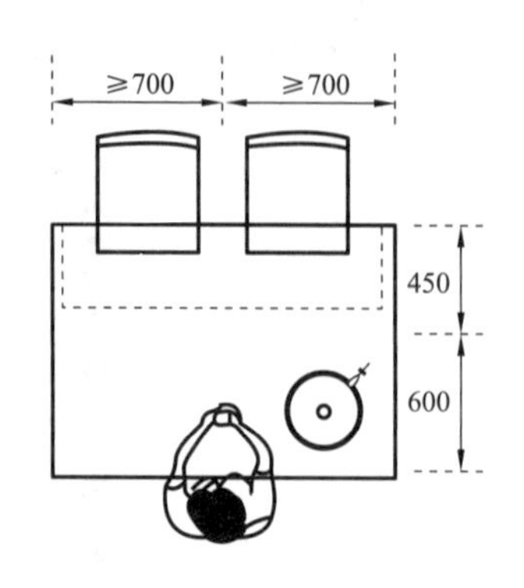

图 3.30 厨房的尺寸(续)(单位：mm)

4．人体工程学与卧室的设计

1）卧室的性质及空间位置

从人类形成居住环境时起，睡眠区域始终是居住环境必要的甚至是主要的功能区域，直至今天住宅的内涵尽管不断地扩大，增加了娱乐、休闲、健身、工作等性质活动的比重，但睡眠的功能依然占据着居住空间中的重要位置，而且在数量上也占有相当的比重。在城市中许多居住条件紧张的家庭可以没有客厅没有私用的厨房、卫生间，但睡眠空间的完整性则必须得到满足。由此可以看出，一个住宅最基本的应是解决使用者的睡眠功能。卧室常用人体尺寸如图 3.31 所示。

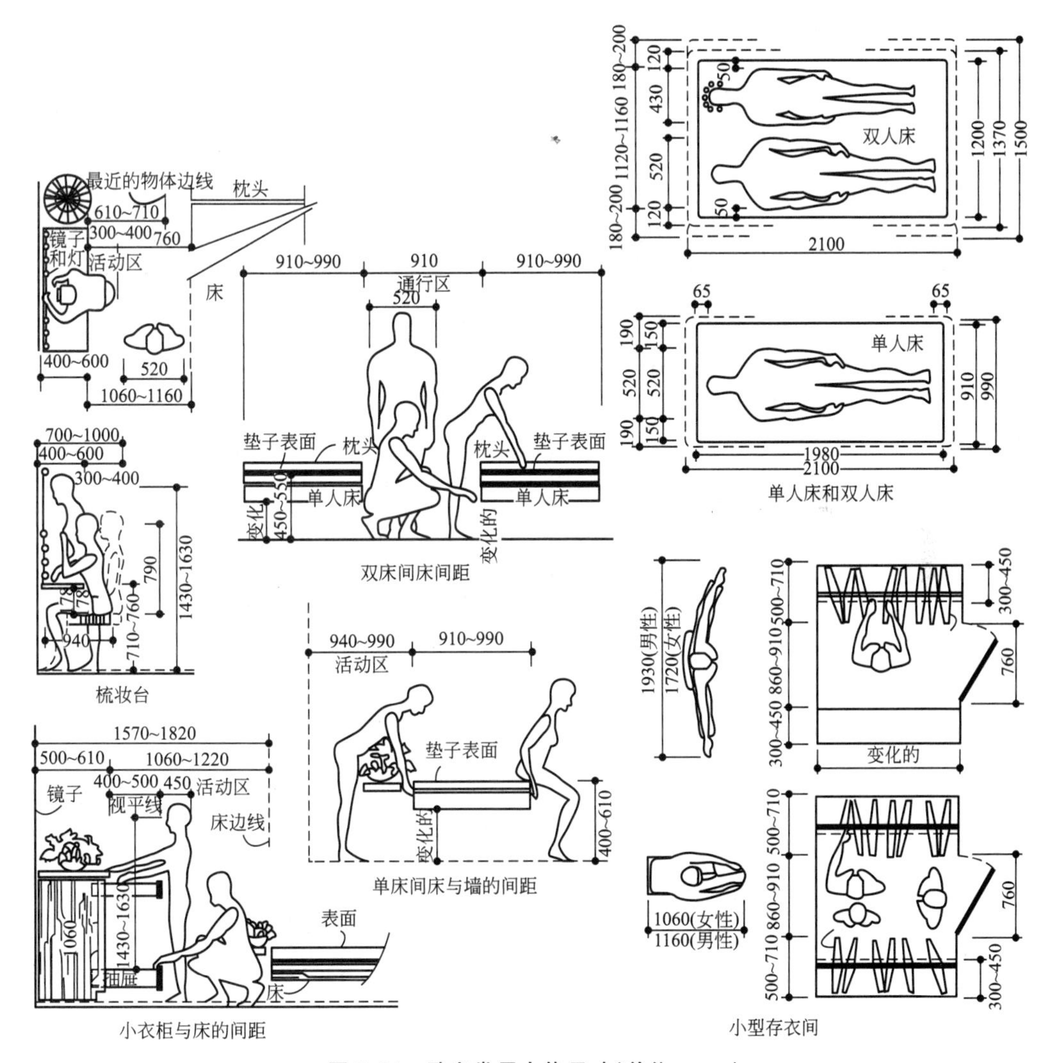

图 3.31　卧室常用人体尺寸(单位：mm)

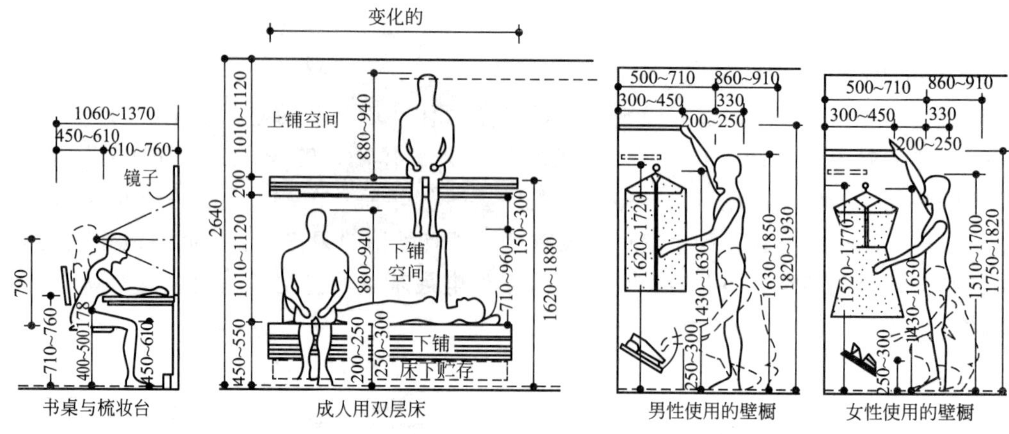

图 3.31 卧室常用人体尺寸(续)(单位：mm)

2）卧室的种类及要求

(1) 主卧室。

主卧室是房屋主人的私密生活空间，它不仅要满足夫妻双方情感与志趣上的共同理想，而且也必须顾及夫妻双方的个性需要。高度的私密性和安全感是主卧室布置的基本要求。如图 3.32 所示为主卧室的尺寸(括号内为房间内净尺寸)。

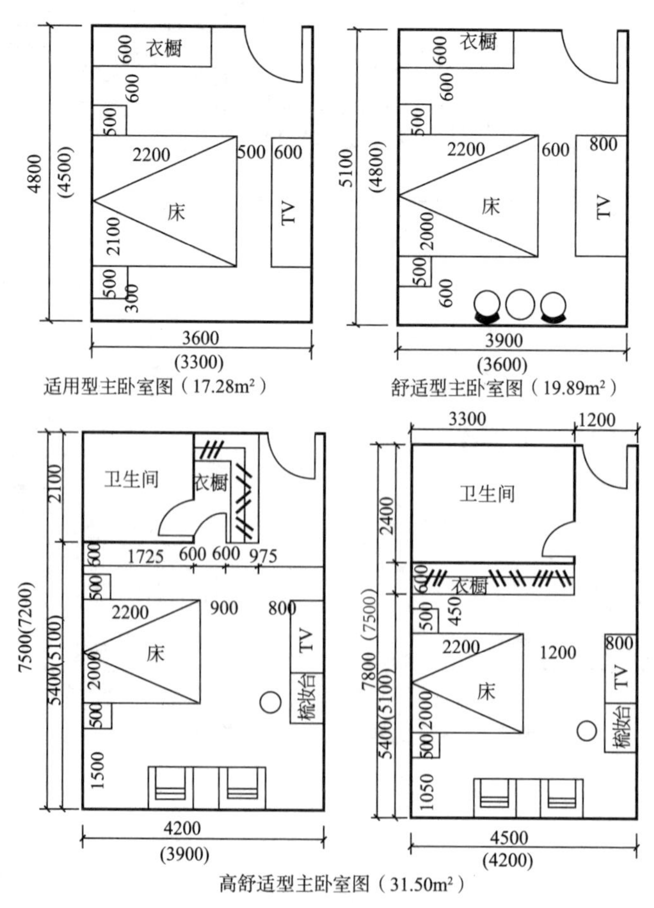

图 3.32 主卧室的尺寸(括号内为房间内净尺寸)

(2) 儿女卧室(次卧室)。

儿女卧室相对主卧室可称为次卧室，是儿女成长与发展的私密空间，在设计上要充分照顾到儿女的年龄、性别与性格等特定的个性因素。图 3.33 所示为次卧室的尺寸(括号内为房间内净尺寸)。

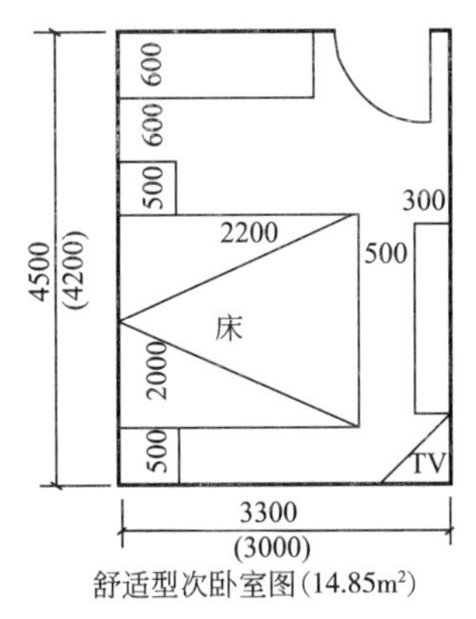

舒适型次卧室图(14.85m²)

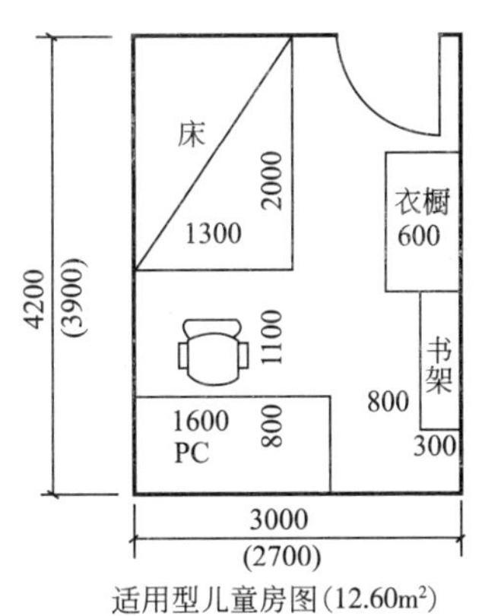

适用型儿童房图(12.60m²)

图 3.33 次卧室的尺寸(括号内为房间内净尺寸)

5. 人体工程学与书房的设计

1) 书房的性质

书房是居室中私密性较强的空间，是人们基本居住条件高层次的要求，它给主人提供了一个阅读、书写、工作和密谈的空间，其功能较为单一，但对环境的要求较高。首先要安静，给主人提供良好的物理环境；其次要有良好的采光和视觉环境，使主人能保持轻松愉快的心态。

2) 书房的空间位置

书房的设置要考虑朝向、采光、景观、私密性等多项要求，以保证书房的未来环境质量的优良。在朝向方面，书房多设在采光充足的南向、东南向或西南向，忌朝北，使室内照度较好，以便缓解视觉疲劳。

由于人在书写阅读时需要较为安静的环境，因此，书房在屋室空间的位置，应注意如下几点。

(1) 适当偏离活动区，如起居室、餐厅等，以避免干扰。

(2) 远离厨房、储藏间等家务用房，以便保持清洁。

(3) 和儿童卧室也应保持一定的距离，以避免儿童的喧闹影响环境。

书房往往和主卧室的位置较为接近，甚至个别情况下可以将两者以穿套的形式相连接。

3) 书房布置形式(图 3.34)

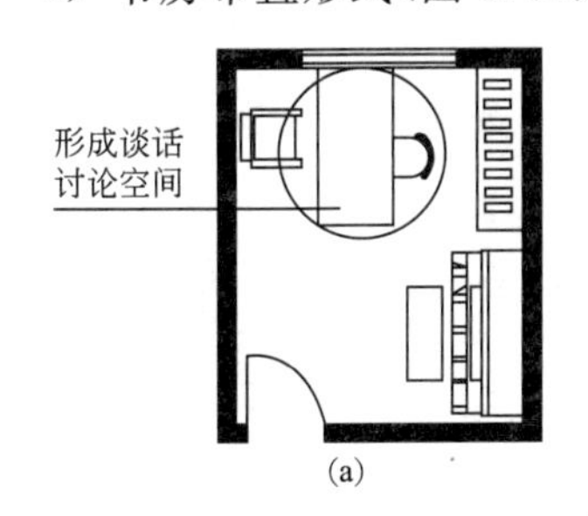

(a)

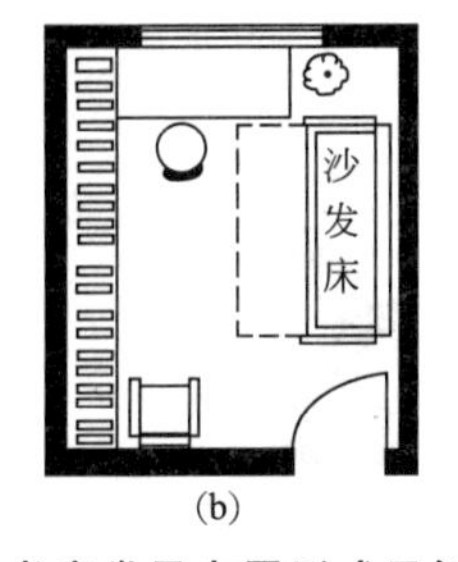

(b)

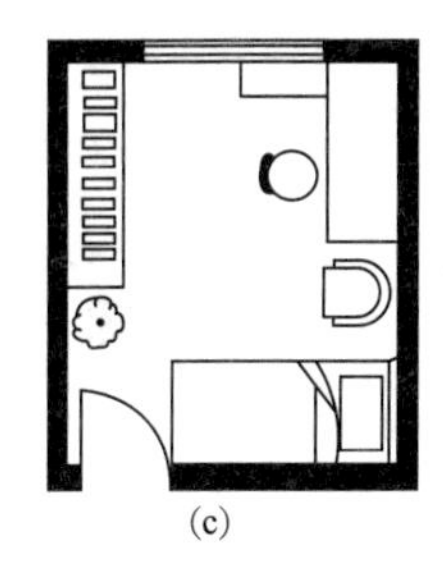
(c)

图 3.34 书房常见布置形式示例

(a)书房中形成讨论空间；(b)书房中设置沙发床；(c)书房中摆放单人床

6. 人体工程学与卫生间的设计

1）卫生间的人体工程学

住宅中的卫生间是应用人体工程学比较典型的空间。由于卫生间中集中了大量的设备，空间相对狭小，使用目的单一、明确，在研究卫生间中人与设备的关系、人的动作尺寸及范围、人的心理感受等方面要求比一般空间更加细致、准确。一个好的卫生间设计，要使人在使用中感到很舒适，既能使动作伸展开，又能安全方便地操作设备；既比较节省空间，又能在心理上有一种轻松宽敞感，如图 3.35 至图 3.37 所示。

家居室内空间设计平面布置见彩图 6。

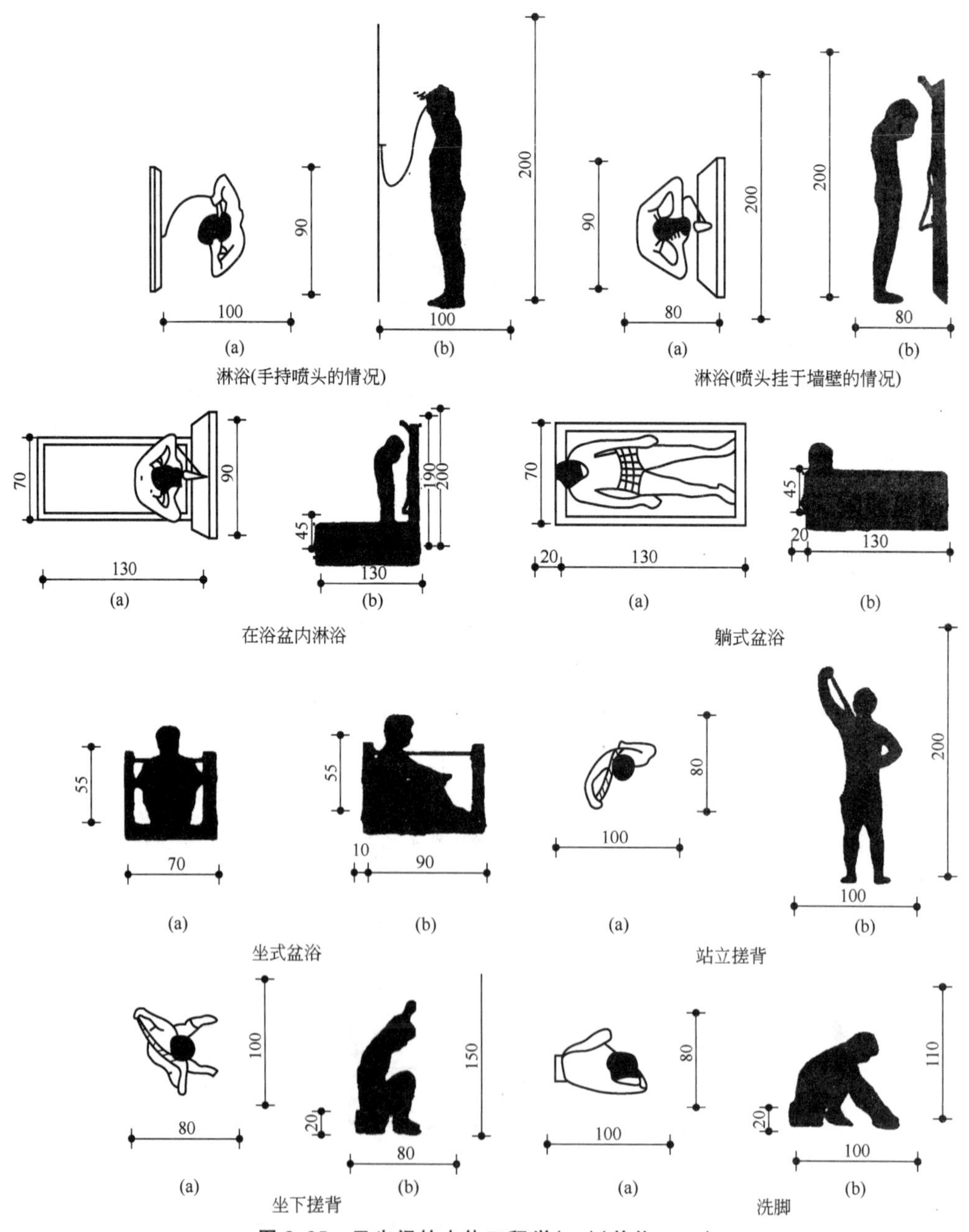

图 3.35　卫生间的人体工程学(一)(单位：cm)

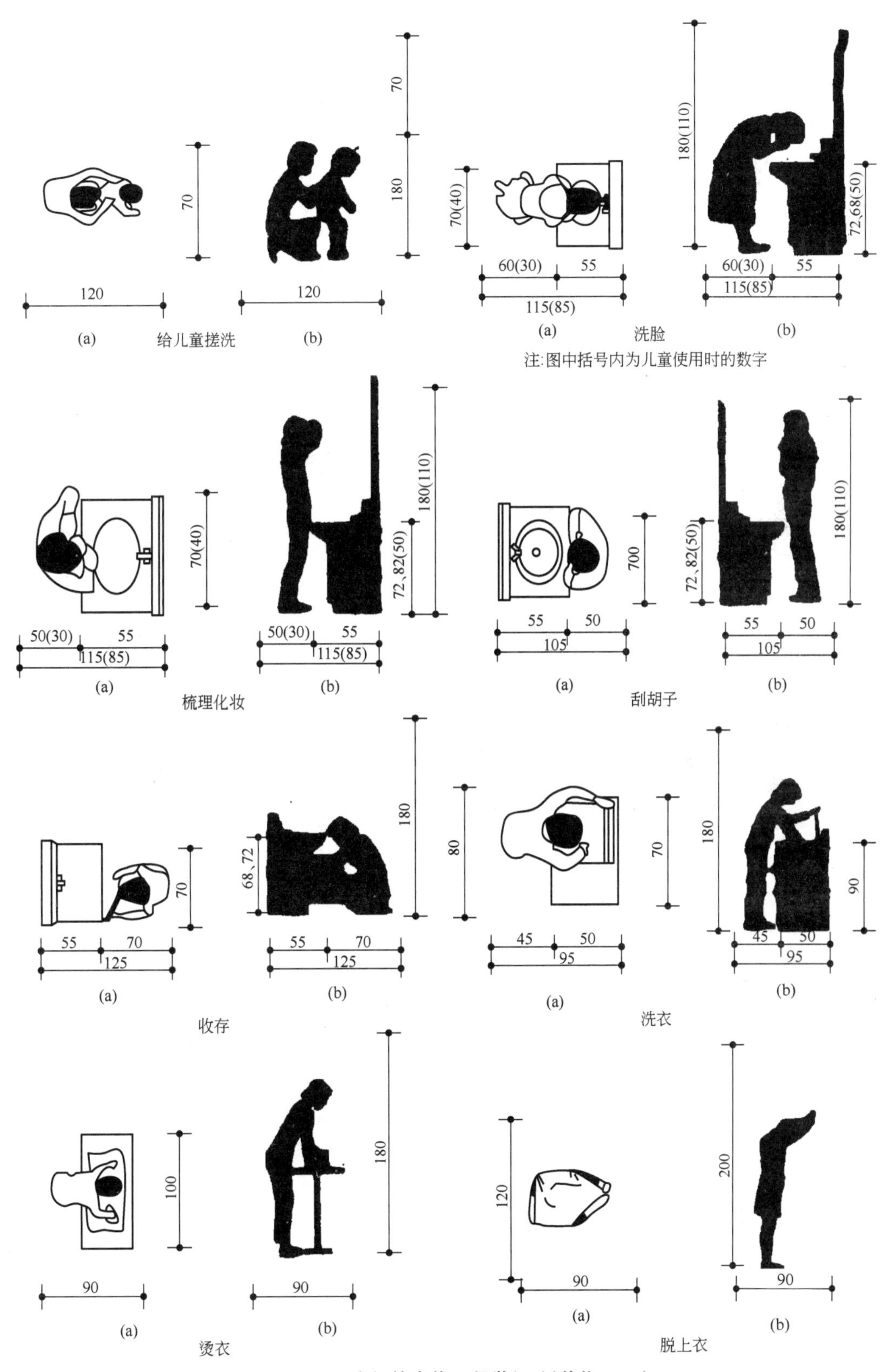

图 3.36 卫生间的人体工程学(二)(单位：cm)

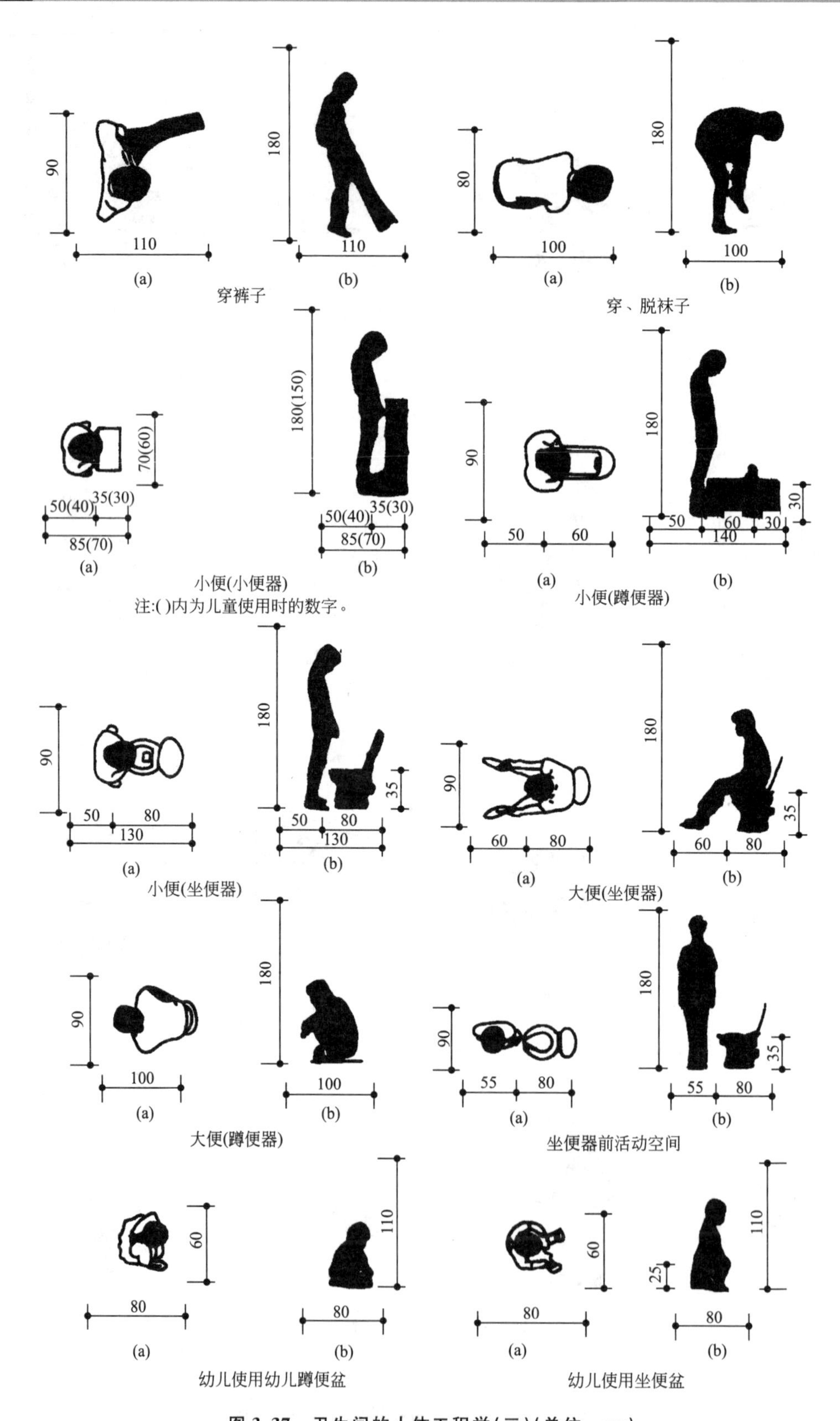

图 3.37　卫生间的人体工程学(三)(单位：cm)

2）卫生洁具设备的基本尺寸

卫生洁具设备的基本尺寸如图 3.38 至图 3.41 所示。

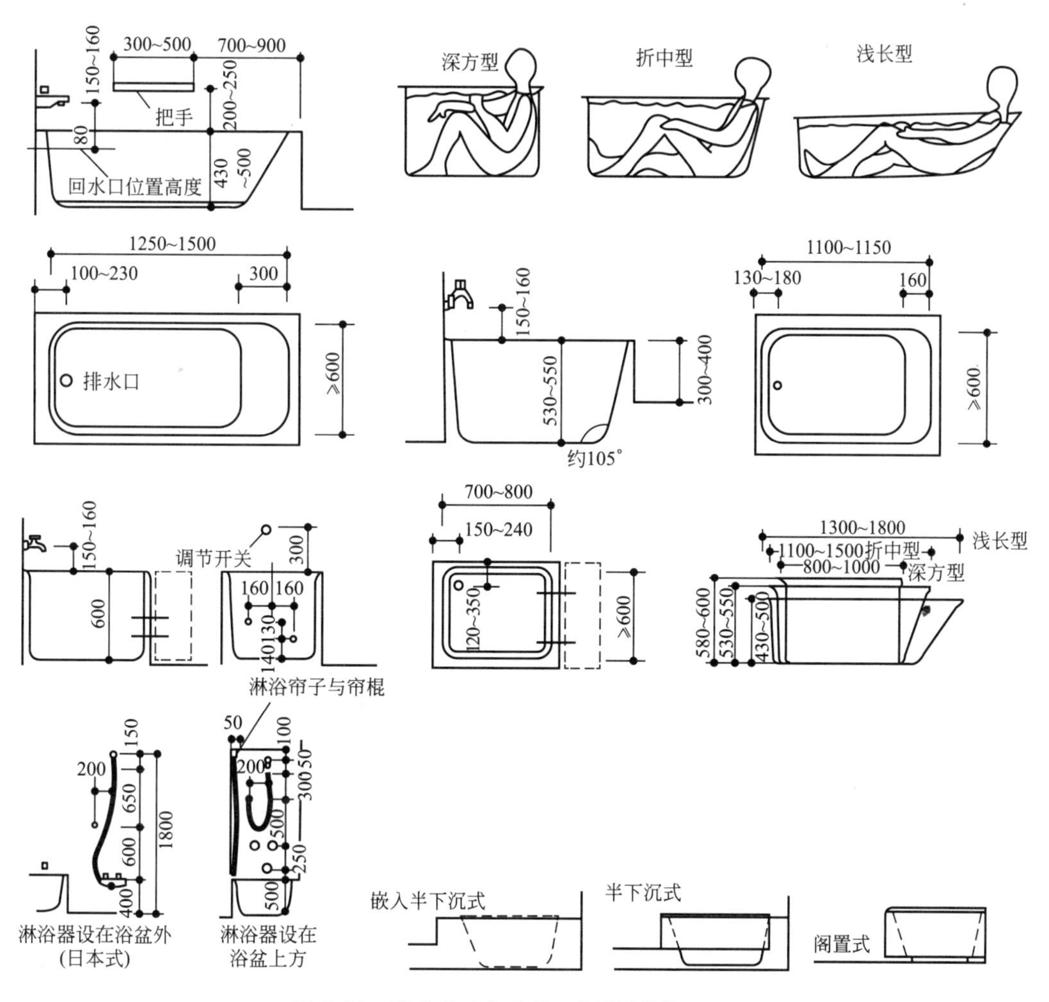

图 3.38 浴盆尺寸与人体工程学(单位：mm)

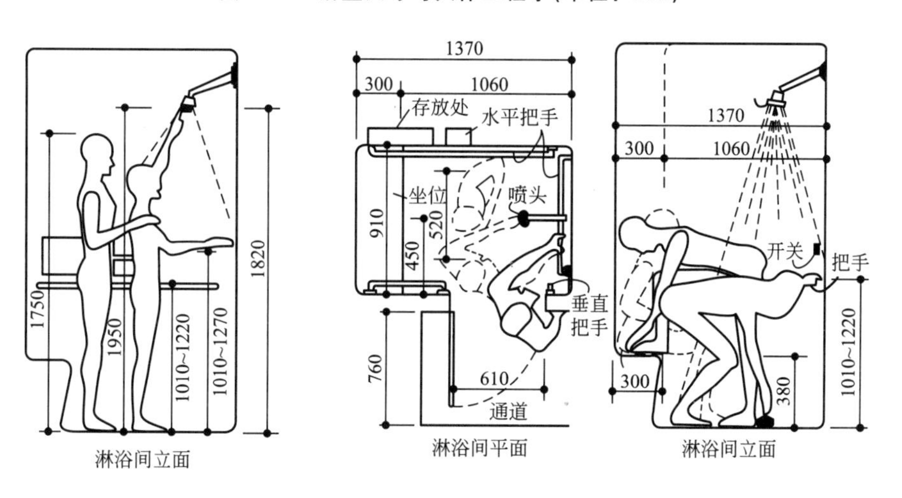

图 3.39 淋浴与人体工程学(一)(单位：mm)

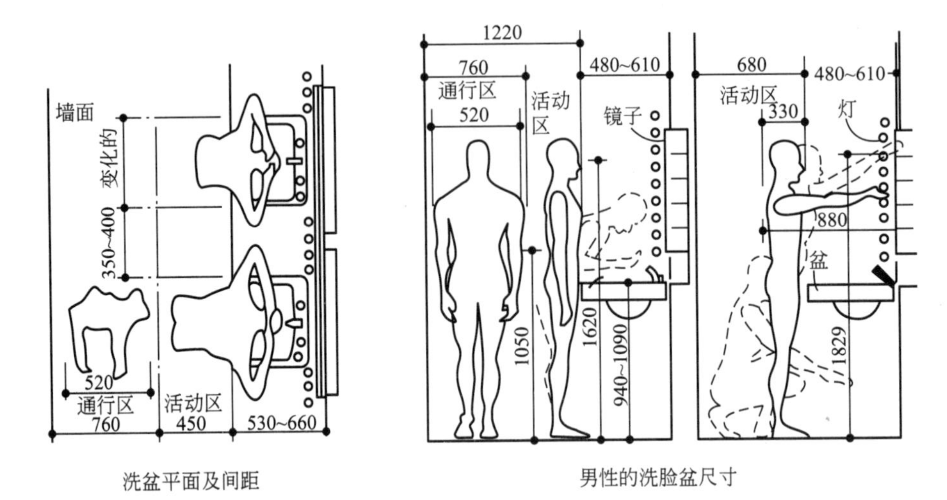

洗盆平面及间距　　　　男性的洗脸盆尺寸

图 3.39　淋浴与人体工程学(一)(续)(单位：mm)

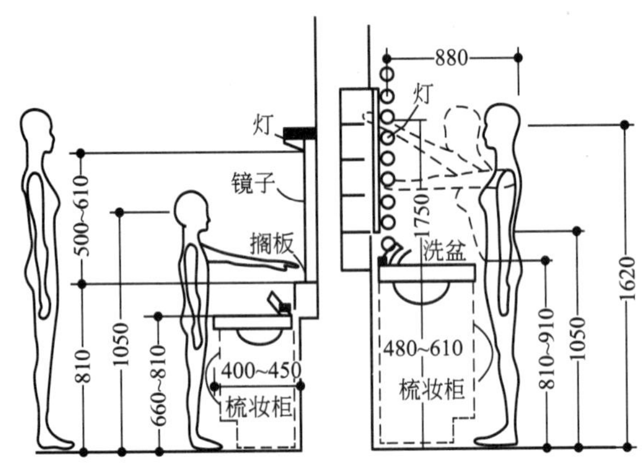

女性和儿童的洗盆尺寸

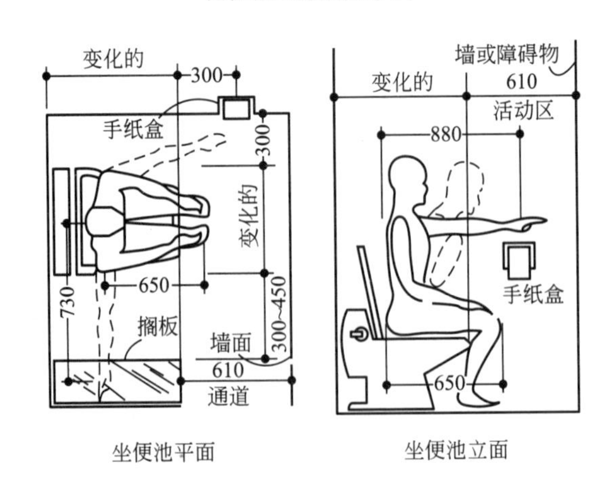

坐便池平面　　　　坐便池立面

图 3.40　淋浴与人体工程学(二)(单位：mm)

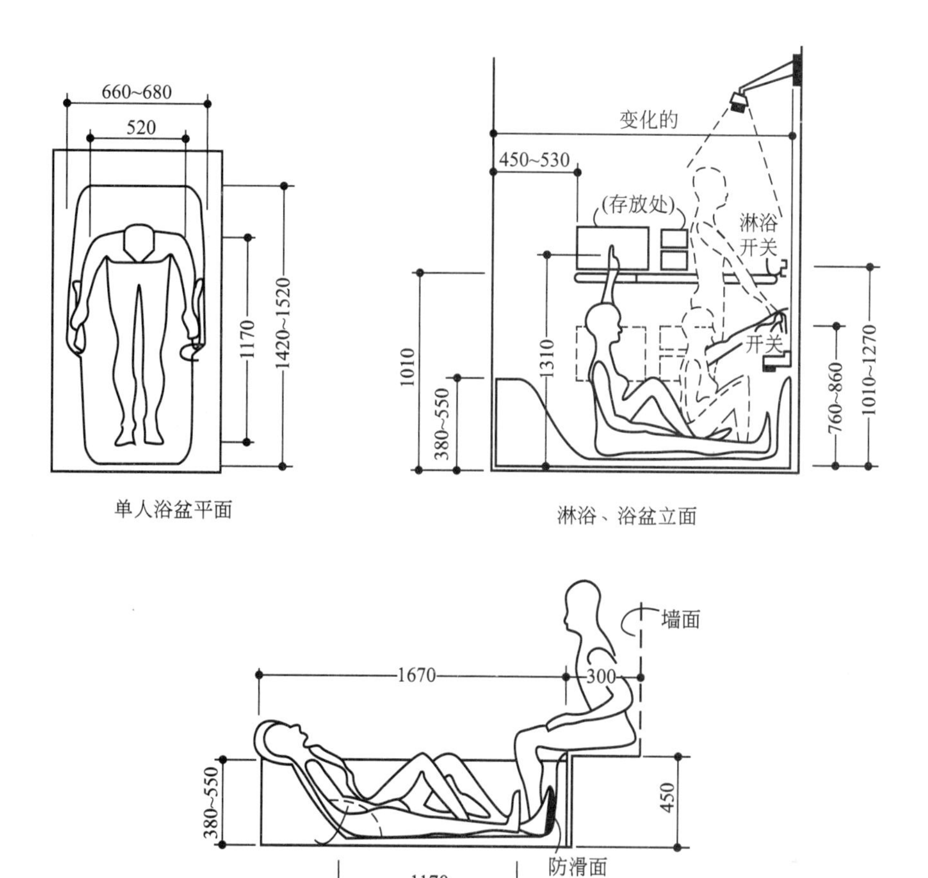

图 3.40 淋浴与人体工程学(二)(续)(单位：mm)

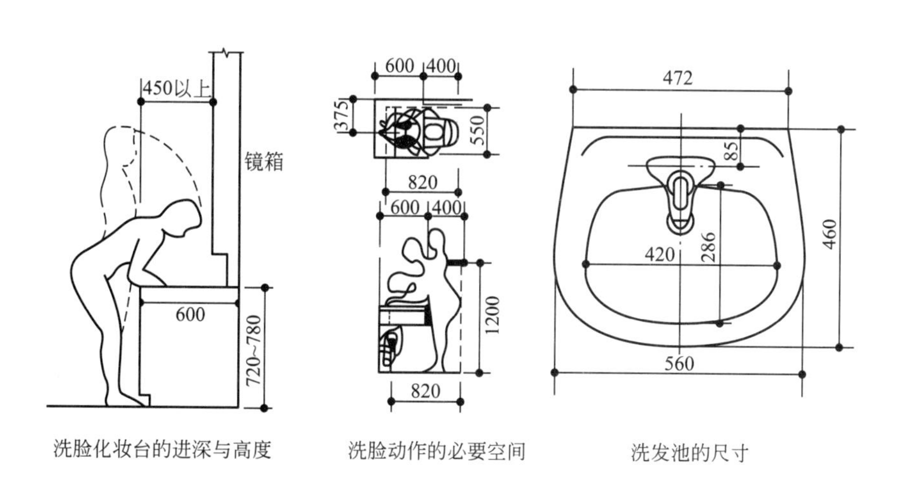

图 3.41 化妆间的人体工程学(单位：mm)

习　　题

一、填空题

1. 根据Banes的研究，手的通常作业域在以________mm为半径而划出的范围内，手的最大作业域是以________为轴，上肢完全伸直做回转运动所包括的范围，水平作业面的最大作业域在________mm范围内。

2. ________与________是设计各种柜架、扶手和各种控制装置的主要依据。

3. 人在工作时，经常使用的操作器具，如写字板、键盘等配置在________作业区域内，从属的作业工具配置在________作业区域内。

4. 一般办公室用门拉手的高度为________cm，一般家庭用________cm比较合适，幼儿园的还要________。

5. 一般开关安装在距地________m的位置，根据我国《建筑电气工程施工质量验收规范》规定，开关安装的高度为________m。

6. 肢体活动范围常由________和________两部分构成。

二、简答题

1. 请简要回答手的水平作业范围。

2. 室内空间主要由哪几部分组成?

第4章 人的感知觉

目的与要求

通过学习，使学生熟悉和掌握人体的生理特征，即神经系统、感觉系统、人体运动系统、感觉知觉的定义、特点及各种感觉器官的特性。

内容与重点

本部分主要介绍了人机系统组成、神经系统、感觉系统、人体运动系统。重点掌握感觉系统、人体运动系统。

引例

对比垃圾筒旁站的两位旅客和车站后面从垃圾筒旁快速逃走的那个人，说明“久而不闻其臭”。

久而不闻其臭

对于人机系统中的操作者，如果把他作为一个独立的系统来研究，完整的人体从形态和功能上可划分为运动系统、消化系统、呼吸系统、泌尿系统、生殖系统、循环系统、内分泌系统、感觉系统和神经系统共9个子系统。各系统的功能活动相互联系、相互制约，在神经、体液的支配和调节下，构成完整统一的有机体，进行正常的功能活动。

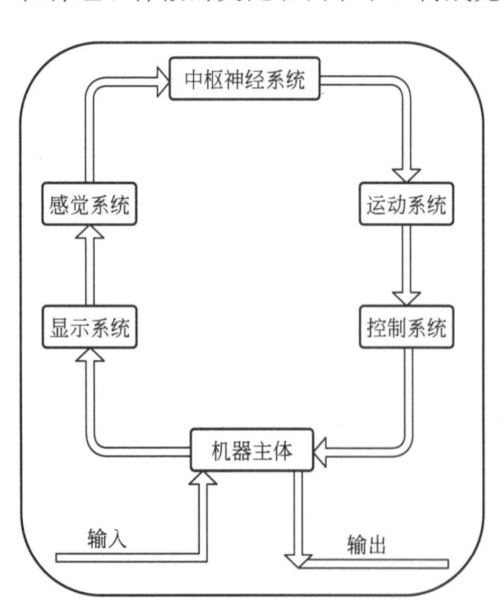

图4.1　人机系统示意图

如果把操作者作为人机系统中的一个“环节”来研究，则人与外界直接发生联系的主要是3个系统，即感觉系统、神经系统、运动系统，其他6个系统则认为是人体完成各种功能活动的辅助系统。人在人机系统中的作用可由图4.1来加以说明，人在操作过程中，机器通过显示器将信息传递给人的感觉器官(如眼睛、耳朵等)，经中枢神经系统对信息进行处理后，再指挥运动系统(如手、脚等)操纵机器的控制器、改变机器所处的状态。由此可见，从机器传来的信息，通过人这个“环节”又返回到机器，从而形成一个闭环系统。人机所处的外部环境因素(如温度、照明、噪声、振动等)也将不断影响和干扰此系统的效率。因此，从广义上来讲，人机系统又称人－机－环境系统。

显然，要使上述的闭环系统有效地运行，就要求人体结构中许多部位协同发挥作用。首先是感觉器官，它是操作者感受人机系统信息的特殊区域，也是系统中最早可能产生误差的部位；其次，传入神经将信息由感觉器官传到大脑的理解和决策中心，决策指令再由大脑传出神经传到肌肉；最后一步是身体的运动器官执行各种操作动作，即所谓作用过程。对于人机系统中人的这个“环节”，除了感知能力、决策能力对系统操作效率有很大影响之外，最终的作用过程可能是对操作者效率的最大限制。为了建立人与机器、环境之间相适应的关系，以组成一个高效的人一机一环境系统，本章将从人体工程学的观点来讨论人的感觉系统、神经系统和运动系统的机能特点及其功能限度，为人体工程学设计提供有关人体生理学和心理学基础。

4.1 感觉和知觉

引例

1. 横线是否平行?

2. 柱子是圆的还是方的?

在详细讨论人体感觉器官的功能和特性之前，应了解感觉和知觉的区别。不同的人，接受来自同一事物的感觉可能相同，但在理解上可能不同，即不同的人之间存在知觉上的差异。因此，在人体工程学设计中，应考虑不同操作者在主观知觉上的差异。

4.1.1 概述

1. 感觉

感觉是人脑对直接作用于感觉器官的客观事物个别属性的反映。例如，一只苹果放在人的面前，通过眼睛看，便产生了苹果绿色的视觉；若摸一下，则产生光滑感的触觉；若闻一下，便产生芳香的嗅觉；若吃一下，便产生甜滋滋的味觉，由此产生的视觉、触觉、

嗅觉、味觉等均属于感觉。另外，感觉还反映人体本身的活动状况。例如，正常的人能感觉到自身的姿势和运动，感觉到内部器官的工作状况，如舒适、疼痛、饥饿等。但是，感觉这种心理现象并不反映客观事物的全貌。

感觉是一种最简单而又最基本的心理过程，在人的各种活动过程中起着极其重要的作用。人除了通过感觉分辨外界事物的个别属性和了解自身器官的工作状况外，一切较高级的、较复杂的心理活动，如思维、情绪、意志等都是在感觉的基础上产生的。所以说，感觉是人了解自身状态和认识客观世界的开端。

2. 知觉

知觉是人脑对直接作用于感觉器官的客观事物和主观状况整体的反映。人脑中产生的具体事物的印象总是由各种感觉综合而成的，没有反映个别属性的知觉，也就不可能有反映事物整体的感觉。所以，知觉是在感觉的基础上产生的。感觉到的事物个别属性越丰富、越精确，对事物的知觉也就越完整、越正确。

虽然感觉和知觉都是客观事物直接作用于感觉器官而在大脑中产生对所作用事物的反映，但感觉和知觉又是有区别的，感觉反映客观事物的个别属性，而知觉反映客观事物的整体。所以，感觉和知觉是人对客观事物的两种不同水平的反映。

在生活或生产活动中，人都是以知觉的形式直接反映事物，而感觉只作为知觉的组成部分而存在于知觉之中，很少有孤立的感觉存在。由于感觉和知觉关系如此密切，所以，在心理学中就把感觉和知觉统称为“感知觉”。

4.1.2 感觉的基本特性

1. 适宜刺激

人体的各种感觉器官都有各自最敏感的刺激形式，这种刺激形式称为相应感觉器的适宜刺激。人体各主要感觉器的适宜刺激和识别特征见表4-1。

表4-1 适宜刺激和识别特征

感觉类型	感觉器官	适宜刺激	刺激来源	识别外界的特征
视觉	眼	一定频率范围的电磁波	外部	形状、大小、位置、远近、色彩、明暗、运动方向等
听觉	耳	一定频率范围的声波	外部	声音的强弱和高低、声源的方向和远近等
嗅觉	鼻	挥发的和飞散的物质	外部	辣气、香气、臭气等
味觉	舌	被唾液溶解的物质	接触表面	甜、咸、酸、辣、苦等
皮肤感觉	皮肤及皮下组织	物理和化学物质对皮肤的作用	直接和间接接触	触压觉、温度觉、痛觉等
深部感觉	肌体神经和关节	物质对肌体的作用	外部和内部	撞击、重力、姿势等
平衡感觉	半规管	运动和位置变化	外部和内部	旋转运动、直线运动、摆动等

2. 感觉阈限

刺激必须达到一定强度，才能对感觉器官发生作用。刚刚能引起感觉的最小刺激量，称为感觉阈限下限；能产生感觉的最大刺激量，称为感觉阈限上限。刺激强度不允许超过上限，否则不但无效，而且还会引起相应感觉器官的损伤。能被感觉器官所感受的刺激强度范围，称为绝对感觉阈值。各种感觉的感觉阈值，见表 4－2。

表 4－2 各种感觉的感觉阈值

感觉类别	阈值		感觉阈的直观表达(最低值)
	最高值	最低值	
视觉	$(2.2 \sim 5.7) \times 10^{-17}$J	$(2.2 \sim 5.7) \times 10^{-8}$J	在晴天夜晚，距离 48km 处可见到蜡烛光(10 个光量子)
听觉	2×10^{-5}Pa	2×10Pa	在寂静的环境中，距离 6m 处可听到钟表嘀嗒声
嗅觉	2×10^{-7}kg/m^3		一滴香水在三个房间的空间打散后嗅到的香水味(初入室内)
味觉	4×10^{-7}硫酸试剂(摩尔浓度)		一茶勺砂糖溶于 9L 水中的甜味(初次尝试)
触觉	2.6×10^{-9}J		蜜蜂的翅膀从 1cm 高处落在肩的皮肤上

当两个不同强度的同类型刺激同时或先后作用于某一感觉器官时，它们在强度上的差别必须达到一定程度，才能引起人的差别感觉。差别感觉阈限即为刚刚能引起差别感觉的刺激之间的最小差别量，对最小差别量的感受能力则为差别感受性，两者成反比关系。

3. 适应

感觉器官经持续刺激一段时间后，在刺激不变的情况下，感觉会逐渐减小以至消失，这种现象被称为“适应”。

视觉适应中的暗适应约需 45 秒钟以上；明适应约需 1～2 秒钟；听觉适应约需 15 秒钟；味觉适应约需 30 秒钟。

4. 相互作用

在一定的条件下，各种感觉器官对其适宜刺激的感受能力都将受到其他刺激的干扰而降低，由此使感受性发生变化的现象被称为感觉的相互作用。例如，同时输入两个视觉信号，人往往只倾向于注意其中一个而忽视另一个。

5. 对比

同一感觉器官接受两种完全不同但属于同一类的刺激物的作用，而使感受性发生变化的现象被称为对比。感觉的对比分为同时对比和继时对比两种。

当几种刺激物同时作用于同一感受器官时产生的对比，称为同时对比。如左手泡在热

水里，右手泡在凉水里，然后同时放进温水里，结果左手感觉凉，右手感觉热。

同样的小方块，在黑色背景上比在灰色背景上显得更白。

几个刺激物先后作用于同一感受器官时，将产生继时对比现象。例如吃过螃蟹再吃虾，就感觉不到虾的鲜味。

凝视上排两个圆数秒钟，然后立刻转看下排两圆，虽然它们为同一颜色(黄色)，但一开始看起来好像是不同颜色的两个圆。这部分内容的实例见彩图5。

6. 余觉

刺激取消后，感觉可以存在一极短的时间，这种现象被称为“余觉”。

4.1.3 知觉的基本特性

1. 整体性

把由许多部分或多种属性组成的对象看作具有一定结构的统一整体，这一特性称为知觉的整体性。

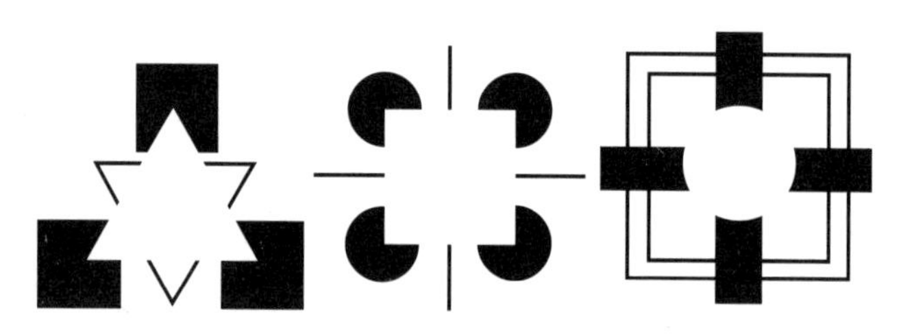

图4.2 知觉的整体性(一)

图4.2中三个图形，均可用来作为此种心理现象的说明。从客观的物理现象看，这三个图形没有一个是完整的，全由一些不规则的线和面堆积而成。可是，谁都会看出，各图均明确显示其整体意义。左图由两个三角形重叠，而后又覆盖在三个黑色方块上所形成；中图是由白方块与黑十字重叠，再覆盖于四个黑色圆上所形成；右图是由白色圆形与黑十字重叠，再覆盖于一个双边正方形上所构成。我们都会发现，居于各图中间第一层的三角形(左图)、方形(中图)和圆形(右图)，虽然在实际上都没有边缘，没有轮廓，可是，在知觉经验上却都是边缘最清楚、轮廓最明确的图形。像此种刺激本身无轮廓，而在知觉经验上却显示“无中生有”的轮廓，称为主观轮廓(Subjective Contour)。由主观轮廓的心理现象看，人类的知觉是极为奇妙的。这种现象很早就被艺术家应用在绘画与美工设计上，使不完整的知觉刺激形成完整的美感。

在感知不熟悉的对象时，则倾向于把它感知为具有一定结构的有意义的整体，如图4.3所示。在这种情况下，影响知觉整体性的因素有以下几个方面。

知觉
【参考图片】

(1) 接近，如图4.4(a)所示。

(2) 相似，如图4.4(b)所示。

(3) 封闭，如图4.4(c)所示。

(4) 连续，如图4.4(d)所示。

(5) 美的形态，如图4.4(e)所示。

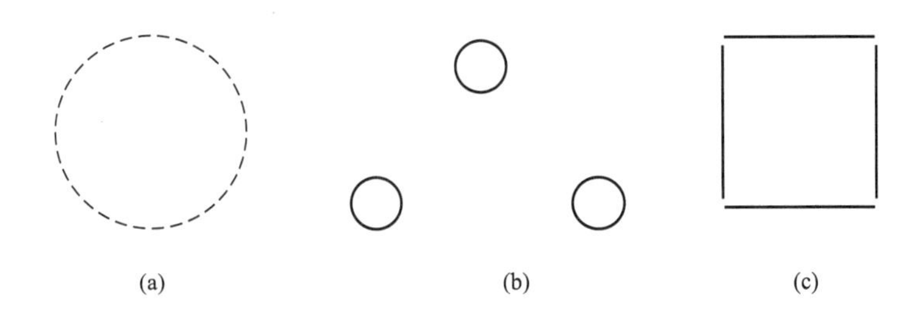

图 4.3 知觉的整体性（二）

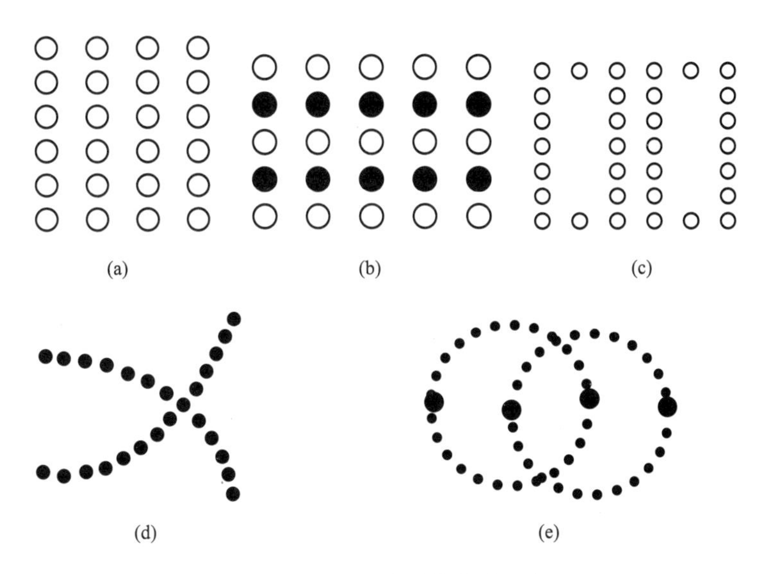

图 4.4 影响知觉整体性的因素

2. 选择性

作用于感官的事物是很多的，但人不能同时知觉作用于感官的所有事物或清楚地知觉事物的全部。人们总是按照某种需要或目的主动地、有意识地选择其中少数事物作为知觉对象，对它产生突出清晰的知觉印象，而对同时作用于感官的周围其他事物则呈现隐退模糊的知觉印象，从而成为烘托知觉对象的背景，这种特性称为知觉的选择性。《黎明与黄昏》是木雕艺术家艾契尔(M. C. Escher)在1938年创作的一幅著名木刻画(图 4.5)。假如读者先从画面的左侧看起，你会觉得那是一群黑鸟离巢的黎明景象；假如先从图面的右侧看起，就会觉得那是一群白鸟归林的黄昏；假如从图面中间看起，你就会获得既是黑鸟又是白鸟，也可能获得忽而黑鸟忽而白鸟的知觉体验。

从知觉背景中区分出对象来，一般取决于下列条件：①对象和背景的差别；②对象的运动；③主观因素。

知觉对象和背景的关系不是固定不变的，而是可以相互转换的，如图 4.6 和图 4.7 所示。

影响知觉选择性的因素有以下几个方面。

(1) 知觉对象与背景之间的差别越大，对象越容易从背景中区分出来。

(2) 在固定不变或相对静止的背景上，运动着的对象最容易成为知觉对象，如在荧光屏上显示的变化着的曲线。

图 4.5 《黎明与黄昏》

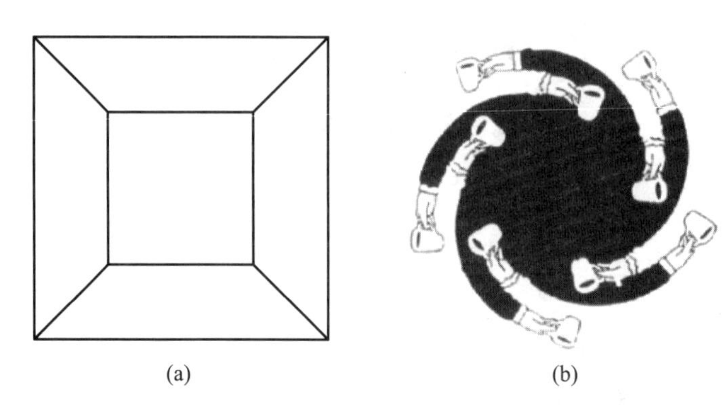

(a)　　(b)

图 4.6 双关图

图 4.7 人头托盘双关图

(3) 人的主观因素，如任务、目的、知识、兴趣、情绪等不同，则选择的知觉对象也不同。

(4) 刺激物各部分相互关系的组合，如彼此接近的对象比相隔较远的对象、彼此相似的对象比不相似的对象更容易组合在一起，而成为知觉的对象。

3. 理解性

在知觉时，用以往获得的知识经验来理解当前的知觉对象的特征，称为知觉的理解性。正因为知觉具有理解性，所以在知觉一个事物时，同这个事物有关的知识经验越丰富，对该事物的知觉就越丰富，对其认识也就越深刻。

4. 恒常性

知觉的条件在一定范围内发生变化，而知觉的印象却保持相对不变的特性，称为知觉的恒常性。知觉恒常性是经验在知觉中起作用的结果，也就是说，人总是根据记忆中的印象、知识、经验去知觉事物的。在视知觉中，恒常性表现得特别明显。关于视知觉对象的大小、形状、亮度、颜色等的印象与客观刺激的关系并不完全服从于物理学的规律，尽管外界条件发生了一定变化，但观察同一事物时，知觉的印象仍相当恒定。视知觉恒常性主要有以下几个方面。

(1) 大小恒常性，看远处物体时，人的知觉系统补偿了视网膜映像的变化，因而知觉的物体是其真正的大小。

(2) 形状恒常性，是指看物体的角度有很大改变时，知觉的物体仍然保持同样形状。形状恒常性和大小恒常性可能都依靠相似的感知过程。保持形状恒常性最起作用的线索是带来有关深度知觉信息的线索，如倾斜、结构等。

(3) 明度恒常性，一件物体，不管照射它的光线强度怎么变化，而它的明度是不变的。决定明度恒常性的重要因素是从物体反射出来的光的强度和从背景反射出来光的强度的比例，只要这一比例保持恒定不变，明度也就保持恒定不变。因此，邻近区域的相对照明是决定明度保持恒定不变的关键因素。

(4) 颜色恒常性，是与明度恒常性完全类似的现象。因为绝大多数物体之所以可见，是由于它们对光的反射，反射光这一特征赋予物体各种颜色。一般说来，即使光源的波长变动幅度相当宽，只要光线既照在物体上，也照在背景上，任何物体的颜色都将保持相对的恒常性。

5. 错觉

错觉是对外界事物不正确的知觉。总的来说，错觉是知觉恒常性的颠倒。例如，在大小恒常性中，尽管视网膜上的映像在变化，而人的知觉经验却完全忠实地把物体的大小和形状等反映出来。反之，错觉表明的是另一种情况，尽管视网膜上的映像没有变化，而人知觉的刺激却不相同，如图 4.8 所示，列举了一些众所周知的几何图形错觉。

错觉产生的原因目前还不很清楚，但它已被人们大量地用来为工业设计服务。例如，表面颜色不同而造成同一物品轻重有别的错觉早被工业设计师所利用。小巧轻便的产品涂着浅色，使产品显得更加轻便灵巧；而机器设备的基础部分则采用深色，可以使人产生稳固之感。从远处看，圆形比同等面积的三角形或正方形要大出约 1/10，交通上利用这种错觉规定圆形为表示“禁止”或“强制”的标志。

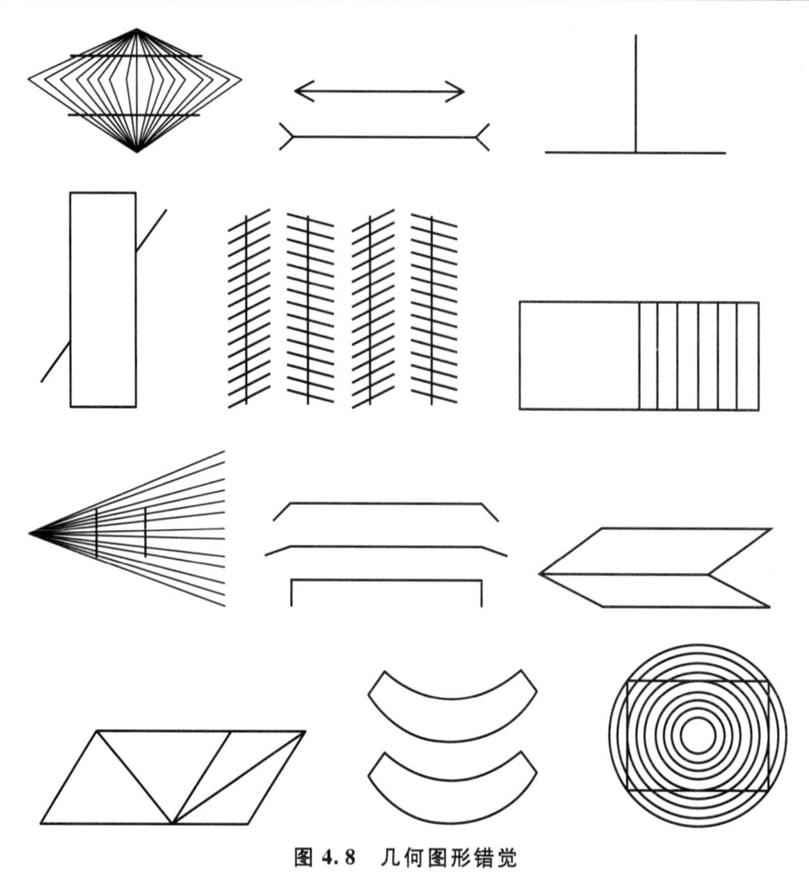

图 4.8　几何图形错觉

4.2 视觉机能及其特征

4.2.1　视觉刺激

视觉的适宜刺激是光。光放射的电磁波如图 4.9 所示，呈波形的放射电磁波组成广大的光谱，其波长差异极大，整个范围从最短的宇宙射线到无线电和电力波。图 4.9 下部还表示出，为人类视力所能接受的光波只占整个电磁光谱的一小部分，即不到 1/70。在正常情况下，人的两眼所能感觉到的波长大约是 380～780nm。如果照射两眼的光波波长在可见光谱上短的一端，人就知觉到紫色；如果光波波长在可见光谱上长的一端，人就知觉到红色。在可见光谱两端之间的波长将产生蓝、绿、黄各色的知觉，将各种不同波长的光混合起来，可以产生各种不同颜色的知觉，将所有可见的波长的光混合起来则产生白色。

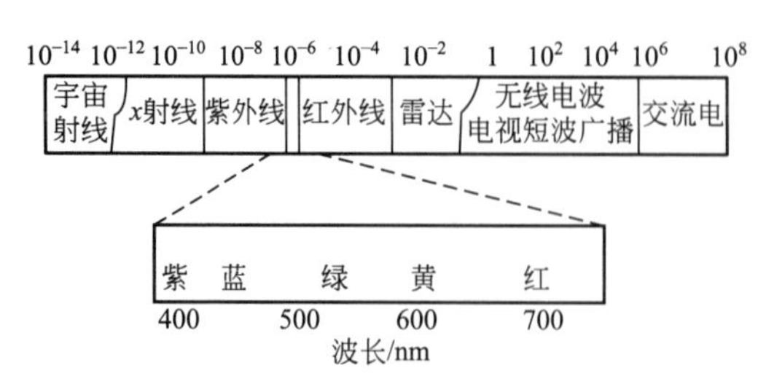

图 4.9　全部电磁光谱中的可见光谱

光谱上的光波波长小于 380nm 的一段称为紫外线，光波波长大于 780nm 的一段称为红外线，而这两部分波长的光都不能引起人的光觉。

4.2.2 视觉系统

物体依赖于光的反射映入眼睛，所以光、对象物、眼睛是构成视觉现象的三个要素。但视觉系统并不只是眼睛，从生理学角度看，它包括眼睛和脑；从心理学角度看，它不仅包括当前的视觉，还包括以往的知识经验。换句话说，视觉捕捉到的信息，不只是人体自然作用的结果，而且也是人的观察与过去经历的反映。

视觉是由眼睛、视神经和视觉中枢的共同活动完成的。人的视觉系统如图 4.10 所示。

眼睛是视觉的感受器官，人眼是直径为 21～25mm 的球体，其基本构造与照相机类似，如图 4.11 所示。眼睛的瞳孔、晶状体和视网膜分别相当于照相机的透镜孔、透镜和胶卷。

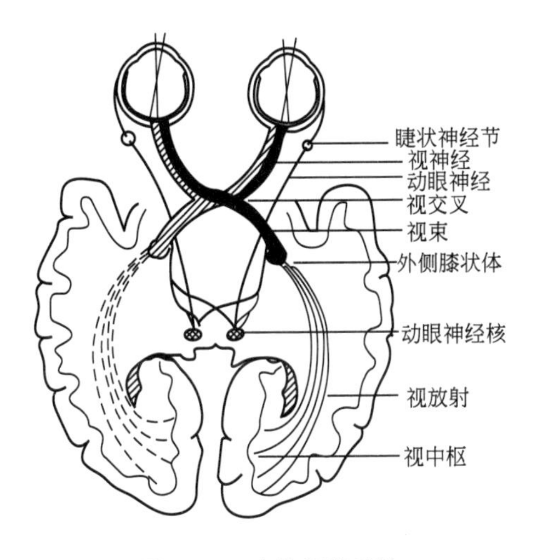

图 4.10 人的视觉系统

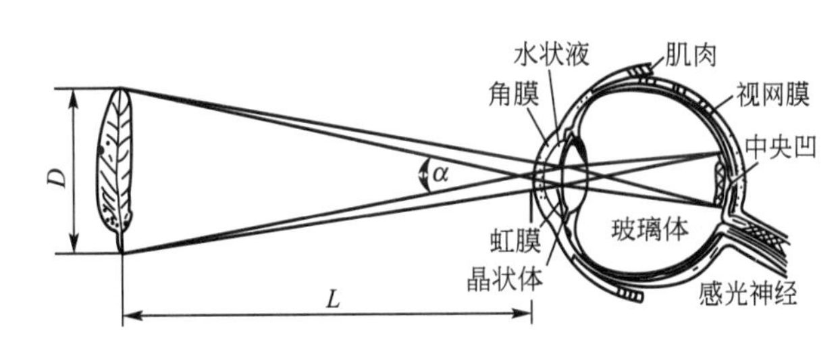

图 4.11 眼睛结构示意图

光线由瞳孔进入眼中，瞳孔的直径大小由有色的虹膜控制，使眼睛在更大范围内适应光强的变化。

进入的光线通过起“透镜”作用的晶状体聚集在视网膜上，眼睛的焦距是依靠眼周肌肉来调整晶状体的曲率实现的，同时因视网膜感光层是个曲面，能用以补偿晶状体光率的调整，从而使聚焦更为迅速而有效。在眼球内约有 2/3 的内表面覆盖着视网膜，它具有感光作用，但视网膜各部位的感光灵敏度并不完全相同，其中央部位灵敏度高，越到边缘越差。落在中央部位映像清晰可辨，而落在边缘部分则不清晰。视网膜最外层细胞包括视杆细胞和视锥细胞，它们是接受信息的主要细胞。眼睛还有上下左右共六块肌肉可以补救，因而转动眼球可审视全部视野，使不同的映像迅速落在视网膜中灵敏度最高处。两眼同时视物，可以得到在两眼中间同时产生的映像，它能反映出物体与环境之间相对的空间位置，因而眼睛能分辨三度空间。

4.2.3 视觉机能

1. 视角与视力

视角是确定被看物尺寸范围的两端点光线射入眼球的相交角度，如图4.11所示。视角的大小与观察距离及被看物体上两端点的直线距离有关，可用下式表示：

$$\alpha=2\arctan(D/2L)$$

其中，α——视角，被看目标物的两点光线投入眼球的交角。用“′”表示，即(1/60)°单位；

D——被看物体上两端点的直线距离；

L——眼睛到被看物体的距离；

眼睛能分辨被看目标物最近两点光线投入眼球时的交角，称为临界视角。视力为1.0，即视力正常，此时的临界视角为1度，若视力下降，则临界视角值增大。在设计中，视角是确定设计对象尺寸大小的依据。

视力指人眼识别物体细部结构的能力，也称分辨最近距离两点的视敏度。以临界视角的倒数来表示。

视力=1/能够分辨的最小物体的视角

视力一般可分为“中心视力”(认清物体形状的能力)、“周边视力”(视网膜周边部分所能感受到的范围)、“夜视力”(在暗处能辨别物体形状的能力)、“主体视力”(辨别物体大小、远近和空间立体形象的能力)和“色视力”(辨别颜色的能力)等，两只眼睛中所形成的物象，融合为双眼单视后，可用以辨别物体高低、深浅、远近、大小，这种辨别物体立体位置的视力为立体视力或深度觉。

视力的好坏与人的生理条件有关，也与被看物体周围环境有关。如亮度、对比度(物体与背景在颜色或亮度上的对比)和眩光(物体表面产生的刺眼的强烈光线)等。

这些相关条件及因素在仪表刻度、指针设计及颜色匹配时都应认真考虑。

2. 视野与视距

视野是指当人的头部和眼球不动时，人眼能觉察到的空间范围，通常以角度表示。

1) 在垂直面的视野

如图4.12所示，在垂直面的视野是：最佳视区为上、下15°；最佳视野范围是水平视线以下30°；有效视野范围是水平视线以上25°、以下35°；最大固定视野是115°；扩大的视野是150°。实际上人的自然视线低于标准视线，在一般状态下，直立时低10°，坐姿时低15°；很放松时站立低30°，坐姿低38°。因此，视野范围在垂直面内的下界限也应该随着放松立姿、放松坐姿而改变。观看展示物最佳视区为30°。

2) 在水平面的视野

如图4.13所示，在水平面内的视野是：双眼视区大约在左右60°以内的区域，在这个区域里还包括字、字母和颜色的辨别范围，辨别字的视线角度为10°～20°，辨别字母的视线角度是5°～30°，在各自的视线范围以内，字和字母趋于消失；对于特定颜色的辨别，视线角度为30°～60°，人的最敏锐的视力是在标准视线每侧1°范围内；单眼视野界限为标准视线每侧94°～104°。

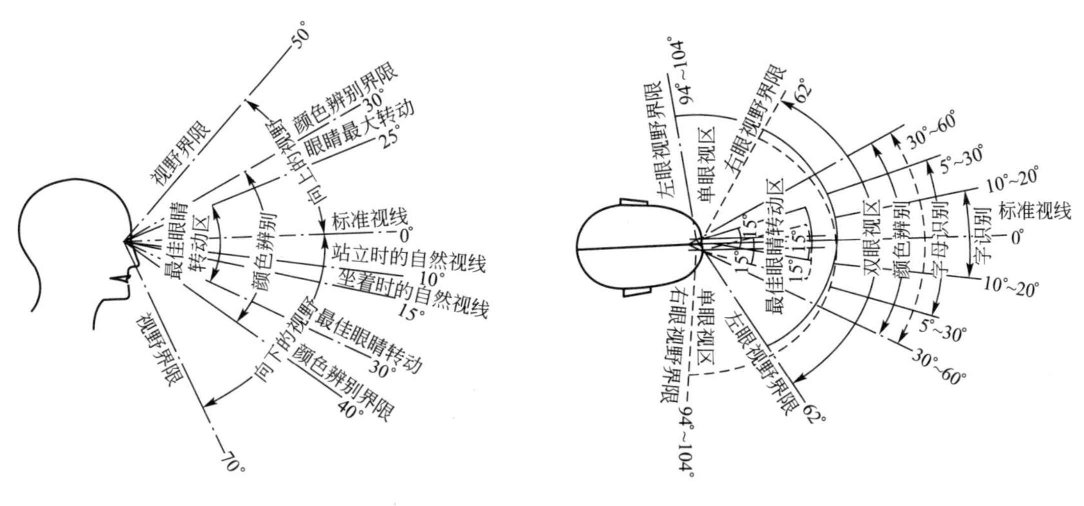

图 4.12　垂直面内视野

图 4.13　水平面内视野

视距是指人眼观察物体的正常距离。一般操作的视距范围在 38～76cm 之间。视距过远或过近都会影响认读的速度和准确性，而且观察距离与工作的精确程度密切相关，因而应根据具体人物的要求来选择最佳的视距。表 4－3 是推荐采用的几种工作任务的视距。

表 4－3　几种工作任务视距的推荐值

人物要求	举　　例	视距离 (眼至视觉对象)/cm	固定视野直径/cm	备　　注
最精细的工作	安装最小部件 (表、电子元件)	12～25	20～40	完全坐着，部分的依靠视觉辅助手段 (小型放大镜、显微镜)
精细工作	安装收音机、电视机	25～35 (多为 30～32)	40～60	坐着或站着
中等粗活	在印刷机、钻井机、机床旁工作	50 以下	至 80	坐或站
粗活	包装、粗磨	50～150	30～250	多为站着
远看	黑板、开汽车	150 以上	250 以上	坐或站

3. 色觉与色觉视野

1) 色觉

视网膜除了能辨别光的明暗外，还有很强的辨色能力，可以分辨出 180 多种颜色。人眼的视网膜可以辨别波长不同的光波，在波长 380～780nm($1nm=10^{-9}$)的可见光谱中，只相差 3nm，人眼即可分辨，主要是红、橙、黄、绿、青、蓝、紫七种颜色。人眼区别不同颜色的机理用“三原色学说”来解释：认为红、绿、蓝为三种基本色，其余颜色都可由这三种基本色混合而成；并认为在视网膜中有三种视锥细胞，含有三种不同的感光色素分别感受三种基本颜色。当红光、绿光、蓝光(或紫光)分别入眼后，将引起三种视锥细胞对应的光化学反应，每种视锥细胞发生兴奋后，神经冲动分别由三种视锥细胞受到同等刺激时，引起白色的感觉。

2）色觉视野

色觉视野是指各种颜色在黑背景条件下，人眼所能看到的最大空间范围。由于各种颜色对人眼的刺激不同，人眼的色觉视野也不同。由图 4.14 所示可见，人眼对白色的视野最大，对黄、蓝、红依次减小，而对绿色的视野最小。

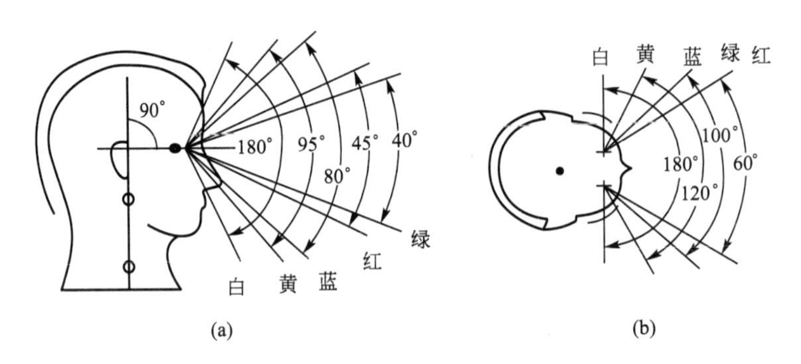

图 4.14　人的色视野

4. 光感

1）绝对亮度

眼睛能感觉到的光强度。人眼是非常敏感的，其绝对值是 0.3 烛光/平方英尺的十亿分之一。完全暗适应的人能看见 50 英里远的火光。

2）相对亮度

对于一般的使用来说，绝对亮度意义不大，而相对亮度则更有意义。相对亮度是指光强度与背景的对比关系，称为相对值。在一个暗背景中，亮度很低的光线也可以看得很清楚，然而在一个亮背景中，同样的光线就可能看不出来。这种现象可以用白天看不见星星、影剧院的光线如此黑暗的例子来加以说明。

3）光亮范围

光感不仅与光的强度有关，还与光的范围大小有关，并与其成正比。

4）辨别值

光的辨别难易与光和背景之间的差别有关，即明度差。

根据光感的特性，在视觉设计中，如果我们希望光或由光构成的某种信息容易为人们感觉到，就应提高它与背景的差别，增大光的面积；反之，如果不希望如此则应做相反处理。问题的关键不在于光的绝对亮度，而是它与背景的差别和面积的大小。

4.2.4　视觉现象

室内设计中常用的错觉形式【参考图片】

1. 残像

眼睛在经过强光刺激之后，会有影像残留于视网膜上，这是由于视网膜的化学作用残留引起的。残像的害处主要是影响观察，因此应尽量避免强光和眩光的出现。

2. 暗适应

人的眼睛似乎是很巧妙的，人从明亮的环境进入暗处时，在最初阶段什么都看不见，逐渐适应了黑暗后，才能区分周围物体的轮廓，这种从亮处到暗处，人们视觉阈限下降的过程就称为暗适应。人们一般在暗处逗留30～40秒钟后，视觉阈限才能稳定在一定水平上。

进入黑暗环境时不能立即看清物体，是由人眼中有两种感觉细胞——锥体和杆体造成的。锥体在明亮时起作用，而杆体对弱光敏感，人在突然进入黑暗环境时，锥体失去了感觉功能，而杆体还不能立即工作，因而需要一定的适应时间。如此说来，人的眼睛由明处进入暗处时是很不适应的，这个情况人们在很早以前就知道了。

3. 视错觉

知觉和外界的事实不一致时，就会发生知觉的错误，大部分的错觉发生在视觉方面。错觉发生错误的因素有多种：一是外界刺激的前后影响；二是脑组织的作用；三是环境的迷人现象；四是习惯；五是态度。

4. 视觉环境

视觉环境主要指人们生活工作中带有视觉因素的环境问题，视觉环境的问题又主要分为两个问题：一是视觉陈示问题；二是光环境问题。

1）视觉陈示

陈示是指各种视觉信息通过一定的形式陈列显示出来。陈示有多种多样，视觉陈示顾名思义即是以视觉为感觉方式的形式来传递各种信息。视觉是人们与周围环境接触的主要方式，生活中大量的信息都是通过眼睛传递给大脑的，然而这大量的信息并不都是对人有用的，如何根据眼睛的特征，使需要的信息更容易被视觉接收，接收得更准确，这就是视觉陈示研究的问题。

(1) 视觉陈示的原理。良好的视觉陈示需要选择和设计，首先，良好的陈示要表现出易于使人了解和解释的形式，良好的视觉陈示应注意以下几个因素。

① 视距。陈示的视距对细节的设计、位置、色彩和照明等的处理都非常重要，如一般的书和地图都是设计成不超过400mm的观看距离，而像控制台等通常设计为不超过臂长，即700mm，还有些标志则设计成更远，如道路边上的广告牌。

专家对观察行为的研究表明，博物馆成年观众的视区仅仅是其水平视线300～910mm的范围，平均视距为7300～8500mm。据在博物馆中所做的现场观察，观众的视距与陈列物品的尺寸有关，美术馆观众的视距远小于上述数字。当画幅在600mm×600mm左右时，观众的平均视距为800～1200mm；当画幅在1200mm×1200mm左右时，观众的平均视距则为2500～3000mm。陈列室空间形状和放置展品的位置都要考虑这个有效范围，否则会造成眼睛的疲劳，甚至造成错觉。减少可能加速眼睛疲劳的一个有效方法是改变放置展品的水平面，使眼睛在观看时可以不断调节焦距，而不是固定在某一点上。有关观察行为的另一些研究还表明，眼睛喜欢在视区内进行跳跃和静止两种形式的运动，即“游览”和“凝视”。大部分接受试验的人首先凝视所看材料的上方某一点，然后移向视区中心的左边，了解这一点对布置展览很重要。

② 视角。一般来说，视觉陈示在水平方向上最好看，但因条件限制，此时应注意因视角造成的视差和模糊不清。

③ 照明。有些陈示本身是光亮的，有些则要靠其他光源的照明，有些要求较暗的环境，有些则要求较好的照明。有时需要强烈的色彩，有时则要接近自然光。

④ 环境状况。视觉陈示总是在一定的气氛中表现出来，如坐在汽车或火车中。良好的设计应避免不利的情况，使视觉陈示在其环境中设计适当。

⑤ 整体效果。有时视觉陈示不是孤立的，这时应能保证表现方式因内容而异，人们应能迅速地找到所需的陈示内容。

(2) 良好视觉陈示检查表。陈示的方式是否可理解，是否判断得更快、更准确，陈示在需要时是否能读得正确，是否模糊不清易于出错，变化是否易于发现，是否以最有意义的形式表现内容，陈示与实际情况的对应关系，陈示是否与其他陈示有分别，照明是否满足，是否有视差及歪曲。

(3) 视觉陈示的方式及设计要点。视觉陈示的方式多种多样，如光线、显像管、仪表、图形、印刷等。通常可分为两种：动态和静态。随时间变化的为动态的；固定不变的为静态的。动态的多数是仪表和显像管等，静态的大多数是各种标识，如标志、图片、图形等。

视听空间中的电视、幻灯陈示，主要考虑以下三个方面。

① 周围照明。周围照明是指屏幕外的照明，长期以来人们总以为周围的照度最好是黑暗的，其实并非如此。实验表明，屏幕黑暗部分与周围明度相一致时观察效果最优，过暗易造成视觉疲劳。

② 暗适应。在显示器前的工作场所应注意的问题是，一是人眼要适应显示器的亮度；二是周围环境不宜过暗，以免造成需要观察周围时的暗适应问题。

③ 屏面的大小和位置。因为人的视野是一定的，在较少移动目光的情况下，人观察的范围是有一定大小的，它与屏幕的大小有一定的关系，过大则人只能观察到中心的信息，而过小则会造成视觉疲劳且只注意边缘的信息。因此屏幕的面积与视距是成正比的。屏幕的位置最好与人的视线垂直，视点在屏幕的中心。

(4) 灯光陈示。主要有广告灯箱、交通信号灯和由灯组成的图形等。灯光陈示最主要的是亮度因素，灯光若要引起人们的注意，则其亮度至少要两倍于背景的亮度，亮度的大小取决于环境背景的要求，而不是越大越好，另外，还应避免分散注意力和眩光。因此，与环境相适应时还要控制光强的变化。同样的亮度，闪光更易引起人的注意。是否采用灯光应根据环境而定，如果照明很好，则无必要。

① 灯光陈示的色彩。应尽量避免同时使用含糊不清的色彩，色彩也不应太多，为了使人能分辨，不应超过22色，最好是10种以内。

② 安全色。各国均有规定，红色代表警告，黄色代表危险，绿色代表正常。与周围环境的关系，就个别信号的清晰度而言，蓝绿色最好(同样的亮度)，受背景影响也小，但不易混淆的程度不如黄紫色。就同一色彩来说，色彩饱和度与纯度高的色彩受背景的影响也小。红光的波长长，射程远，可保证大视距。但从功率耗损而言，越纯的红光功率损失越大。而蓝绿光的功率消耗小，而且人的主观感觉亮度高，所以实际上在同等的功率下，蓝绿光的射程较远。

③ 整体效果。强光、弱光最好不要太近，以免相互影响。单个光的陈示往往最明显，光陈示过多会冲淡对重要信号的注意力，应当有主有次。

(5) 字母数字的陈示。

(6) 标志图形的陈示。

2) 光环境设计

我们生活和工作中的大量活动，都需要良好的光线，而光线的来源有两种：自然采光和人工照明。自然采光与人工照明不同，且主要是建筑上的问题，照明设计的好坏对工作和生活的影响很大，因现代建筑的内部空间越来越复杂，因此完全采用自然采光已不可能，因此光环境的设计更显重要。

(1) 采光与照明常用的度量单位，主要有以下几种。

① 光通量，是指人眼所能感觉到的辐射能量，单位：流［明］(lm)。

② 发光强度，是指点光源在一定方向内单位立体角的光通量，单位：坎［德拉］(cd)。

③ 照度，是指落在照射物体单位面积上的光通量，单位：勒［克斯］(lx)。

④ 亮度。是指物体表面发出(或反射)的明亮程度。

Ⅰ发光体：单位为熙提(sb)。

Ⅱ发射体：单位为亚熙提(asb)。

(2) 照明方式，人工照明按灯光照射范围和效果，分为一般照明、局部照明和混合照明。

① 一般照明。不考虑局部的特殊需要，为照亮整个室内而采用的照明方式。由对称排列在顶棚上的若干照明灯具组成，室内可获得较好的亮度分布和照度均匀度，所采用的光源功率较大，而且有较高的照明效率。这种照明方式耗电大，布灯形式较呆板。一般照明方式适用于无固定工作区或工作区分布密度较大的房间，以及照度要求不高但又不会导致出现不能适应的眩光和不利光向的场所，如办公室、教室等。均匀布灯的一般照明，其灯具距离与高度的比值不宜超过所选用灯具的最大允许值，并且边缘灯具与墙的距离不宜大于灯间距离的 1/2，可参考有关的照明标准设置。

为提高特定工作区照度，常采用分区一般照明。根据室内工作区布置的情况，将照明灯具集中或分区集中设置在工作区的上方，以保证工作区的照度，并将非工作区的照度适当降低为工作区的 1/3 至 1/5。分区一般照明不仅可以改善照明质量，获得较好的光环境，而且节约能源。分区一般照明适用于某一部分或几部分需要有较高照度的室内工作区，并且工作区是相对稳定的。如旅馆大门厅中的总服务台、客房，图书馆中的书库等。

② 局部照明。为满足室内某些部位的特殊需要，在一定范围内设置照明灯具的照明方式。通常将照明灯具装设在靠近工作面的上方。局部照明方式在局部范围内以较小的光源功率获得较高的照度，同时也易于调整和改变光的方向。局部照明方式常用于下述场合，例如局部需要有较高照度的，由于遮挡而使一般照明照射不到某些范围的，需要减小工作区内反射眩光的，为加强某方向光照以增强建筑物质感的。但在长时间持续工作的工作面上仅有局部照明容易引起视觉疲劳。

③ 混合照明。由一般照明和局部照明组成的照明方式。混合照明是在一定的工作区内由一般照明和局部照明的配合起作用，保证应有的视觉工作条件。良好的混合照明方式可以做到：增加工作区的照度，减少工作面上的阴影和光斑，在垂直面和倾斜面上获得较高的照度，减少照明设施总功率，节约能源。混合照明方式的缺点是视野内亮度分布不匀。

厨房光环境
【参考图文】

为了减少光环境中的不舒适程度，混合照明照度中的一般照明的照度应占该等级混合照明总照度的 5～10%，且不宜低于 20 勒克斯。混合照明方式适用于有固定的工作区，照度要求较高并需要有一定可变光的方向照明的房间，如医院的妇科检查室、牙科治疗室、缝纫车间等。

(3) 照明设计的要素，一般有：适当的亮度、工位与背景的亮度差、眩光和阴影的避免、暗适应问题、光色。

① 适当的亮度。视力是随着照度的变化而变化的，要保持足够的观察能力，必须提供照度，不同的活动、不同的人，对照度有不同的要求。照度与视觉观察之间的对应关系是，细微的工作照度高，粗放的工作照度低；观察运动物体照度高，观察静止物体照度低；用视觉工作照度要求高，不用视觉工作照度要求低；儿童要求照度低，老人要求照度高。

照度低会看不清，但并不是照度越高越好。当超过一定的临界时视力并不随照度的提高而提高，而且会造成眩光，影响视力。还有，过亮的环境会使眼睛感到不适，增大视觉的疲劳(因虹膜的高度紧张)，所以电焊工人都要带上专业的防护镜或防护帽。因此，照度应保持在一个舒适的范围之内，大体在50～200lx之间。

② 工位与背景的亮度差。局部的照明与环境背景的亮度差别不宜过大，太大容易造成视觉疲劳，而且光线变化太大眼睛需不断地调节。

③ 眩光和阴影的避免。眩光是视野范围内亮度差异悬殊时产生的，如夜间行车时对面的灯光，夏季在太阳下眺望水面等。产生眩光的因素主要有直接的发光体和间接的反射面两种。眩光的主要危害在于产生残像、破坏视力、破坏暗适应、降低视力、分散注意力、降低工作效率和产生视觉疲劳。消除眩光的方法主要有两种：一是将光源移出视野，人的活动尽管是复杂多样的，但视线的活动还是有一定的规律的，大部分集中于视平线以下，因而将灯光安装在正常视野以上，水平线以上25°，要是45°以上更好；二是间接照明，反射光和漫射光都是良好的间接照明，可消除眩光，阴影也会影响视线的观察，而间接照明可消除阴影，如图4.15至图4.17所示。

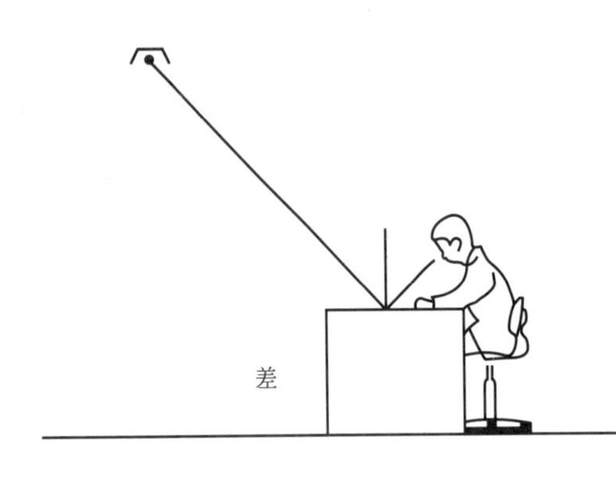

图4.15　照明与角度(一)

④ 暗适应问题，主要有照度平衡和黑暗环境的照明两个方面。

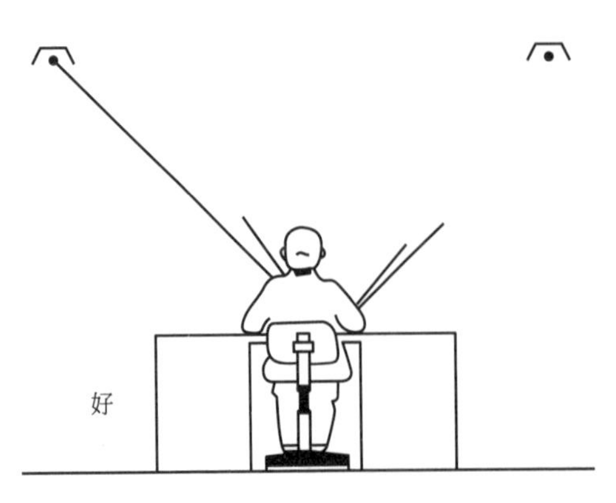

图4.16　照明与角度(二)

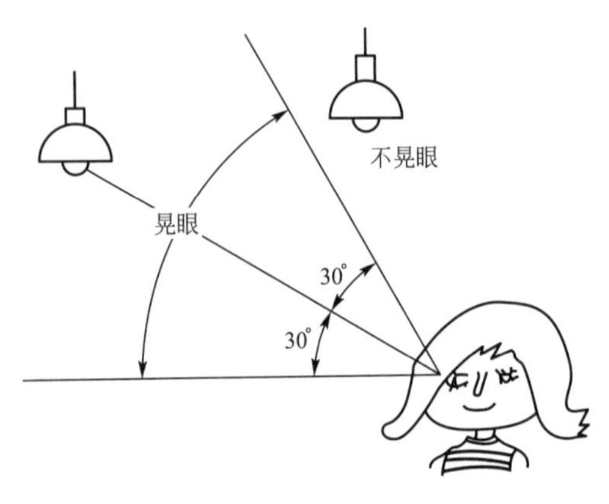

图4.17　照射角与眩光

● 照度平衡。由前面所述的照明与视力的关系中我们可知，不同的活动内容要求不同的照度，因此在室内环境中，不同空间的照度可能相差很多，但如果相差超过一定的限度变化就会产生明暗问题，如从很亮的房间进入相对较暗的房间，眼睛什么都看不清，为了避免发生这种情况，在照明设计时就应考虑各个空间之间的亮度差别不应太大，进行整体的照度平衡。

● 黑暗环境的照明。某些活动往往要在比较黑暗的环境中进行，如电影院、舞厅、机场塔台、声光控制室等，在这里，既要有一定亮度的局部照明，以便能看清需要的东西，又要保持较好的对黑暗环境的暗适应，以便观察其他较暗的环境，因此只能采用少量的光源进行照明。在上述环境下，我们采用弱光照明，但采用普通的灯光，其暗适应性较差，而红色光是对暗适应影响最小的，因此，在暗环境下多用较暗的红光照明，如摄像师的暗房就采用红光照明。

⑤ 光色。光是有不同颜色的，对照明而言，光和色是不可分的，在光色的协调和处理上必须注意的问题有以下两个方面。

a. 色彩的设计必须注意光色的影响。一是光色会对整个的环境色调产生影响，可以利用它去营造气氛色调；二是光亮对色彩的影响，眼睛的色彩分辨能力是与光亮度成正比的。因为对黑暗敏感的杆体是色盲，所以在黑暗环境下眼睛几乎是色盲，色彩失去意义。因此，在一般环境下色彩可正常处理，在黑暗环境中应提高色彩的纯度或不采用色彩处理，而代之以明暗对比的手法。

b. 色彩的还原。光色会影响人对物体本来色彩的观察，造成失真，影响人对物体的印象。日光色是色彩还原的最佳光源，食物用暖色光，蔬菜用黄色光比较好。

4.3 听觉机能及特性

4.3.1 听觉刺激

听觉是仅次于视觉的重要感觉，其适宜的刺激是声音。振动的物体是声音的声源，振动在弹性介质(气体、液体、固体)中以波的方式进行传播，所产生的弹性波称为声波，一定频率范围的声波作用于人耳就产生了声音的感觉。低于 20Hz 的声波称为次声波；高于 20000Hz 的声波称为超声波。次声波和超声波人耳都听不见。

4.3.2 听觉系统

人耳为听觉器官，只有内耳的耳蜗起司听作用，外耳、中耳以及内耳的其他部分是听觉的辅助部分。人耳的基本结构如图 4.18 所示，外耳包括耳廓及外耳道，是外界声波传入中耳和内耳的通路。中耳包括鼓膜和鼓室，鼓室中有锤骨、砧骨、镫骨三块听小骨及与其相连的听小肌构成一杠杆系统；还有一条通向喉部的耳咽管，其主要功能是维持中耳内部和外界气压的平衡及保持正常听力。内耳中的耳蜗是感官器官，它是一个盘旋的管道系统，有前庭阶、蜗管及鼓界阶三个并排盘旋的管道。

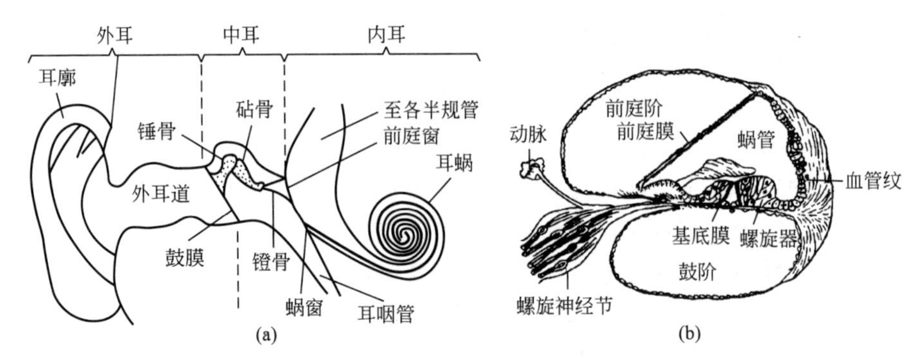

图 4.18 人耳的构造

4.3.3 噪声的危害

室内听觉环境主要包括以下两大类。

第一类是使人爱听的声音如何被人听得更清晰、效果更好，这主要是音响、声学设计的问题；在影剧院等工程中，声学设计起着十分重要的作用。

第二类是人类不爱听的声音，如何去消除，即建筑声学及噪声控制问题。

人体工程学主要运用声学原理对人耳与声音的关系、设计听觉效果以及噪声对人的危害进行研究。在大量日常的普通设计项目中，则主要涉及如何解决噪声问题。

凡是干扰人的活动(包括心理活动)的声音都是噪声，这是通过噪声的作用来对噪声下的定义。噪声还能引起人强烈的心理反应，如果一个声音引起了人的烦恼，即使是音乐的声音，也会被人称为噪声，例如，某人在专心读书，任何声音对他而言都可能是噪声。因此，也可以从人对声音的反应这个角度来定义噪声。凡是使人烦恼的、不愉快的、不需要的声音都叫噪声。

噪声的判定，除了其物理量以外，还主要取决于人们的生理、心理状态。

1. 噪声对听力的影响

人的听觉系统是对噪声最敏感的系统，也是受噪声影响最大的系统，接触噪声会不同程度地引起听力损伤，噪声对听力的损伤有以下几种情况。

1）听觉疲劳

在噪声作用下，听觉的敏感性降低，从而变得迟钝，当离开噪声环境几分钟后又可恢复，这种现象称为听觉适应。听觉适应有一定的限度，在强噪声的长期作用下，听力减弱，听觉敏感性进一步降低。离开噪声环境后需要较长时间才能恢复，这种现象叫作听觉疲劳，属病理前期状态。听觉的疲劳造成警觉性下降，敏感度降低。

2）噪声性耳聋

噪声性耳聋系由于听觉长期遭受噪声影响而发生缓慢的进行性的感音性耳聋，早期表现为听觉疲劳，离开噪声环境后可以逐渐恢复，久之则难以恢复，终致感音神经性耳聋。听力下降与噪声的关系如图 4.19 所示。

3）爆发性耳聋

当听觉器官遭受巨大声压且伴有强烈冲击波的声音作用时（如爆炸声），鼓膜内、外产生较大压差，导致鼓膜破裂，双耳完全失听，这种耳聋称为爆发性耳聋。

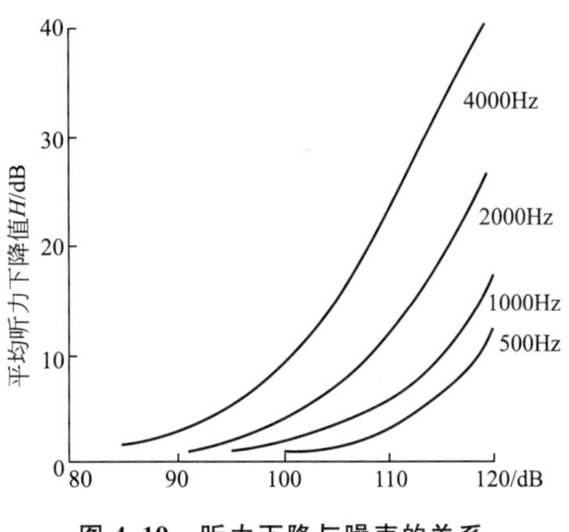

图 4.19 听力下降与噪声的关系

2. 噪声对人生理的影响

噪声在 90dB 以下时，对人的生理作用不明显。90dB 以上的噪声，对神经系统、内分泌系统、心血管系统和消化系统均产生不良影响。

1）对神经系统的影响

在噪声的作用下，中枢神经功能障碍表现为自主神经衰弱症候群（如头痛、头晕、失眠、多汗、乏力、恶心、心悸、注意力不集中、记忆力减退、神经过敏、惊慌以及反应速度迟缓等）。噪声强度越大，对神经系统的影响越大。

2）对内分泌系统的影响

中强度以上的噪声（70～80dB）会对人的内分泌系统产生影响。高强度（100dB）的噪声会使内分泌系统功能失调（暴露时间长时）。在噪声刺激下，甲状腺分泌也会发生变化。两耳长时间受到不平衡的噪声刺激时，也会引起一些不良反应，如呕吐等。

3）对心血管系统的影响

噪声对心血管系统的影响表现为心动过速、心律不齐、心电图改变、高血压以及末梢血管收缩、供血减少等。噪声对心血管系统的损伤作用，发生在 80～90dB 噪声情况以上。

4）对消化系统的影响

长期处在噪声环境中，会使胃的正常活动受到抑制，导致溃疡病和肠胃炎发病率增高。一项研究表明，肠胃功能的损伤程度随噪声强度升高及噪声暴露年限的增长而加重，噪声大的行业，员工溃疡病发病率比安静环境下的发病率要高出 5 倍。

3. 噪声对人的心理的影响

噪声会引起烦躁、焦虑、生气等不愉快的心理情绪，也就是“烦恼”。由一系列的心理刺激而引起的生理反应对健康是有害的。

4. 噪声对语言交流的影响

噪声还可干扰人们相互之间的语言交流。当噪声增大时，我们听到某种特定声音的能力便会逐渐下降，例如，在嘈杂的大厅内，想听清别人的话就很困难。从许多声音中听清一种声音，取决于对该声音的听觉阈限。一个声音由于其他声音的干扰而使听觉发生困难，需要提高声音的强度才能产生听觉，这种现象称为声音的掩蔽效应。作业区的语言交流质量取决于说话的声音强度和背景噪声的强度，在安静的场所，很微弱的声音都能被听见，如耳语等。

若某职业需要频繁的语言交流，则在 1m 距离测量，讲话声音不得超过 65～70dB，由此可见，为了保证语言交流的质量，背景噪声不得超过 55～60dB。如果交流的语言比较难懂，则背景噪声不得超过 45～50dB。

5. 噪声对作业能力和工作效率的影响

在噪声环境里，人们心情烦躁，工作容易疲劳，反应迟钝，注意力不容易集中等都直接影响作业能力和工作效率。

6. 对睡眠的影响

噪声干扰正常的休息，有害健康。

4.3.4 噪声的来源及防治

噪声的来源主要有三种，它们是交通噪声、工业噪声和生活噪声。

1. 交通噪声

交通噪声主要是由交通工具在运行时发出来的。如汽车、飞机、火车等都是交通噪声源。调查表明，机动车辆噪声占城市交通噪声的85%。车辆噪声的传播与道路的多少及交通量度大小有密切关系。在通路狭窄、两旁高层建筑物栉比的城市中，噪声来回反射，显得更加吵闹。同样的噪声源在街道上较空旷地上，听起来要大5～10分贝。在机动车辆中，载重汽车、公共汽车等重型车辆的噪声在89～92分贝，而轿车、吉普车等轻型车辆的噪声约有82～85分贝，以上声级均为距车7.5米处测量。汽车速度与噪声大小也有较大关系，车速越快，噪声越大，车速提高1倍，噪声增加6～10分贝。说明各类机动车噪声大小与行驶速度的关系。汽车噪声主要来自汽车排气噪声。若不加消声器，噪声可达100分贝以上。其次为引擎噪声和轮胎噪声，引擎噪声在汽车正常运转时，可达90分贝以上，而轮胎噪声在车速为90公里/时以上时，可达95分贝左右。

因此，在排气系统中加上消声器，可使汽车排气噪声降低20～30分贝。在引擎方面，以汽油引擎代替柴油引擎，可以降低引擎噪声6～8分贝。此外，接近城市中心的铁路客货运站，由于来往列车都要在市区内穿行，因而影响较大，尤其是在客流量大时，其影响不容忽视。地下铁路的噪声来源与火车相似。因车辆在地道内行驶，噪声不易散失，对车厢内的人干扰较大。据英国实测，车厢内开窗时噪声高达102分贝。

2. 工业噪声

工业噪声主要来自生产和各种工作过程中机械振动、摩擦、撞击及气流扰动而产生的声音。城市中各种工厂的生产运转及市政和建筑施工所造成的噪声振动，其影响虽然不及交通运输广，但局部地区的污染却比交通运输严重得多。因此，这些噪声振动对周围环境的影响也应给予重视。

3. 生活噪声

生活噪声主要指街道和建筑物内部各种生活设施、人群活动等产生的声音。如在居室中，儿童哭闹、大声播放收音机、电视和音响设备；户外或街道人声喧哗、宣传或做广告用高音喇叭等。这些噪声又可以分为居室噪声和公共场所噪声两类，它们一般在80分贝以下，对人没有直接生理危害，但都能干扰人们交谈、工作、学习和休息。

噪声防治及管理措施有：对噪声污染的防治，一方面依靠噪声控制技术的发展，另一方面还有赖于立法管理和政府的行政措施。特别是环境噪声源的管理，对防治噪声污染至关重要。

4.4 其他感觉机能及其特征

4.4.1 温度觉

皮肤里有热觉和冷觉感受器，分别感受高于或低于皮肤温度的刺激。外界温度的变化在改变了皮肤的温度后，即可作用于温度感受器，最后在大脑皮质内形成温度上升或下降的感觉。皮肤温度如果上升到45℃以上，则痛觉神经末梢也参与活动，这时将产生灼痛的感觉。

4.4.2 触觉

引起触觉的适宜刺激是使皮肤表面变形的机械刺激。皮肤接受这种刺激的感受器种类很多，有的是游离的神经末梢，有的是各种复杂的感受装置。触觉的最大特点是对刺激适应极快，外界机械刺激只是在压弯毛发或使皮肤变形的短时间内，能引起触觉感受器发放传入冲动而产生触觉。

触觉在现代设计中的应用如下。

(1) 无障碍设计中服务盲人。

(2) 工业设计中涉及产品的触觉机理，辅助视觉便于操作。

(3) 环境设计中对于经常接触人体的配件设施及建筑细部处理，经常考虑到触觉的要求。

4.4.3 痛觉

一般认为痛觉的感受器是游离的神经末梢。痛觉感受器不仅分布于皮肤，而且遍布全身各处，其适应现象也较弱。

引起痛觉的适宜刺激种类很多，一切机械的、温度的、化学的因素或器官的缺血达到可能损伤组织的强度时，都能引起痛觉。这是对损伤性刺激发出的警报，对机体有保护性意义。但特别强烈的疼痛刺激，可能引起机体的机能紊乱，出现血压下降，甚至休克。

4.4.4 嗅觉

嗅觉在对具体的气味绝对判断时并不是很灵敏。没有经过训练的被测者只能区别出15～32种，训练后能够准确辨别60多种。当仅从浓度上分辨气味时，大约能分辨三、四种浓度。因此，可能从多种气味中辨认时嗅觉的效果并不是很好，但在感觉一种气味的存在与否时还是很有效的。嗅觉的用途并不是很广，信息的来源不是很可靠，不新鲜的空气可能降低敏感度。人们对气味适应很快，片刻之后对这种气味的感觉就会麻木，气味的传播很难控制。嗅觉还是有一定用途的，主要用在报警设备上。

男性身体各部分的触觉敏感性【参考图片】

习　　题

一、填空题

1. 对于人机系统中的操作者，如果把他作为一个独立的系统来研究，完整的人体从形态和功能上可划分为九个子系统，与外界直接发生联系的是________、________、________三个系统。

2. 感觉是人脑对________感觉器官的________的反映。

3. 知觉是人脑对直接作用于感觉器官的________和________的反映。

4. 感觉的基本特性有________、________、________、________、________、________。

5. 照明设计的一般要素有：________、工位与背景的________、眩光和阴影的避免、________、光色。

二、名词解释

1. 适宜刺激
2. 适应
3. 同时对比
4. 继时对比
5. 知觉的整体性

三、简答题

1. 噪声的危害都有哪些？
2. 眩光会有哪些影响？如何避免？
3. 什么叫暗适应、明适应？
4. 噪声的来源及防治方法有哪些？在生活中有哪些噪声，应如何防治呢？

第5章 人体运动系统

目的与要求

通过学习，使学生熟悉和掌握人体的骨骼和肌肉系统。

内容与重点

本部分主要介绍了人体的骨骼和肌肉系统。重点掌握人体骨杠杆和肌肉施力的类型。

引例

静态肌肉施力

典型的手工具设计和分析(右图是改进以后)。

内容	图例	分析
尖嘴胶钳把手	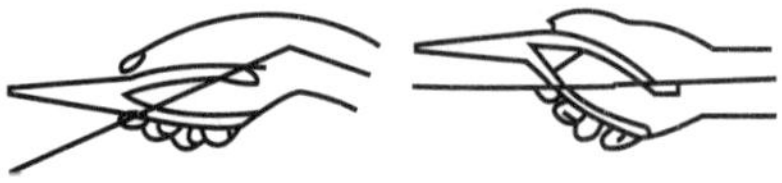	符合手和腕的转动，使手腕保持自然状态，避免腕部位酸疼
手铲把手	 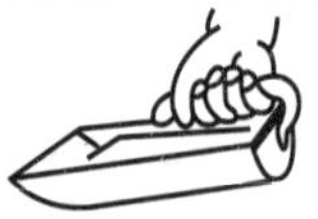	
手锯把手	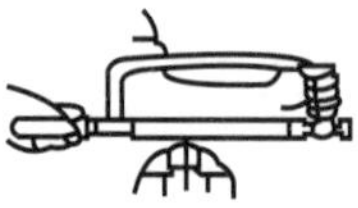 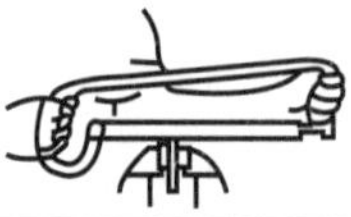	
改进抓握把手方式	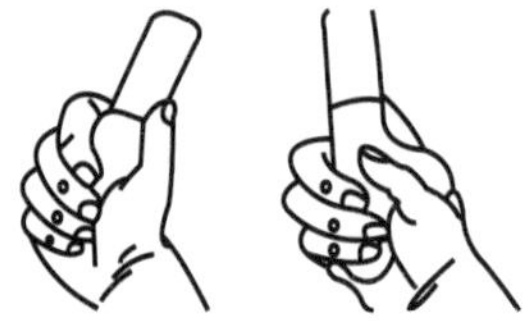	避免掌部压力过大，使用更舒适
改进按钮	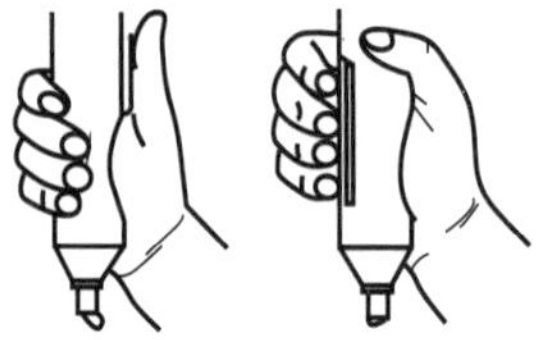	避免单个手指重复运动，减少手指疼痛

5.1 骨骼系统

运动系统是人体完成各种动作和从事生产劳动的器官系统，由骨、关节和肌肉三部分组成。全身各骨借助关节连接构成骨骼，肌肉附着于骨，且跨过关节，由于肌肉的收缩与舒张牵动骨，通过关节的活动能产生各种运动。所以，在运动过程中，骨是运动的杠杆，关节是运动的枢纽，肌肉是运动的动力，三者在神经系统的支配与调节下协调一致，随着人的意志，共同准确地完成各种动作。

5.1.1 骨的功能

人体的骨骼组成示意图
【参考图文】

骨是人体内坚硬而有生命的器官，主要由骨组织构成。每块骨都有一定的形态、结构、功能、位置及其本身的神经和血管。全身骨的总数约有206块，可分为躯干骨、上肢骨、下肢骨和颅骨四部分。

骨的复杂形态是由骨所担负功能的适应能力决定的，骨所承担的主要功能有如下几个方面。

(1) 骨与骨通过关节连接成骨骼，构成人体支架，支持人体的软组织和支撑全身的重量，它与肌肉共同维持人体的外形。

(2) 骨构成体腔的壁，如颅腔、胸腔、腹腔与盆腔等，以保护脑、心、肺、肠等人体重要内脏器官，并协助内脏器官进行活动，如呼吸、排泄等。

(3) 在骨的髓腔和松质的腔隙中充填着骨髓，这是一种柔软而富有血液的组织，其中的红骨髓具有造血功能；黄骨髓有储藏脂肪的作用。骨盐中的钙和磷参与体内钙、磷代谢而处于不断变化状态。所以，骨还是体内钙和磷的储备仓库。

(4) 附着于骨的肌肉收缩时，牵动着骨绕关节运动，使人体形成各种活动姿势和操作动作。因此，骨是人体运动的杠杆。人体工程学的动作分析都与这一功能密切相关。

5.1.2 骨杠杆

1. 关节

两骨之间借膜性囊互相连接，其间具有腔隙，活动性较大的连接形式称为间接连接，这种连接也称为关节。

关节的运动是绕轴的转动，其运动形式与关节面的形态有密切关系。根据关节运动轴的方位，关节运动有以下四种形式。

1) 屈伸运动

屈伸运动指关节绕冠状轴所进行的运动。同一关节的两骨之间，角度减小为屈，角度增大为伸。如肘关节连接的前臂与肱骨，肘关节绕冠状面转动时，前臂骨与肱骨之间角度减小为屈肘，反之则为伸肘。

2) 内收运动

内收运动指关节沿矢状轴所进行的运动。内收为关节转动时，骨向正中面靠拢的运动；外展则为骨离开正中面的运动。

3) 旋转运动

旋转运动指骨围绕垂直轴或绕骨本身纵轴的运动。骨的前面转向内侧称为旋内，而骨的前面转向外侧则称为旋外。

2. 人体运动的杠杆原理

肌肉的收缩是运动的基础，但是，单有肌肉的收缩并不能产生运动，必须借助于骨杠杆的作用，方能产生运动。人体骨杠杆的原理和参数与机械杠杆完全一样。如图 5.1 所示的骨杠杆中，关节为支点(O)；肌肉是动力源，肌肉的起止点为力点(A)；负荷(或身体部位的重量)的作用点为

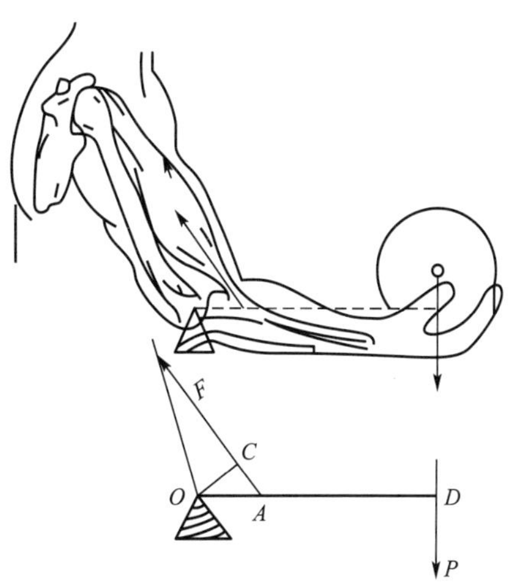

图 5.1 骨杠杆示意图

阻力点(D)。支点至肌肉拉力线的垂直距离为力臂(OC);支点至阻力作用线的垂直距离为阻力臂(OD)。肌肉起止点至关节轴的距离为杠杆臂(OA)。肌肉拉力(F)与力臂的乘积为肌肉拉力矩,阻力(P)与阻力臂的乘积为阻力矩。力臂和阻力臂之比值 OC/OD 为杠杆的机械效益。人体的活动主要有下述三种骨杠杆的形式。

1) 平衡杠杆

支点位于重点与力点之间,类似天平秤的原理,如通过寰枕关节调节头的姿势的运动,如图 5.2(a)所示。

2) 省力杠杆

重点位于力点与支点之间,类似撬棒撬重物的原理,如支撑腿起步抬足跟时踝关节的运动,如图 5.2(b)所示。

3) 速度杠杆

力点在重点和支点之间,阻力臂大于力臂,如手执重物时肘部的运动,如图 5.2(c)所示。

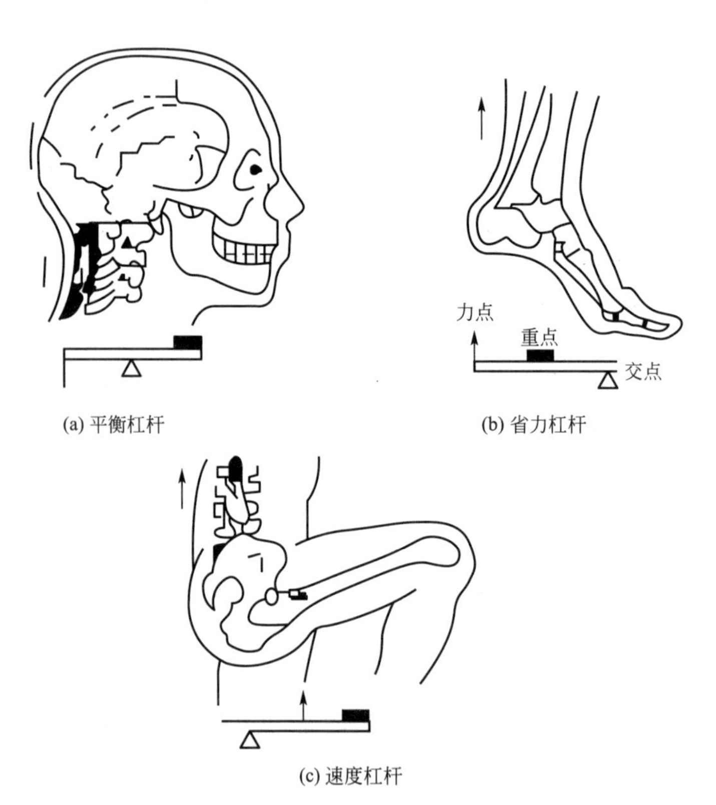

(a) 平衡杠杆　　(b) 省力杠杆

(c) 速度杠杆

图 5.2　人体骨杠杆

运动系统由骨、骨连接和骨骼肌三种器官组成。骨以不同形式连接在一起,构成骨骼,形成了人体的基本形态,并为肌肉提供附着。在神经支配下,肌肉收缩,牵拉其所附着的骨,以可动的骨连接为枢纽,产生杠杆运动。运动系统主要的功能是运动,简单的移位和高级活动如语言、书写等,都是由骨、骨连接和骨骼肌实现的运动系统的运动功能。运动系统的第二个功能是支持,构成人体基本形态——头、颈、胸、腹、四肢,维持体姿。运动系统的第三个功能是保护，由骨、骨连接和骨骼肌形成了多个体腔——颅腔、胸腔、腹腔和盆腔，保护脏器。

5.2 肌肉系统

不论人体骨骼与关节机构怎样完善，如果没有肌肉，就不能做功。所以，人体活动的能力决定于肌肉。肌肉系统中的肌肉收缩而产生的肌力是人体各种动作和维持各种姿势的动力源，如何有效地发挥肌力，减少肌肉疲劳并提高效率是人体工程学探究的课题。

5.2.1 肌肉施力的类型

无论是人体自身的平衡稳定或人体的运动，都离不开肌肉的机能。肌肉的机能是收缩和产生肌力，肌力可以作用于骨，通过人体结构再作用于其他物体上，称为肌肉施力。肌肉施力有静态肌肉施力和动态肌肉施力两种方式。

1. 静态肌肉施力

静态肌肉施力是依靠肌肉等收缩所产生的静态性力量，能较长时间地维持身体的某种姿势，致使肌肉相应地作较长时间的收缩。在静态肌肉施力情况下进行的作业称为静态作业。如汽车行驶过程中，驾驶员的脚要长时间地踩在加速器上，此时脚跟的状态即是静态肌肉施力。

静态肌肉施力时，肌肉收缩时产生的内压对血流会产生影响，收缩达到一定程度时，甚至会阻断血流；由于收缩的肌肉组织压迫血管，阻止血液进入肌肉，肌肉无法从血液中得到糖和氧的补充，不得不依赖于本身的能量贮备；对肌肉影响更大的是代谢废物不能迅速排除，积累的废物造成肌肉酸痛，引起肌肉疲劳。由于酸痛难忍，静态作业的持续时间受限制。

2. 动态肌肉施力

动态肌肉施力是对物体交替进行施力与放松，使肌肉有节奏地收缩与舒张。在动态肌肉施力的情况下进行的作业称为动态作业。

动态肌肉施力时，肌肉有节奏地收缩和舒张，这对于血液循环而言，相当于一个泵的作用，肌肉收缩时将血液压出肌肉，舒张时又使新鲜血液进入肌肉，此时血液输送量比平常高几倍，有时可达静态输入肌肉血液量的10～20倍。血液的大量流动不但使肌肉获得了足够的糖和氧，而且迅速排除了代谢废物。因此，只要选择合理的作业节奏，动态作业可以延续长时间而不产生疲劳。心脏的工作就是动态作业，在人的一生中，心脏不停地搏动，心肌从不“疲劳”。如何有效地发挥肌力，减少肌肉疲劳并提高效率是人体工程学的研究课题之一。

常见的不正确坐姿
【参考图片】

5.2.2 静态肌肉施力举例

日常生活中，有许多静态肌肉施力的例子。人在站立时，从腿部、臀部、腰部到颈部，有许多块肌肉在长时间地静态施力。实际上，无论人的身体姿势如何，都有部分肌肉静态施力。人在坐下时，由于解除了腿部静态受力，从而改善了人体肌肉的受力状况。而人在躺下时，几乎可以解除所有的肌肉静态受力状况，所以躺下是最佳的休息姿势。几乎所有的工业和职业劳动都包含不同程度的静态肌肉施力。常见的静态作业方式有以下几种。

(1) 长时间或反复地向前弯腰或者向两侧弯腰，如身材高大的家庭主妇使用过低厨房案台。

(2) 长时间用手臂夹持物体。

(3) 长时间手臂水平抬起或双手前伸，如在设计过高的操作台上操作。

(4) 一只脚支撑体重，另一只脚控制机器。

(5) 长时间站立在一个位置上，如操作各种机床。

(6) 推拉物体。

(7) 长时间、高频率地使用一组肌肉，如手指长时间高速敲击键盘。

静态肌肉施力一方面加速肌肉疲劳过程，引起难忍的肌肉酸痛；另一方面长期受静态肌肉施力的影响，酸痛还会由肌肉扩散到肌腱、关节和其他组织，并损伤这些组织，引起永久性的疼痛。

在操作计算机的上机姿势中，操作员常常是手臂向前悬空着来操作键盘和鼠标的，如图5.3所示。手臂的悬空形成了肩颈部的静态疲劳，使得操作员不便将背部后靠在椅子靠背上作业(后靠姿势会加大悬空的手臂的前伸程度，从而增大肩部所需的平衡力矩，加快肩颈部的疲劳)，而当操作员脱离靠背且手臂悬空时，体重就全部需要由脊柱来承担，其结果或者是腰背的疲劳酸痛，或者是腰肌放弃维持直坐姿势而塌腰驼背，或者是手臂疲劳酸痛。

(a)

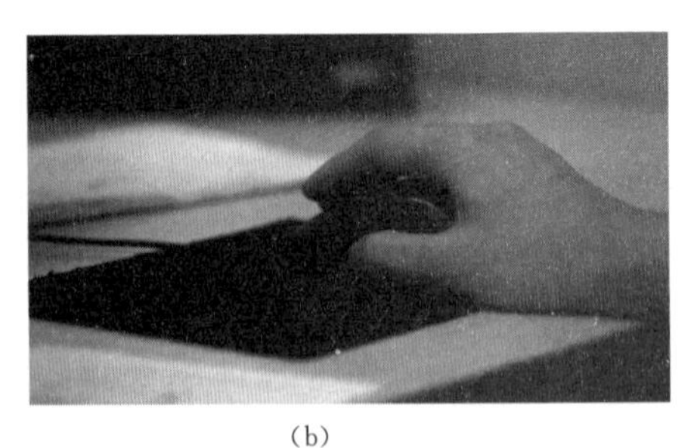
(b)

图5.3 操作电脑、鼠标

国外学者研究发现，中学生单手提书包比背书包要消耗多一倍的能量，这主要由于手臂、肩、躯干部分静态施力引起的，如图5.4所示。

国外学者还研究了手工播种土豆作业，同样作业30分钟，手提篮子心率增加量比挎着篮子心率增加量要多，可见心脏负荷的增加是手提篮子的静态施力造成的结果，如图5.5所示。

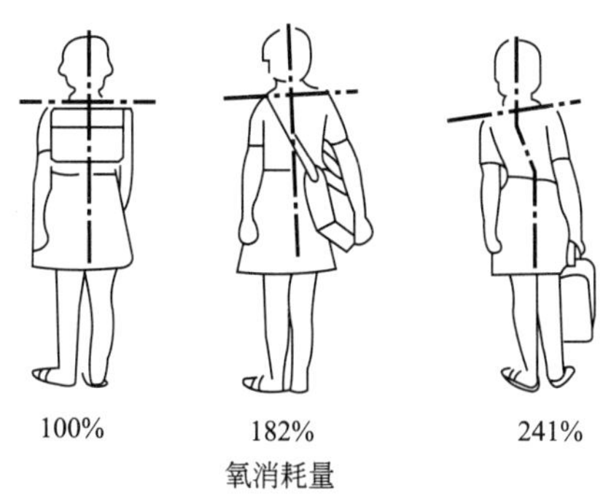

图 5.4 中学生背书包

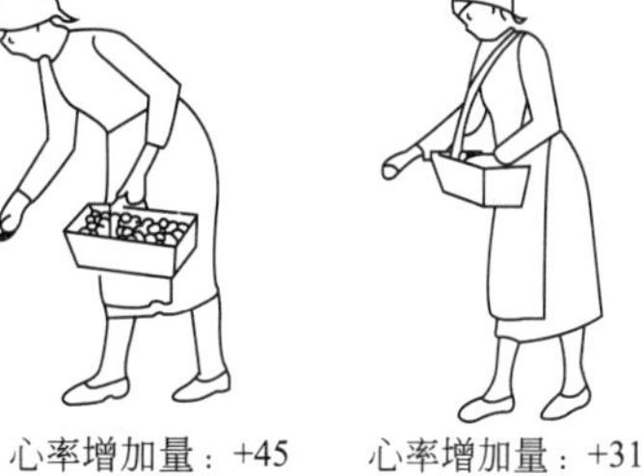

图 5.5 手工播种土豆

5.2.3 避免静态肌肉施力的方法

避免静态肌肉施力的关键在于协调人机关系，使操作者在作业过程中能够采取随意姿势并能自由改变体位，从而保持身体的舒适、自然状态，而不迫使操作者只能采取一种姿势和不良姿势。避免静态肌肉施力的几个设计要点如下。

(1) 避免弯腰或其他不自然的身体姿势，如图 5.6 所示。当身体和头向两侧弯曲造成多块肌肉静态受力时，其危害性大于身体和头向前弯曲所造成的危害性。

(2) 避免长时间的抬手作业。抬手过高不仅引起疲劳，而且降低操作精度和影响人的技能发挥。如图 5.6 所示，操作者的右手和右肩的肌肉状态受力容易疲劳，操作精度降低，工作效率受到影响。只有重新设计，使作业面降低到肘关节以下，才能提高作业效率，保证操作者的健康。

再如，电脑作业时肘部支撑的设计。人在操作电脑时(即操作键盘和鼠标)，手臂因操作而离开了椅子的扶手，由于人的上肢没有支撑点或是一个依托，来支撑手和前臂从而减轻手、腕、颈、肩和腰部的肌肉疲劳、疼痛和劳损，使电脑操作不能够长时间地稳定进行，所以务必要设计合理的支撑面。不良的作业姿势如图 5.6 所示。

工　作	图　例	施力方式识别
出租车司机		臀部和腰部肌肉处于静态施力(容易疲劳，甚至患腰椎病)；手和脚反复运动来控制方向盘、油门、挡位等，手和脚的肌肉处于动态施力(不容易疲劳)
普通铣床操作		腰部肌肉处于静态施力，容易疲劳，甚至患腰椎病
普通钻床操作		腰部、手臂、肩膀肌肉都处于静态施力，手臂和肩膀施力大，容易疲劳和酸痛

图 5.6 不良的作业姿势

近几年来，有一种按人体工程学原理设计的带有支肘板(折叠式或推拉式)的桌面结构新技术在市场面市。可以借鉴到电脑桌作业支撑的设计上，装在托板上，这种设计是当把左右两块支肘板打开时，矩形托板靠近人体的一侧就变成了凹形结构，即两端(支肘板)凸出(处于人的腰部两侧)中间凹进。人的腰部可以宽松地进入凹形部位，此时上臂放松地处于人体两侧的自然悬垂位置。两肘(即前臂)支撑在支肘板上，处于水平或稍向下斜的位置，保证肘部得到合理可靠的支撑，从而使身体有关部位的肌肉都可以感到放松，既减少了颈、肩、腕综合病的发生，又避免了弯腰驼背(图 5.7)。

图 5.7　带支肘的电脑桌

(3) 坐着工作比站着工作省力。工作椅的高度应调到使操作者能十分容易地改变站和坐的姿势的高度，如图 5.8 所示，可以减少站起和坐下时造成的疲劳，尤其对需要频繁走动的工作，更应如此设计。

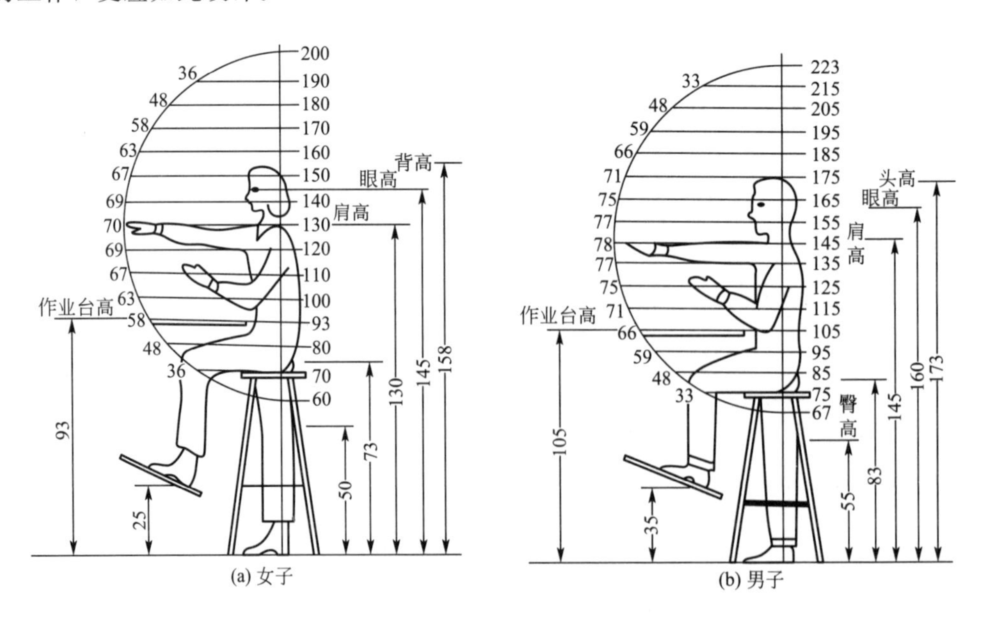

图 5.8　工作椅的高度设计成使操作者容易地改变站和坐的姿势(单位：cm)

(4) 双手同时作业时，手的运动方向应相反或者对称运动，单手作业本身就造成了背部肌肉静态施力。另外，双手作对称运动有利于神经控制。

(5) 作业位置高度应按照工作者的眼睛和观察时所需要的距离来设计。观察时所需要的距离越近，作业位置应越高，如图5.9所示。作业位置的高度应保证工作者的姿势自然。

(6) 常用的工具，如钳子、手柄、工具和其他零部件、材料等，都应按其使用的频率安放在人的附近。最频繁的操作工作，应该在肘关节弯曲的情况下就可以完成。为了保证手的用力和发挥技能，操作时手最好距眼睛25～30cm，肘关节呈直角，手臂自然放下。

图5.9 适应视觉的姿势

(7) 当手不得不在较高位置作业时，应使用支撑物来托住肘关节、前臂或者手。图5.9中采用了手臂支撑，以避免手臂静态肌肉施力。支撑物的表面最好为棉布或其他不发凉的材料，支撑物应可调，以适合不同体格的人。脚的支撑物不仅应托住脚的重量，而且应允许脚做适当的移动。为了体现坐姿作业的优越性，必须为作业者提供合适的座椅、工作台、容膝空间、搁脚板、搁肘板等装置。

(8) 支持肢体。表5-1所列为身体各部分重量占整个身体重量的百分比。

表5-1 身体各部分重量占整个身体重量的百分比

身体各部分	重量百分比/%	身体各部分	重量百分比/%
头	7.28	两条手臂	9.80
躯干	50.70	脚	1.47
手	0.65	小腿	4.36
前臂	1.62	小腿+脚	5.83
前臂+手	2.27	大腿	10.27
上臂	2.63	一条腿	16.10
一条手臂	4.90	两条腿	32.20

人体头部的重量大约占人体重量的7.28%。如果一个人的体重是90kg，那么头重大约为0.0728×90=6.6(kg)，颈支撑着头。如果一个人的体重是90kg，那么一只手大约重为0.6kg。一只手加一段前臂大约重2kg，一条手臂的重量大约是4.4kg。当手中虽然只捏着一根2.5g的鸡毛时，但却同时支持着4.4kg的整个手臂。因此应避免长时间的敬礼姿势及越过头顶的操作，如仰焊、涂刷顶棚等。手臂的位置影响血液流动，也影响手臂的温度，当向上举直手时，流到该手臂的血液最少，并且手臂温度会下降大约1.0℃。当把手垂下或身体躺下后把手平放在身体两边时，则流到手臂的血液最多。

当双手捏物需要近处细看时，必须支持两个手臂的重量。如果把该件物品置于手臂的适当位置，则眼睛不一定能看清楚这件物品。解决办法是手持这件物品靠近眼睛，但将手腕、前臂或肘部支撑在桌子上、靠垫上或座椅上。

习　　题

一、填空题

1. 骨杠杆的三种形式________、________、________。

2. 静态肌肉施力是依靠肌肉等收缩所产生的________，________地维持身体的某种姿势，致使________相应地作较长时间的收缩。在静态肌肉施力情况下进行的作业称为________。

3. 肌肉施力有________和________两种方式。

4. 运动系统的功能有________、________、________。

二、简答题

1. 骨所承担的主要功能有哪些?

2. 避免静态肌肉施力的方法有哪些?

第6章 人体心理和行为习性

目的与要求

通过学习，使学生熟悉和掌握人的心理特征及其基本规律，为提高人机系统的效率及人机系统设计提供理论依据。

内容与重点

本部分主要介绍了心理学的基本概念、认识过程、情感过程和意志过程，人的信息加工模型。反应时和运动时。重点掌握心理学的基本概念、认识过程、意志过程，注意人的信息加工模型和反应时间。

引例

日本的行车习惯

日本是一个有着武士传统的国家，武士走路在左边，一是方便右手拿武器，便于随时能够战斗，再就是把右边让出来给地位高贵的人通过，这个尤其适用于日本这个等级制度森严，武士道精神浓厚的国家，他们在韩国有着那么多年的殖民统治，留下了深重的影响，现在韩国靠左行驶就是继承日本的传统。

6.1 外部空间中人的行为习性

行为(活动)习性迄今没有严格的定义。它是人的生物、社会和文化属性(单独或综合)与特定的物质和社会环境长期、持续、稳定交互作用的结果。较普遍存在的主要行为习性可归纳如下。

6.1.1 动作性行为习性

有些行为习性的动作倾向明显，几乎是动作者不假思索做出的反应，因此可以在现场对这类现象进行简单的观察、统计和了解。但正因为简单，有时反而无法就其原因做出合理的解释，也难以推测其心理过程，只能归因于先天直觉、生态知觉或者后天习惯的行为反应。

1. 抄近路

世上本无路，走的人多了，也就成了路。只要观察一下人穿过草地或平地时的步行轨迹，就可以知道，在目标明确或有目的移动时，只要不存在障碍，人总是倾向于选择最短路径行进，即大致成直线向目标前进。只有在伴有其他目的，如散步、闲逛、观赏时，才会信步任其所至。抄近路习性可以说是一种泛文化的行为现象，放之四海而皆准。对于草地上的这类穿行捷径，有两种解决办法：一是设置障碍(如围栏、土山、矮墙、绿篱、假山和标志等)，使抄近路者迂回绕行，从而阻碍或减少这种不希望发生的行为；第二种办法是在设计和营建中尽量满足人的这一习性，并借以创造更为丰富和复杂的建筑环境，例如，国外许多外部空间设计经常采用三角形作为道路规划设计的母题。条件允许时，应基于行为对穿行过于频繁的捷径进行改建，对人的这一行为习性予以肯定(正强化)或否定(负强化)。否则，捷径将越来越乱，污损和破坏活动也随之增加；或者，使用者将视草地如平地，认为是无人管理的、可任人践踏和嬉戏的一方乐土，如图6.1所示。

在餐馆人们选择位置的频度
【参考图片】

如迪尼斯乐园各景点中间的道路的设计。

世界建筑大师格罗培斯设计的迪尼斯乐园，经过3年的精心施工，马上就要对外开放了，然而各景点之间的道路该怎么样设计还没有具体的方案。为此着急的建筑大师在出游中路过法国的葡萄园，受到园中“任人投币后自由采摘”的启发，让施工方在园中播下草种，提前开放乐园，没多久，小草长出来了，整

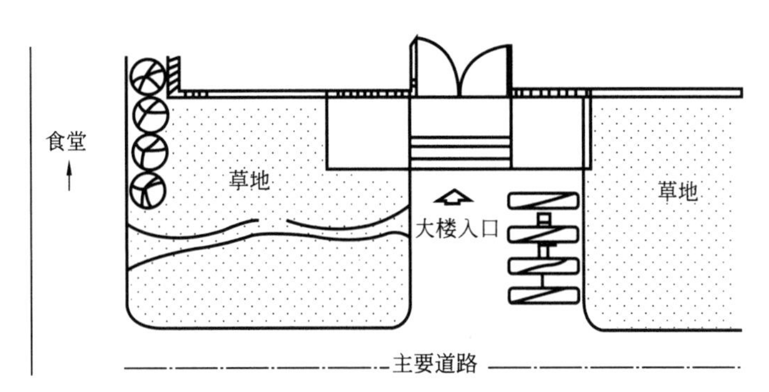

图 6.1 抄近路习性

个客源的空地被绿草所覆盖。在迪尼斯乐园提前开放的半年里，草地被踩出许多小道，这些踩出的小道有宽有窄，优雅自然。第二年，格罗培斯按这些踩出的痕迹铺设了人行道。

1971 年，迪尼斯乐园的路径设计被评为世界最佳设计。

2. 靠右(左)侧通行

道路上既然有车辆和人流来回，就存在靠哪一侧通行的问题。对此，不同国家有不同的规定。在中国，靠右侧通行沿用已久。明确这一习惯并尽量减少车流和人流的交叉，对于外部空间的安全疏散设计具有重要意义。

3. 逆时针转向

追踪人在公园、游园场所和博览会中的流线轨迹，会发现大多数人的转弯方向具有一定的倾向性。日本学者户川喜久考察过电影院、美术馆中观众的流线轨迹，渡边仁史研究过游园时游客的转弯方向，都证实观众或游人具有沿“逆时针方向”转弯的倾向(图 6.2)。其中，渡边仁史的研究中，逆时针转向的游人高达 74%(69 例中有 51 例)。显然，这一习性对室内外环境中人流流线分析具有重要的意义。

在理论上应区别两种转弯倾向：一是处在特定情境之中，受到社会和物质因素影响所产生的转弯倾向；二是无情境的，或者适用于各种情境的、先天具有的转弯倾向(如果存在的话)。

为了回答这些问题，还需进行大量的实验和现场研究。在实际应用时，可对类似的现场进行观察研究，以便作为设计参考。

4. 依靠性

观察表明，人总是偏爱逗留在柱子、树木、旗杆、墙壁、门廊和建筑小品的周围和附近。用环境心理学的术语来说，这些依靠物具有对人的吸引半径，在日本纸野火车站进行的观察也得出类似的结果。研究者认为，旅客想要使自己置身于视野良好、不为人注视或不受人流干扰的地方，在没有座椅的情况下，柱子就可能成为可供依靠的依靠物。在室内空间(如餐厅中)也可观察到类似的情况，即首批顾客倾向于占据周边视野良好、较少受到人流干扰并有所依靠的座位。

从空间角度考察，“依靠性”表明，人偏爱有所凭靠地从一个小空间去观察更大的空间。这样的小空间既具有一定的私密性，又可观察到外部空间中更富有公共性的活动(图 6.3)。人在其中感到舒适隐蔽，但决不幽闭恐怖。如果人在占有空间位置时找不到这

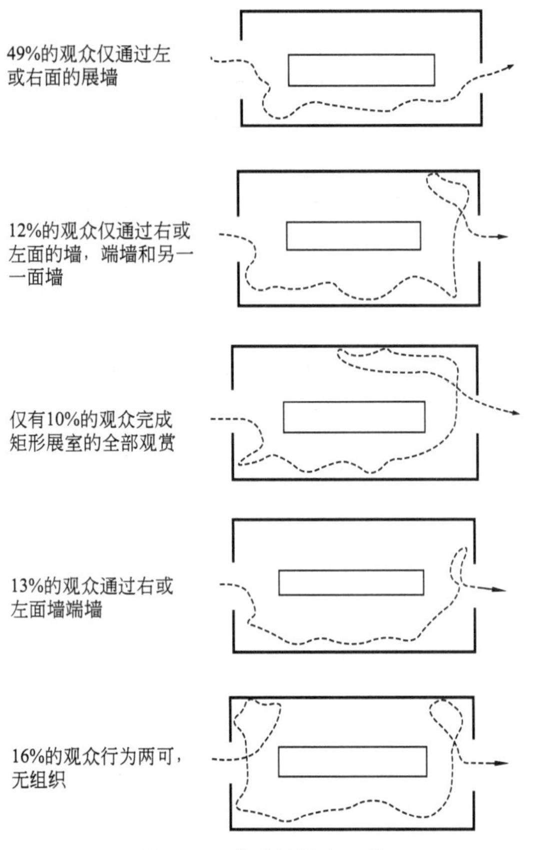

图6.2 逆时针转向习性

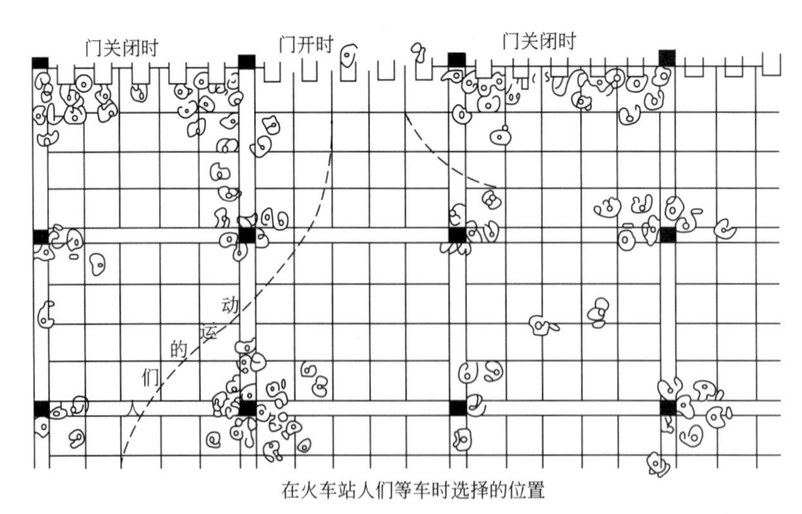

在火车站人们等车时选择的位置

图6.3 依靠性习性

一类边界较为明确的小空间，那么一般就会寻找柱子、树木等依靠物，使之与个人空间相结合，形成一个自身占有和控制的领域，从而能有所凭靠地从这一较小空间去观察周围更大的环境。在实际的自然和建筑环境中，这类有所凭靠同时又能看到更大空间的小空间深受人们的喜爱。

6.1.2 体验性行为习性

体验性行为习性涉及感觉与知觉、认知与情感、社会交往与社会认同以及其他内省的心理状态。这些习性虽然最后也表现为某种活动模式或倾向，但一般通过简单的观察只能了解其表面现象，必须通过体验者的自我报告(包括各种文章的评说)才能对习性有较深入的理解。

1. 看人也为人所看

“看人也为人所看”在一定程度上反映了人对于信息交流、社会交往和社会认同的需要(图 6.4)。亚历山大等(1977 年)对此分析道：“每一种亚文化都需要公共生活中心，在其中，人们可以看人也为人所看”，其主要目的在于“希望共享相互接触带来的有价值的益处”，而“观察行为的本身就是对行为的鼓励”。通过看人，了解到流行款式、社会时尚和大众潮流，满足人对于信息交流和了解他人的需求；通过为人所看，则希望自身为他人和社会所认同。人们通过视线的相互接触，加深了相互之间的表面了解，为寻求进一步交往提供了机会，从而加强了共享的体验。

图 6.4 看人也为人所看

2. 围观

这类看热闹现象遍及四海，既反映了围观者对于相互进行信息交流和公共交往的需要，也反映了人们对于复杂和刺激，尤其是新奇刺激的偏爱。正是出于上述需要和偏爱，人们在相对自由的外部空间中易于引发各种广泛和特殊的探索行为。

3. 安静与凝思

在城市中生活，必然会受到各种应激物的消极影响。因此，在体验到丰富、复杂和生气感的同时，有时也非常需要在安静状态中休息和养神。可以说，寻求安静是对繁忙生活的补充，也是人的基本行为习性之一。传统城市中存在着许多安静的区域，供人休息、散步、交谈或凝思。许多城市虽然在城区缺少这类区域，但仍可以在社区、街坊和街巷等不同层次上有意识地形成有助于“静心”的地段、小巷和院落。

在环境设计中(不仅仅在公园里)，运用各种自然和人工素材隔绝尘嚣，创造有助于安静和凝思的场景，会在一定程度上缓解城市应激，并能与富有生气的场景整合，起到相辅相成的作用。

6.2 个人空间

在人与人的交往中，彼此间的距离、言语、表情、身姿等各种线索起着微妙的调节作用。无论是陌生人之间、熟人之间还是群体成员之间，保持适当的距离和采用恰当的交往方式是十分重要。每个人都有自己的个人空间，这是直接在每个人周围的空间，通常具有看不见的边界，在边界以内不允许“闯入者”进来，它可以随着人移动，具有灵活的收缩性，如图6.5和图6.6所示。

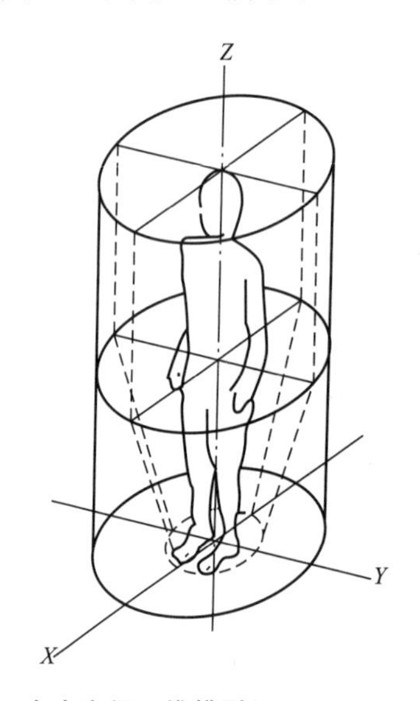

图6.5　个人空间三维模型(L. A. Hayduk，1978)

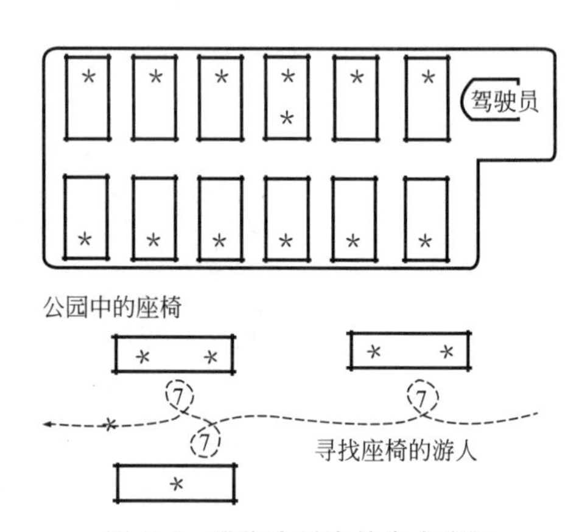

图6.6　现实生活中的个人空间

研究者们普遍认为，个人空间像一个围绕着人体的看不见的气泡，腰以上部分为圆柱形，自腰以下逐渐变细，呈圆锥形，这一气泡跟随人体的移动而移动，依据个人所意识到的不同情境而伸缩，是个人心理上所需要的最小的空间范围，他人对这一空间的侵犯与干扰会引起个人的焦虑和不安。

6.2.1　个人空间的功能

个人空间起着自我保护的作用，是一个针对来自情绪和身体两方面潜在危险的缓冲圈，以避免过多的刺激，导致应激的过度唤醒、私密性不足或身体受到他人攻击。

一项在精神病院进行的研究中，萨默(R. Sommer)选择了一个独坐在凳子上的男性精神病患者为被试者，萨默走过去坐在他旁边，一句话也未说。若患者稍微移动一下，他也跟着移动，始终与患者保持15cm的距离。为系统地了解病人对侵犯个人空间的反应，萨默还选择了一些病人作为对照组，他们也在类似的环境中一人独坐，但没有人进入他们的个人空间。结果是两分钟内受侵犯的患者中有1/3逃离了他们的座位，而对照组中没有人离开。9分钟后半数受侵犯的患者离开，

个人空间
【参考图片】

而对照组中只有8%的人离开座位。

在另一项研究中，研究者Nancy Felipe闯入正在图书馆阅览室看书或学习的女学生的个人空间，并选择一些在这里学习的女生作为对照组。实验者坐到被试者旁边的椅子上，并挪动椅子尽量靠近被试者，但保持身体不接触。30分钟后，70%受侵犯的被试者离开了座位，而对照组中只有13%的人离开座位。然而在侵犯不严重的情境中，如在实验者和被试者之间有一张桌子或一把空椅子，被试者则几乎没有反应。

事实上，当个人感到有人闯入自己的空间时，逃离之前常常在行为上做出一些复杂的反应，如改变脸的朝向或调节椅子的角度。有些被试者还做出防卫姿态，如收肩缩肘、手托下巴，还有人用书或其他物品将自己与来犯者隔开。如果这些防卫措施都无济于事，被试者就可能逃走，正如常言所说"惹不起，躲得起"。

6.2.2 对侵犯个人空间的反应

1. 被入侵者的反应

研究显示，入侵者的个人特征，如年龄、性别、社会地位等都影响着被侵犯者的反应。对一伙人来说，男性入侵者比女性入侵者会引起更多的动作反应。而且，当个人空间被入侵时，男性所受到的干扰比女性更强。为了解入侵者年龄所引起的反应，研究者Anna Fry and Frank WilliS(1971年)在剧院中让儿童站在成人后面15cm以内，结果发现，五岁儿童讨人喜欢，对八岁儿童不介意，十岁儿童则引起同成人入侵者同样的反应。入侵者所显示的地位也影响图书馆中被试者的反应。

2. 入侵者的反应

一个人在侵犯他人个人空间的同时，他(她)自己的个人空间也同时被别人侵犯，因此侵犯别人的人自己也感到不自在。例如，在大学教学楼饮水器前1.5m以内有人(助试)时，人们就不愿在这里饮水；但如果饮水器被遮挡(安装在两侧有墙的凹空间内)，即使附近有其他人存在，也不影响被试者在这里饮水。然而在社会高密度拥挤的情境中，人们到饮水器前饮水几乎不受影响，因为这时人们对社会线索不太注意，因而对侵犯个人空间也不会感到那么不安。

群体的大小也影响个人入侵的倾向。一般来说，人们更不愿入侵正在交谈的群体的个人空间，四人群体比两人群体的影响更甚。看来正在交谈的群体的社会密度显示了群体本身的凝聚力，自然要受到别人的尊重。人们也更不愿侵犯社会地位高的群体空间，这可以从群体成员的年龄和衣着显示出来。所以，步行者距离群体成员一般比距离单独的个人更远。

6.2.3 影响个人空间的因素

个人空间受到多种复杂因素的影响，这里只对一些最重要的因素进行讨论。

1. 情绪

由于个人空间从情绪和身体两方面对个人起着保护作用，因而它也随个人情绪的变化而变化。研究显示，焦虑的或感到社会情境对自己有威胁的人需要比一般人有更大的个人空间。

2. 人格

人格反映了个人看待世界和事件因果关系的方式。影响个人空间的人格变量是内在性和外在性。内在人格认为，事件的因果在自身的控制之下；而外在人格认为事件结果受外围的控制，与陌生人处在近距离时感觉安全受到威胁，比内在人格者需要与陌生人保持更大的距离。自尊心强的人所需要的个人空间比自尊心弱的人要小，因为自尊心强的人对自己采取肯定和信任的态度，对别人也容易采取同样的态度：对自己不肯定，不信任，对别人也不易信任。合群的人比不合群的人与人保持更近的距离，显示暴力倾向的囚犯的个人空间差不多是正常人的3倍。

3. 年龄

儿童从多大开始显示对个人空间的偏爱，这一问题至今没有得出明确的结论，但个人空间随着年龄的改变而改变是肯定的。有关研究认为，儿童越小，在相互接触的多种情境中偏爱的人际距离越小，这一结论适用于不同文化的儿童。大约在青春期开始时显示类似于成年人的空间行为标准。到了老年，人际距离又显示缩小的倾向。

4. 性别

男性和女性对所喜欢和不喜欢的人显示出不同的空间行为：女性以放近距离接触所喜欢的人；而男性的空间行为不随吸引而改变。在与吸引无关时，就性别相同的人所保持的人际距离而论，有人发现，一般两位女性保持着比两位男性更近的距离，这一现象在多种情境中得到证明。这反映了女性具有合群的社会倾向，对非言语的亲密感觉形态有更多的经验；同时也反映了男性更注意与同性别的人保持非亲密状态。两人性别不同时所保持的距离一般比性别相同时更近，目前东方年轻人比较容易接受西方文化的影响，而上了年纪的人往往还保留着传统的习惯，如图6.7所示。

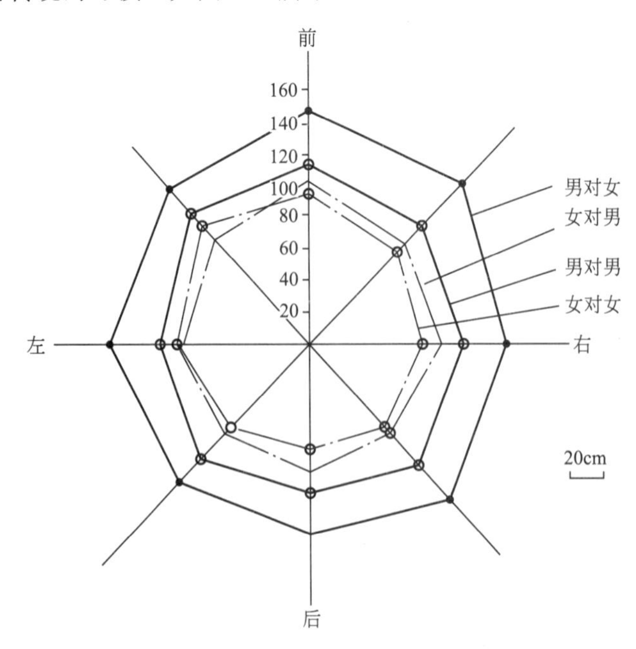

图6.7 男女个人空间区别

5. 文化

人类的空间行为具有某些共性，也存在跨文化的差异。霍尔(E. Rhall)指出，在地中海文化中(包括法国、阿拉伯、南欧和拉丁美洲人等)，习惯使用嗅觉、触觉及其他感觉形态进行人际交往，使用极近的交往距离甚至频繁的身体与目光接触，显示出极大的密切性；而在北美和北欧文化中(如德国、英国和美国白种人等)，则喜欢较大的交往距离和个人空间，一般很少对他人使用非言语的密切行为，这一观点已得到霍尔本人和其他研究者的证实。当两个文化不同而又互不了解的人相互交往时，尴尬的局面就会出现：一方总感到彼此距离太远而不断向前靠拢，另一方则总感到距离太近而不断后退。美国在空间行为方面的亚文化差异也相当复杂。有人认为，社会经济地位对空间行为的影响可能比亚文化的影响更重要。但霍尔强调指出，以上研究主要针对地中海和北欧文化，而且都是粗浅模糊的分类，对其他文化，尤其是亚洲文化不一定完全适用，文化差异对行为的影响应引起我们的关注。

6. 相似性

从20世纪50年代到70年代，唐纳德·伯思及其同事的一系列研究发现，友谊和人际吸引的程度会使人们保持更小的人际距离。尤其值得注意的是，人们所感觉到的彼此之间的相似性会促使他们的身体相互靠近。例如，随便对学校男生和女生进行几天观察不难发现，那些人格相似的个人之间比人格不同的个人之间更加靠近。也就是说，相似性增加了人际吸引，人际吸引缩小了人际距离。感到别人与自己相似之处越多，对别人就越容易产生好感，这实际上反映了“人以群分”的行为倾向。年龄相近、人格相近、兴趣相同、共同的利害关系，同乡、同行、同学、同事，都会促使人们具有共同的兴趣和话题而彼此接近。

7. 环境因素

研究发现，当实验者接近男性被试者时，被试者在顶棚较低的房间时比在顶棚较高的房间时需要更大的个人空间；个人空间随房间尺寸的减小而增大，随房间增大而减小；当人多时，在房间中设置隔断可减少空间侵犯感；在边界开放的环境中个人空间相对较小，这说明，人们感到便于疏散时有较强的控制感，因而满足了较小的个人空间。

6.2.4 人际距离

人与人之间的距离决定了在相互交往时何种渠道成为最主要的交往方式。人类学家霍尔在以美国西部中产阶级为对象进行研究的基础上，将人际距离概括为四种，即密切距离、个人距离、社会距离和公共距离如图6.8至图6.10所示。

1) 密切距离

密切距离(Intimate Distance)为0～0.45m，小于个人空间，可以互相体验到对方的辐射热、气味；由于敏锐的中央凹视觉在近距离时难以调整焦距，因此眼睛因常呈内斜视(俗称斗鸡眼)而引起视觉失真；在近距离时发音易受呼吸干扰，触觉成为主要交往方式，适合抚爱和安慰，或者摔跤格斗；距离稍远则表现为亲切的耳语。在公共场所与陌生人处于这一距离时会感到严重不安，人们用避免谈话、避免微笑和注视来取得平衡。

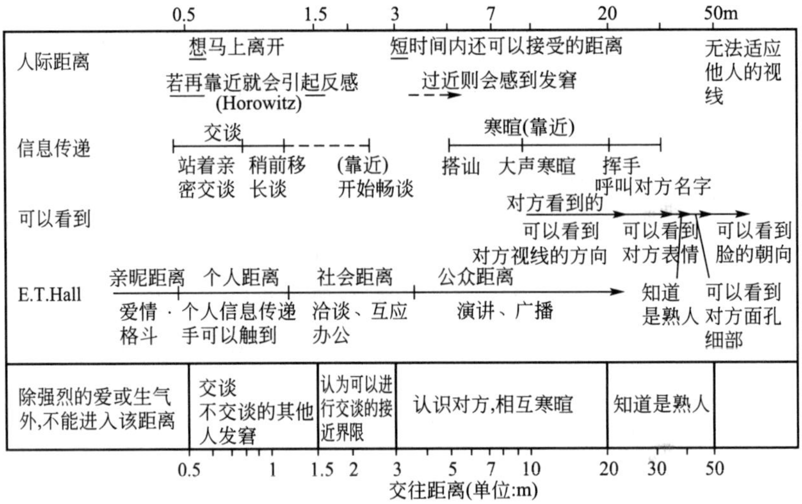

0.5
1.5
3
7
20
50m
人际距离
想马上离开
短时间内还可以接受的距离
无法适应
他人的视
线
若再靠近就会引起反感
(Horowitz)
过近则会感到发窘
信息传递
交谈
寒暄(靠近)
站着亲
密交谈
稍前移
长谈
(靠近)
开始畅谈
搭讪
大声寒暄
挥手
呼叫对方名字
可以看到
对方看到的
可以看到
对方视线的方向
可以看到
对方表情
可以看到
脸的朝向
E.T.Hall
亲昵距离
个人距离
社会距离
公众距离
爱情 ·
格斗
个人信息传递
手可以触到
洽谈、互应
办公
演讲、广播
知道
是熟人
可以看到
对方面孔
细部
除强烈的爱或生气
外,不能进入该距离
交谈
不交谈的其他
人发窘
认为可以进
行交谈的接
近界限
认识对方,相互寒暄
知道是熟人
0.5
1
1.5
2
3
5
7
10
20
30
50
交往距离(单位:m)

人际交往的距离大致如上表中所示(人体的中心距离)。人际距离在身体接触0.5m时一般不会靠近。当在0.5~1.5m的距离时双方可以进行交谈,但若不交谈时就不会靠近。认为可以进行交谈的界限约为3m左右。可以看到对方表情,并相互寒暄的距离在20m以内,而无法判断出对方是谁的距离在50m以内

图 6.8 人际距离的分类与含义

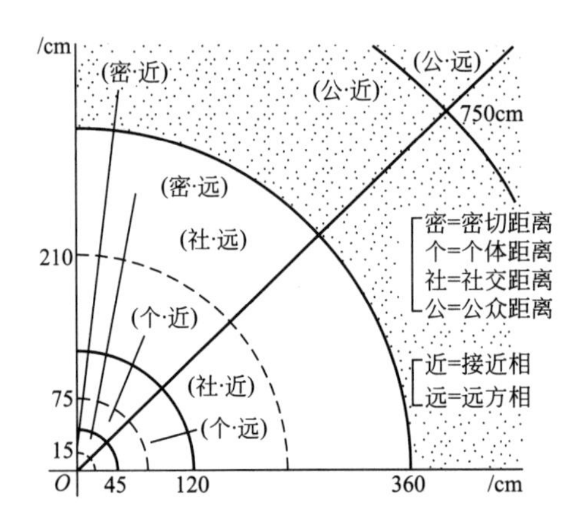

/cm
(密·近)
(公·远)
(公·近)
750cm
(密·远)
(社·远)
密=密切距离
个=个体距离
社=社交距离
公=公众距离
210
(个·近)
近=接近相
远=远方相
(社·近)
75
(个·远)
15
O
45
120
360
/cm

图 6.9 人际距离的划分

2
1
3
4
1m
被测试者对面向其站立者间的距离所产生的感觉
4:想马上离开
3
2:短时间内还可接受的距离
1
o:可以接受的距离
--- 站着聊天的位置关系
面对被测试者站立时,被测试者对与
站立者双方之间的距离所产生的感觉
(男性、站立)

图 6.10 人际距离

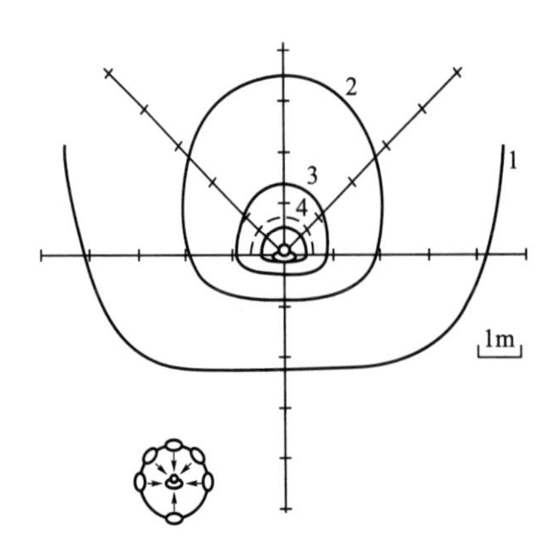

2）个人距离

个人距离(Personal Distance)为0.45～1.20m，与个人空间基本一致，眼睛很容易调整焦距，观察细部质感不会有明显的视觉失真，但即使在远距离也不可能一眼就看清对方的整个脸部，必须把中央凹视觉集中在对方脸部的某些特征，如眼睛上。超过这一距离的上限(1.2m)就很难用手触及对方，因此可用“一臂长”来形容这一距离。处于该距离范围内，能提供详细的信息反馈，谈话声音适中，言语交往多于触觉，适用于亲属、师生、密友握手言欢，促膝谈心。

3）社会距离

社会距离(Social Distance)为1.20～3.60m。随着距离的增大，中央凹视觉在远距离可以看到整个脸部，在眼睛垂直视角60°的视野范围内可看到对方全身及其周围环境，这就是试衣时常说的“站远点，让我看看”的距离。相互接触已不可能，由视觉提供的信息没有个人距离时详细；其他感觉输入信息也较少，彼此保持正常的声音水平。这一距离常用于非个人的事务性接触，如同事之间商量工作。远距离还起着互不干扰的作用，观察发现，即使熟人在这一距离出现，坐着工作的人不打招呼继续工作也不为失礼；反之，若小于这一距离，即使陌生人出现，坐着工作的人也不得不招呼问询，这一点对于室内设计和家具布置很有参考价值。

4）公共距离

公共距离(Public Distance)为3.6～7.6m或更远的距离。这是演员或政治家与公众正规接触所用的距离。此时无细微的感觉信息输入，无视觉细部可见，为表达意义差别，需要提高声音、语法正规、语调郑重、遣词造句多加斟酌，甚至采用夸大的非言语行为(如动作)辅助言语表达。公众距离近程为3600～7600mm，如讲演者和听众之间的距离，人们虽然通常并不明确意识到这一点，但在行为上却往往遵循这些不成文的规则。破坏这些规则，往往引起反感。公众距离远程在7600mm以上，严格来说，公众距离远程已经脱离了个人空间。在国家、组织之间的交往中，多属于这种空间，这里由礼仪、仪式的观念来控制。

适当的座次安排能充分发挥交谈人员的最佳信息传播功能，实现双方语言和非语言沟通的最佳效果。从图6.11中可以看出，在不同的座位对应关系下，谈话者的心理感受是不一样的。

A-B1：社交式，由于只有桌的一角作为部分屏障，所以没有私人交往空间的分隔感。这种距离和位置给谈话者的心理感受是和善轻松的，是一种比较容易产生亲切气氛与达成协议可能的座次。

A-B2：合作式，即双方并排而坐。这种方式使交谈者之间无任何妨碍信息传递的间隔存在，所以，交谈可在亲切、随意中进行。

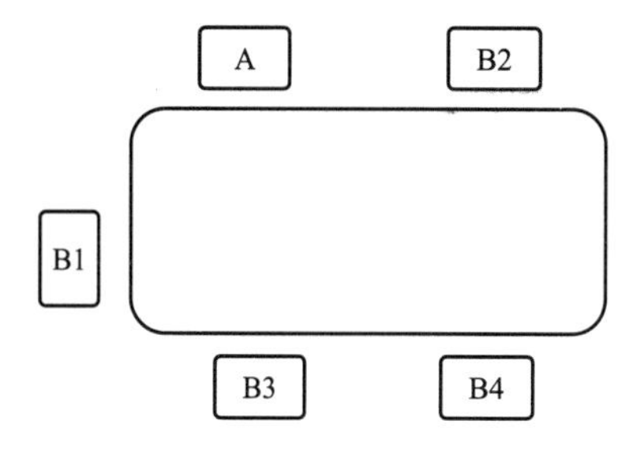

A—B1：社交式　A—B2：合作式
A—B3：竞争式　A—B4：独立式

图6.11　座位对应关系

A-B3：竞争式，这种位置会给谈话者造成一种竞争的气氛。它极可能暗示着某种对抗的情绪。在办公场所中上下级之间进行交谈时，这种方式会造成一种相互对抗的谈判关系，很难达到坦诚相待、有效沟通的目的。

A－B4：独立式，意味着双方彼此之间不想与对方打交道，经常见于图书馆、公园或饭店、食堂。它预示着尽量疏远甚至敌意。例如，图书馆中座位的使用情况，先到的人入座后，第二位就坐在对角线的位置，最后进来的人才坐在邻近的椅子上。如果是朋友之间谈话，应尽量避免采取这种形式。

交流时位置的差异会给人带来不同的心理感受。同样，人与人之间距离的远近，也体现了一定的心理尺度。

6.3 领　域　性

领域性是从对动物的研究中借用过来的。阿尔托曼(I. Altman)对领域性和领域作了以下定义：领域性(Territoriality)是个人和群体为满足某种需要，拥有或占用一个场所或一个领域，并对其加以人格化和防卫的行为模式。该场所或区域就是拥有或占有它的人或群体的领域（Territory)。

领域性是所有高等动物的天性，人的领域性不仅包含生物性的一面，还包含社会性的一面。正如 Rene Dubos 所说："要求占有一定的领域，且与其他人保持一定的空间距离，恐怕是人真正的如同其他动物一样的生物性本能，但其具体表现出来的是受到不同文化调节的。"因此，人类的领域行为有其生物性基础，但很大程度上受文化因素的影响与调节。如夏威夷蜜鸟：当领域内的食物丰富时鲚蛉全天都在领域内活动，但当领域内的食物便的贫乏时，它便离开领域，在领域附近结成小群漂泊觅食，但即使是这时，它也不完全放弃自己的领域，每天总要花一定时间在领域内活动并不断驱赶侵入领域的其他个体，此时的能量亏损在不久后当领域条件变好时会得到加倍的补偿，这种着眼于未来的行为就是长期权衡利弊的一个事例，也就是说从客观上讲，动物的领域行为常常不光是为了眼前利益，同时也会照顾到长远的利益。

例如，褐色蜂鸟的行为常令人不解，它们每天约有 75％的时间是停歇在栖枝上，只有 25％的时间用于觅食，在迁飞时间常常改变取食地点以便适应资源的迅速变化，一块草地今天可能一只蜂鸟也没有，正在开放的花朵也很少，但一周之后当成千上万朵的花竞相开放时，就可能出现 10 多个被蜂鸟占有的领域，已占有领域的蜂鸟每天都在调整自己领域的大小，当领域内的花朵密度增大时，它们就会缩小自己的领域，反之，则扩大。因此，褐色蜂鸟领域的大小虽然可以相差 100 倍，但受它保卫的花朵却只有 5 倍之差，当花果数目被人为减少时，蜂鸟就会扩大自己的领域，以便使领域的产量能恢复到原来的水平。

6.3.1 领域性的作用

领域性
【参考图片】

人类领域行为有四点作用，即安全、相互刺激、自我认同与管辖范围。

1. 安全

不少动物(包括人在内)对于自己的"领域"都有一种自然的趋向性，觉得身处其中能够得到很大的“安全感”。有些人小时候和小伙伴做游戏时，就喜欢在家中用凳子、床单、竹席等东西搭起一个小小的“窝棚”作为自己的“房子”，待在这个既狭小又黑暗的“房子”里面就特别有安全感，这也许就是人的领域行为所起的作用之一。一般在领域中心有安全感，领域的边界是提供袭击的场所。领域还说明每一“个体”的地位与权力，协调某种统治秩序。

2. 相互刺激

刺激是机体生存的基本元素，一般常从其同类中寻找刺激。个体如果完全失去刺激，就会出现心理与行为失常，无论是动物还是人类均如此。

3. 自我认同

自我认同即维持各自具有的特色，表现他在群体中的角色地位。人类或是动物都有一种强烈表现自己特色的感情。中国不少地区或是民族都有自己独特的装扮、服饰、生活习惯以及宗教信仰，因此形成了十分丰富的地方文化特色。现在的年轻人号称是“新新人类”，也是在张扬自己的“个性”，这也是自我认同的一种表现。在进行景观设计的时候，景观设计师也常常是尽力挖掘当地独特的地方文化和地域文脉，希望从中找到区别于其他地域的“特色”，这样才会避免设计的千篇一律，实际上这也是在自我认同道路上的一种探索。

4. 管辖范围

既然有领域，那就必然有一个管辖范围的问题。大到国家，小到个人，都是在不同层次上的管辖范围。同一层次的不同管辖范围的边界上，会产生矛盾、刺激和竞争。

6.3.2 领域的类型

1. 主要领域

主要领域(Primary Territories)是指由个人或小群体所有、具有相对永久性、为日常生活的中心、可限制别人进入的场所它是用户使用时间最多、控制感最强的场所，如家、办公室等对用户来说最重要的场所。

2. 次要领域

次要领域(Secondary Territories)相比主要领域而言，不那么具有中心感和排他性，对用户的生活不如主要领域那么重要，不归用户专门占有，属于半公共性质，是主要领域和公共领域之间的桥梁。

3. 公共领域

个人与小群体对公共领域(Public Territories)没有任何管辖权，只是暂时占有，属社会共有的空间，如公园、图书馆、步行商业街等。但是当一个公共领域长期被某个群体占有时，那么这个公共领域对于这个群体来说，就成为他们的次要领域。

6.4 非理智行为的心理因素

因明知故犯而违章的情况是普遍存在的，通过分析发现，由非理智行为而发生违章操作的心理因素经常表现在以下几个方面。

1. 侥幸心理

由侥幸心理导致的事故是很常见的。人们产生侥幸心理的原因：一是错误的经验，例如，某种事故从未发生过或多年未发生过，人们心理上的危险感便会减弱，因而容易产生麻痹心理进而导致违章行为甚至酿成事故；二是在思想方法上错误地运用小概率容错思想。虽然事物的出现是存在小概率随机规律的，但是根据不完全统计，每300次生产事故中包含一次人身事故，每59次人身事故中包含一次重大事故，每169次人身事故中包含一次死亡事故，这说明事故是存在于小概率之中的。对于处理生产预测和决策之类的问题，视小概率零的容错思想是科学的，但对安全问题，小概率容错思想是绝对不允许的。因为安全工作本身就是要消除小概率规律发生的事故，如果认为概率小，不可能发生，而存在侥幸心理，也许当次幸免于难，但随之养成的不安全动作和习惯，势必在今后的工作中暴露在小概率之中而导致事故发生。因此，决不能忽略以小概率规律发生的事故，坚决杜绝侥幸心理，严格执行安全操作规程，进行安全生产。

2. 省能心理

省能心理使人们在长期生活中养成了一种习惯，干任何事情总是要以较少的能量获得最大的效果。这种心理对于进行技术改革之类的工作是有积极意义的，但在安全操作方面，这种心理常导致不良后果，许多事故诸如抄近路、图方便、嫌麻烦、怕啰唆等都是在省能心理状态下发生的。例如，某爆破工在加工起爆装置时，因一时手边找不到钳子，竟用牙齿去咬雷管接口，导致重伤事故。

3. 逆反心理

在某种特定的情况下，有些人的言行在好奇心、好胜心、求知欲、思想偏见、对抗情绪的一时作用下，产生一种与常态行为相反的对抗性心理反应，即所谓逆反心理。例如，要某工人按操作规程进行操作，他自恃技术高明，偏不按操作规程去做；要他在不了解机械性能情况下不要动手，他在好奇心的驱使下，偏要去操作机械，往往事故就出在这些情况下。因此，要克服生产中的不良逆反心理，严格遵守规程，减少事故发生，如图6.12所示。

4. 凑兴心理

凑兴心理是人在社会群体生活中产生的一种人际关系反映，凑兴中获得满足和温暖，凑兴中给予同伴友爱和力量，以致通过凑兴行为发泄剩余精力。它有增进人们团结的积极作用，但也常导致一些无节制的不理智行为。诸如上班凑热闹、开飞车兜风、跳车、乱摸设备信号、工作时间嬉笑打闹的凑兴行为，都有发生违章事故的隐患。因为凑兴而违章的情况大多数发生在青年职工身上，他们往往因精力旺盛、能量剩余而惹是生非，加之缺乏安全知识和安全经验而发生意想不到的违章行为。因此，要经常以生动的方式加强对青年职工的安全知识教育，以控制无节制的凑兴行为发生。

图 6.12 庐山落水事件

5. 从众心理

这也是人们在适应群体生活中产生的一种反映，和大家不一样就会感到一种社会精神压力。由于人们具有从众心理，因此不安全的行为和动作很容易被仿效。如果有工人不遵守安全操作规程，但没有发生事故，那么同班的其他工人也就跟着不按操作规程做，因为他们怕别人说技术不行。这种从众心里严重地威胁着安全生产。因此，要大力提倡、广泛发动工人严格执行安全规章制度，以防止从众违章行为的发生。

一位名叫福尔顿的物理学家，由于研究工作的需要，测量出固体氦的热传导度。他运用的是新的测量方法，测出的结果比按传统理论计算的数字高出 500 倍。福尔顿感到这个差距太大了，如果公布了它，难免会被人视为故意标新立异、哗众取宠，所以他就没有声张。没过多久，美国的一位年轻科学家，在实验过程中也测出了固体氦的热传导度，测出的结果同福尔顿测出的完全一样。这位年轻科学家公布了自己的测量结果以后，很快在科技界引起了广泛关注。福尔顿听说后以追悔莫及的心情写道：如果当时我摘掉名为“习惯”的帽子，而戴上“创新”的帽子，那个年轻人就绝不可能抢走我的荣誉。福尔顿的所谓“习惯的帽子”就是一种“从众心理”。

公共建筑发生火灾时，往往会造成巨大的生命财产损失。合理进行建筑空间创作在建筑的消防设计中占有重要地位。火情发生后，人们在躲避本能的驱使下，往往会进入如客房、包厢等一些狭小封闭的空间躲藏，称之为归巢行为。如果这些房间不具备良好的防火屏蔽或对外开启的窗，人逃生的概率就非常小了。

在一些公共场所发生室内紧急危险情况时，人们往往会盲目地跟从人群中领头的几个急速跑动的人的去向，不管其去向是否是安全疏散口。也无心注视引导标志及文字内容，这就是人的从众心理。在大空间中，面对火情，人们难以判断正确的出逃通道，极易发生盲目从众行为。在得不到正确及时疏导的情况下，往往会发生拥挤践踏，造成不必要的伤亡。

同时，人在室内空间流动时，还具有从暗处往较明亮的地方流动的趋向。在火场浓烟密布、可见度低的情况下，人们由于向光行为而纷纷放弃原有逃生路线而奔向窗边，但由于无法击碎玻璃或受阻于护栏，而被高温毒烟夺去生命。

针对火灾发生时人们的行为心理特性和逃生行为模式，提出了以下一般性对策。

(1) 在空间中设置部分火情提示装置，使受灾人员能及时正确地判断火情，选择正确的逃生方式，避免不良归巢现象。

(2) 保证逃生线路的畅通、明确，避免大量人群疏散时造成阻塞。具体的做法有：使防火门开口与走廊保持同宽，以避免造成逃生瓶颈；当走廊地平面有高差时，用缓坡代替台阶，以免在拥挤时发生摔倒践踏。

(3) 设计者在创造室内公共空间环境时，首先应注意空间与照明的导向，其次标志和文字的引导也很重要，而且从紧急情况时人的心理和行为分析来看，音响(声音)引导也应引起高度重视。

(4) 加强走道的防烟排烟能力，增大能见度，避免不良向光行为，以提高疏散效率，同时减少毒烟对人的伤害。

(5) 空间中，合理地安排防火分区，利用中庭空间的上部建立蓄烟区以减缓烟气下降，有效地减少从众和向光行为的危害。针对火灾发生时人的行为心理特性进行设计，有利于人们选择正确的逃生方式，提高逃生的成功率。

总之，在运用心理学预防伤亡事故的工作中，要针对不同的心理特征，“一把钥匙开一把锁”。还要结合个人的家庭情况、经济地位、健康情况、年龄、爱好、习惯、性情、气质、心境以及不同事物的心理反应等，做深入细致的思想工作。

习　题

一、填空题

1. 在火灾发生的情况下，人们往往有________、________和________行为，这些行为是造成人员伤亡的主要原因。

2. 赫尔把人际距离分为四种，它们是________距离、________距离________距离和________距离。公众场合讲演者与听众之间、学校课堂上教师与学生之间常采用________距离。

二、选择题

1. 公共距离一般大于(　　)。

A. 0.5m　　B. 1.5m　　C. 2.0m　　D. 3.6m

2. 密切距离一般不大于(　　)。

A. 0.45m　　B. 1.5m　　C. 2.0m　　D. 3.75m

3. 个人距离一般大于(　　)。

A. 0.45m　　B. 0.5～0.75m

C. 1.3～2.1m　　D. 大于3.75m

4. 社会距离一般小于(　　)。

A. 3.60m　　B. 0.5～0.75m

C. 1.3～2.1m　　D. 大于3.75m

三、简答题

1. 人们就餐时有哪些常见的心理?

2. 简述影响个人空间的因素。

第7章 作业岗位与作业空间

目的与要求

通过学习，使学生熟悉和掌握影响作业空间设计的主要因素，即操作者的操作范围、视觉范围、作业姿势及作业空间的布置原则，了解工作台设计和座椅设计。

内容与重点

本章主要介绍了作业空间设计、作业空间布置、工作台设计、座椅设计。重点掌握作业空间设计和作业空间布置。

引例

在纸张生产系统中，纸幅以0.6m/min的速度运行，检验员在纸机尾端仔细检查宽度90cm的整个纸幅。当纸幅速度暂时降到0.15cm/min时，即从纸幅上取样。检验员用小刀切取长50cm纸样，然后将两端拼接起来，以保证纸幅继续运行。要求每隔15min即切取纸样一张，取样时间约需3～4秒。取样工作需在平台面上进行，工作台置于靠近纸机尾端，使纸幅自左向右通过检验员的视野。纸幅从纸机出来时，方向可以改变；能升高至地上190cm处，然后降至90cm的卷取高度，在任何角度都能适于目测和取样抽查。

(1) 在此项设计中，纸幅速度每分钟为0.3m，应有观察距离30cm或使总观察区为60cm。

(2) 眼高尺寸要求，在检验点的纸幅不应高于地面145cm。应使身高较矮的检验员也能向下观察。但最好保证检验员的向下视角不小于45°。

(3) 在质量控制工作中，工作台面须高出地面91cm。为此，检验员能用足够的力量切取纸样，纸幅宽度为90cm，以便检验员能弯腰突臂够到纸幅的另一边。切取纸样和拼接纸幅的工作台面高度在91cm处，这是一个适宜的高度。

(4) 如下图(a)所示，纸幅(A)从高cm的纸机中出来，直接引向高122cm的检验岗位C，当纸幅以0.6m/min速度运行至检验员身边时，取长度至少为50cm的纸幅样品后，即将其领回至高91cm的检验台和拼接台(D)。工作台面长度至少60cm，不同的台高是为了检验员能方便地完成不同的检验工序。

(5) 假定检验员能站在离纸幅约50cm处，用几何法或三角函数来分析目测工作的要求。以下图(b)中对视角计算法予以说明。假设在设计中对边为o，邻边为a，直三角形和斜边为h，则可从三角形的各边之间的三角函数关系来计算视角。

(6) 为寻求目测工作的最佳设计方案，可规定检验员的俯视角为45°。如下图(b)所示，作为三角形对边与邻边之间的最大比值，tg45°等于1。

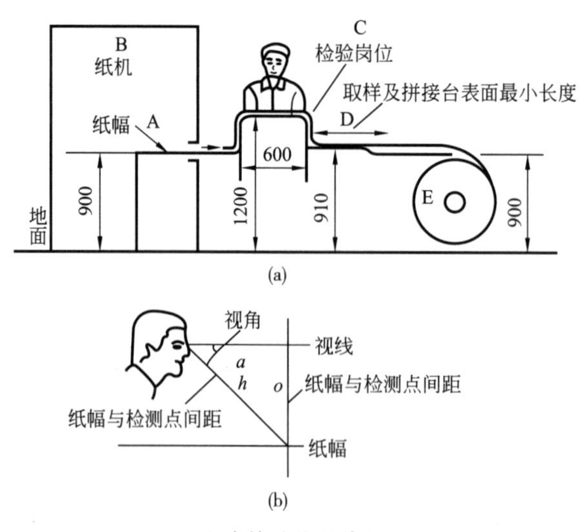

立姿检验作业岗位

7.1 作业岗位

7.1.1 作业岗位的分类

作业者静态作业姿势和生活姿势大体可分为站立、端坐和躺卧三类。作业姿势的确定，是为了达到作业时效率最高，人—机之间最协调，而且作业者可以轻松、舒适、自然、持久地进行作业。一般说来，无论作业姿势如何变换，都应避免不良姿势与体位，保持正确姿势。正确的站立姿势应是头、颈、胸、腹都保持垂直，使全身重量由骨架支承。此种姿势身体变形最小，肌肉与韧带的负荷最轻，各器官功能发挥得最好。不正确的姿势和体位不但造成能量的过分消耗和效率下降，而且容易引起疲劳、事故、伤痛和疾病等。

作业岗位按其作业时的姿势分为立姿岗位、坐姿岗位、坐立姿交替岗位、跪姿岗位和卧姿岗位五类。在人机系统设计时选择哪一类作业岗位，必须依据工作岗位的性质来考虑。在确定作业姿势时，主要考虑：①工作空间的大小及照明条件等；②体力负荷大小、频率、用力方向、作业所要求的准确性与速度等；③作业场所各种仪器、机具和加工件的摆放位置，以及取用、操作的方法等；④工作台面与座椅的高度，有无足够的容膝空间；⑤作业方式、方法，特别是操作时起坐的频率，以及变换姿势的可能性；⑥作业者主动采取的体位等。

不正确的体位或作业姿势对身体和工效影响较大。下列体位是不良姿势：①静止不动的立姿；②长期或反复弯腰，特别是弯度超过 15°；③弯腰并伴有躯干扭曲或半坐姿；④负荷不平衡，单侧肢体承重；⑤长时间双手平举或前伸；⑥长时间或高频率地使用一组肌肉。

7.1.2 典型作业岗位

由于人体的结构和生理限制，人只能采取有限的几种姿势。基本姿势大致可分为立姿、坐姿、坐立交替、跪姿和卧姿五种，这五种姿势是生产和生活时所需的姿势。

1. 坐姿作业岗位

坐姿作业岗位是为从事轻作业、中作业且不要求作业者在作业过程中走动的工作而设置的。正确的坐姿是使身体从臀部到颈部保持端正，并且不应在腰部产生变形或弯曲。为了体现坐姿作业的优越性，必须为作业者提供合适的座椅、工作台、容膝空间、搁脚板、搁肘板等装置。

对于以下作业应采用坐姿操作：在操作范围内，短时作业周期需要的工具、材料、配件等都易于拿取或移动；进行精确而又细致的作业；不需用手搬移物品的平均高度超过工作面以上 15cm 的作业；需要手、足并用的作业，如图 7.1 所示。

不同类型作业的工作岗位高度【参考图片】

坐姿工作比立姿好，从血液循环角度而言，心脏负担的静压力有所降低；从肌肉活动角度看，肌肉承受较小的体重负担，可减少疲劳，作业持续时间较长；人的准确性、稳定性好；手脚并用，脚蹬范围广，能正确操作。

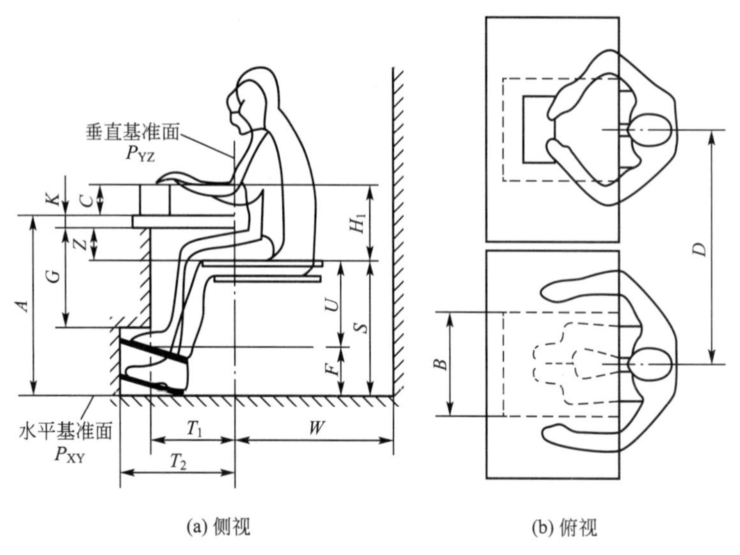

(a) 侧视　　(b) 俯视

图 7.1　坐姿工作岗位的尺寸图示

但坐姿作业也有以下一些缺点。

(1) 限制了人体活动范围，尤其是需要上肢出力的场合，往往需要站立作业，而频繁的起坐交替也会导致疲劳。

(2) 长期维持坐姿也会影响人体健康，导致腹肌松弛，脊椎非正常弯曲，以及对某些内脏器官造成损害。

(3) 坐姿太久也会造成下肢肿胀，静脉压力增加，大腿局部受到压力，增加血液回流阻力，引起不适感。

影响坐姿作业的因素有以下几种。

1) 工作面

坐姿工作面高度主要由人体参数和作业性质等因素决定。考虑到操作者，在操作时最好能使其上臂自然下垂，前臂接近水平或稍微下倾地放在工作面上，这样耗能最小、最舒适省力。所以，一般把工作面高度设计成略低于肘部(座面高度加坐姿肘高)50～100mm。而对不同性质的作业，如果是精细的或主要用视力的工作，如精密装配作业、书写作业等，往往要将操作对象放在较近的视距范围内，工作台面应设计得高一点，一般高于肘部50～150mm；如果从事需要较大用力的重工作，则应把工作面高度设计低一些，可低于肘部150～300mm，这样利于使用手臂力量。

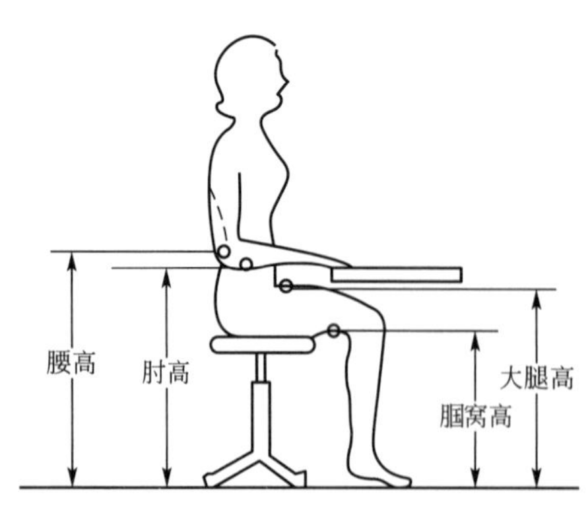

图 7.2　坐姿作业工位的工作台面高度、座椅高度的关系示意图

对于坐姿作业，可使工作面高度恒定。具体工作时可调节座椅高度，使肘部与工作面之间保持适当的高度差，并通过调节搁脚板高度，使操作者的大腿处于近似水平的舒适位置。如图7.2所示，为坐姿作业工位的工作面高度、座椅高度的关系示意图。坐姿工作的工作台面尺寸范围见表7-1列出的相应数据。

表 7-1 坐姿工作的工作台面尺寸范围

附图	标号	范围	尺寸/mm	
			最有利的	允许的
$\theta_1=15^\circ\sim30^\circ$ $\theta_2=30^\circ\sim50^\circ$ $\theta_3=0^\circ\sim20^\circ$	A	控制台台下空隙高度		600
	B	地面到控制台台面高度	750	700～800
	C	地面到显示器的最高距离		1650
	D	座椅高度	450	370～460
	E	水平视距		650～750
	F	伸腿部深度		100～120
	G	伸腿部高度		90～110

除工作台面的高度对坐姿作业有影响外，工作台面的宽度对坐姿作业也有影响。

2）作业范围

当操作者以站姿或坐姿进行作业时，手和脚在水平面和垂直面内所能触及的最大轨迹范围叫作“作业范围”。设计作业范围的重要依据是静态和动态的人体测量尺寸。

（1）水平作业范围，指人坐在工作台前，在水平面上移动手臂所形成的轨迹。其中伸展胳膊所能达到的最大区域叫最大作业区域；而当上臂靠近身体，轻松自然地曲肘，以肘为轴心转动时，手能自由达到的区域为普通作业区域，其半径约为最大作业区域半径的 3/5。

如图 7.3 所示，为澳大利亚学者海蒂提出的“MODAPTS 记号”，图中 M_1、M_2、M_3、M_4、M_5 是上肢动作的一般记号。M_1 与 M_2 表示“最佳作业区域”，一般指仅用手指与手腕动作能涉及的区域；M_3 表示“普通作业区域”，指仅用前臂(肘关节之前)动作能涉及的区域；M_4 表示“最大作业区域”，指用上臂(肩部不受牵动)动作能涉及的区域；而 M_5 称为“应避免经常涉及的区域”，是超过最大作业区域的动作，在 8 小时工作中是不宜经常出现的。

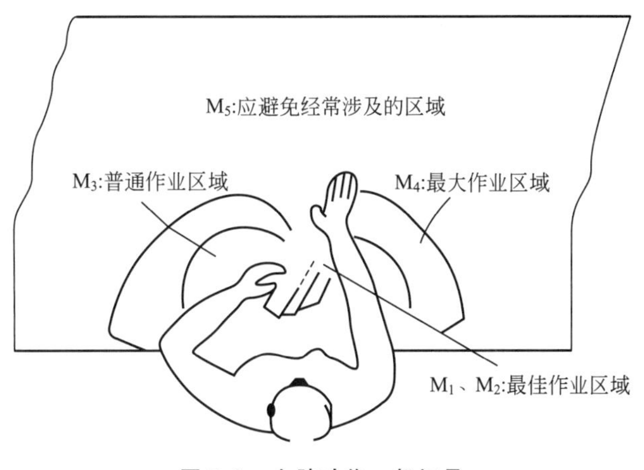

图 7.3 上肢动作一般记号

作业岗位【参考视频】

根据手臂的活动范围，可以确定坐姿作业空间的平面尺寸。按照能使95%的人满意的原则，应将常使用的控制器、工具、加工件放在正常作业范围之内；将不常用的控制器、工具放在最大作业范围之内、正常作业范围之外；将特殊的易引起危害的装置布置在最大范围之外。如图7.4所示为平面作业范围。

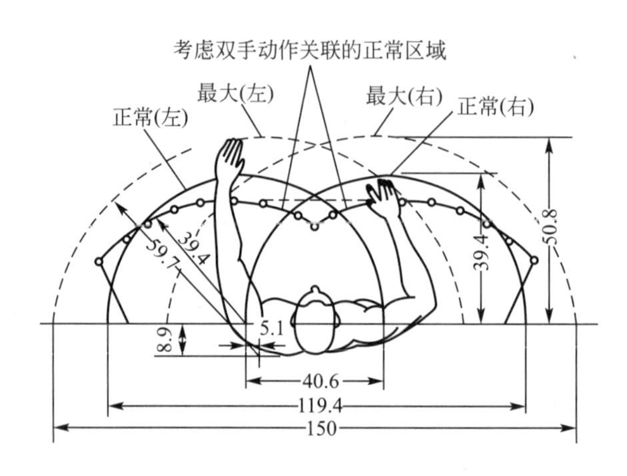

图7.4　平面作业范围(单位：cm)

(2)垂直作业范围，是设计控制台和确定控制位置的基础。测量时在侧墙上贴上方格纸，伸手活动时做出记号。立体最大作业区域是减去手臂长度后的臂长所及范围。在此范围内作业，可以保证操作者稳定地抓住操纵物或进行操作，但这时肌肉除了动作所需消耗的力外，能量消耗主要用于使动作者完成不同准确性操作所需的体位，因而肩臂肌肉完成静态作业时的能量消耗将成为导致疲劳的主要因素。

3)容膝空间

在设计坐姿用工作台时，必须根据脚可达到区在工作台下部布置容膝空间，以保证作业者在作业过程中，腿脚能有方便的姿势。表7-2列出了坐姿作业最小和最佳的容膝空间尺寸。

表7-2　容膝空间尺寸　　单位：mm

尺度部位	尺寸		尺度部位	尺寸	
	最小值	最佳值		最小值	最佳值
容膝孔宽度	510	1000	大腿空隙	200	240
容膝孔高度	640	680	容腿孔深度	660	1000
容膝孔深度	460	660			

4)脚作业空间

为完成坐姿操作中手足并用作业，必须留有一定的脚作业空间。与手操作相比，脚操作力量大，但精确度差，且活动范围较小。正常的脚作业空间位于身体前侧，座高以下的区域，其舒适的作业空间取决于身体尺寸与动作的性质。如图7.5所示，为脚偏离身体中线左右15°范围内作业区域的示意，图中深影区为脚的灵敏作业空间，而其余区域需要大腿、小腿有较大的动作，故不适于布置常用的操作装置。

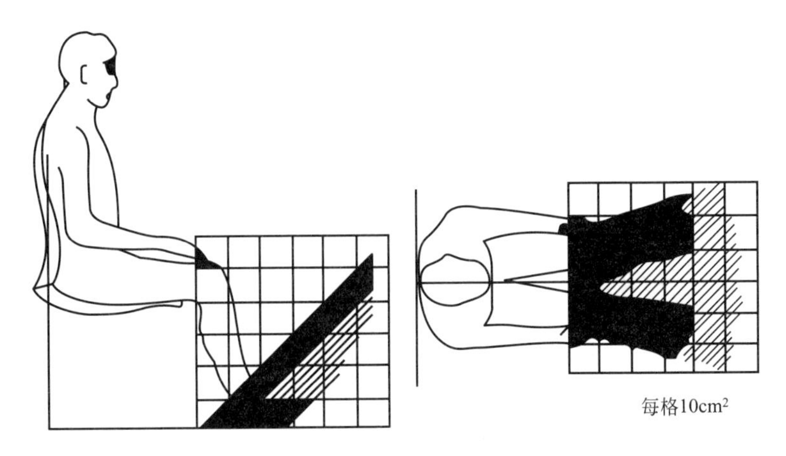

图 7.5 脚作业区域

案例分析：

瓶子包装检验作业岗位的原设计：

在检验瓶子和包装瓶子的工作中，检验员可站在或坐在工作台旁。瓶子沿着运输带从右边送入，从左边送出，以每分钟 6 个的速度经过检验员。要求检验员从中取出产品进行检验，剔除不合格产品，将其余的放入包装箱中。在图 7.6 所示的原设计方案中，工作台高 85cm(A)、宽 30cm、台面厚 5cm，在其下方留有 80cm 立腿空隙，腿部前伸方向空隙为 35cm。椅子可调至地面高 63cm。一般检验者能向前取到瓶子的距离是 51cm。工作台与输送带的间距为 15cm(B)，输送带固定于输送机上，离地高 100cm，输送带嵌于一个高为 5cm(C)的护轨中，以保证瓶子排列整齐成行，不会导致其从输送带中掉出。对原设计方案进行调查分析，对于坐姿和立姿两用的工作岗位，多数检验员喜欢采取坐姿，因坐姿比立姿工作舒适得多。当然，有时还得站起来拿取瓶子或搬移装满合格品的箱子。但对这样的检验岗位，却有许多检验员抱怨肩臂酸痛。从人体劳动生物力学分析可知，手臂和肩膀出现酸痛，是由于肌肉组织产生静负载。此种静负载主要是和检验员需过度抬臂并臂伸在 18cm 以上，从输送带上取出每个瓶子有关。

瓶子包装检验工作岗位改进设计：

通过对原设计方案的参数和存在问题的分析，认为改进检验及包装瓶子的作业岗位设计，从而减轻全日制工作人员的肩臂酸痛是改进设计的主要目的。为此目的，按照坐姿和立姿工作岗位的设计原则，来寻求改进设计的思路。首先发现在原方案中没有脚踏板，对于坐姿的作业岗位，台面高度在 85cm 时有些太高；而对于坐、立姿工作岗位，则嫌太低；同时由于检验员在作业岗位容腿及伸腿的空隙受到限制。为减轻检验员在工作过程中肩臂肌肉静负荷，可采取两种基本方法之一，即升高检验员或降低输送带。

因为输送带不能降低，那就只有把检验员工作台面升高，然而工作台面又不能简单地采用提高座椅高度的方法来实现。显然，改进设计比新设计要受到更多的限制。由于原设计方案的限制，只能采取较为特殊的改进设计方案，其要点如下。

(1) 设置一木制平台，置于输送机的任一边，以将工作面升高到 100cm 处。由于检验作业岗位也可能要处理一些应急事件，故设置的木制平台不宜过小，并须备有低的护轨，以防人们不小心从边缘滑下。这一改进措施可解决检验员过度抬臂而产生静负荷。

(2) 在椅子或工作凳前设置一个踏脚板，以减轻腿部悬空的不适，从而减轻全身疲劳。

(3) 如检验员工作台有足够的空间，可将在检验员正前方的工作台部位剖成半圆开口，使检验员更接近伸展部位，以减少手臂向前伸展所引起的肩臂负荷。此外，这一开口的另一优点是当检验员将座椅推向工作台时，其身后的通道空间加大，有利于进行相关的辅助工作。

通过对原设计方案的改进，解决了原方案存在的关键问题，使检验员在工作时感到舒适并不易疲劳。最后需要说明的是，以上所介绍的产品设计中的人机工程学分析范例，目的在于说明人机工程学分析的一般思路和方法。由于工业设计的对象千变万化，不同的设计对象，所涉及的人机工程学因素差异很大。

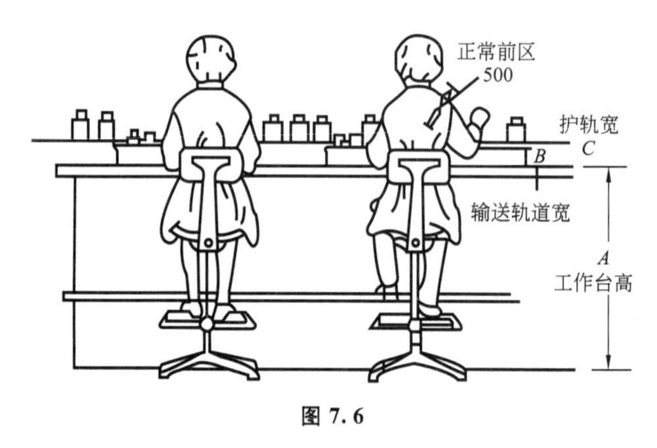

图 7.6

2. 立姿作业岗位

立姿作业岗位是为在从事中作业、重作业及坐姿作业岗位的设计参数和工作区域受到限制的情况下而设置的，如图 7.7 所示。正确的立姿是身体各个部分，包括头、颈、胸和腹部等都与水平面相垂直的稳态平稳，使人体重量主要由骨架来承担，此时肌肉负荷最小。有时身体也可向前或向后斜倾 10°～15°，以保持舒适的姿势。常见的立姿分为正立、前俯、躬腰、半蹲、半蹲前俯和步行。

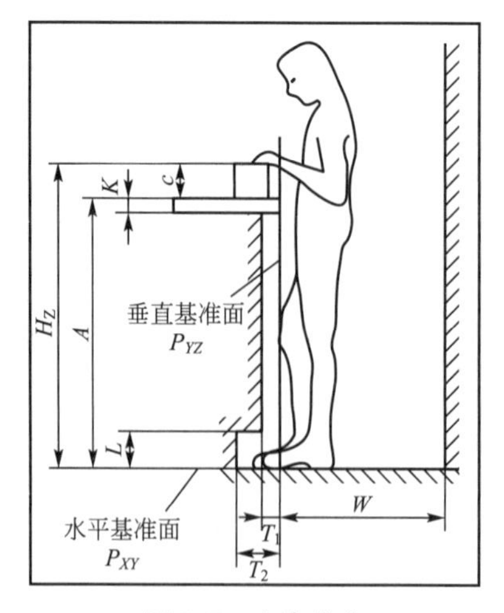

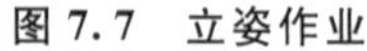
图 7.7 立姿作业

以人体尺寸为依据的工作岗位尺寸【参考图片】

1）立姿作业的优、缺点

（1）可活动空间大，适合来回走动和经常变换体位的作业。

（2）手的力量增大，即可使人体输出较大的操作力。

（3）不需要容膝空间，相对坐姿所需的作业空间更小。

（4）只有单脚可能与手同时操作。

立姿不易进行精确而细致的作业，不易转换操作，肌肉要做出更大的功来支持体重，从而易引起疲劳，长期站立易引起下肢静脉曲张等。如果长期站立作业，脚下应垫以柔性或弹性垫子，如木踏板、塑料垫、橡皮垫、地毯等。

2）影响立姿作业空间的因素

（1）工作面。立姿工作面高度不仅与身高有关，还与作业时施力的大小、视力要求和操作范围等很多因素有关，可为固定值，也可随需要调整。对于固定高度的工作面，按立姿时高尺寸的第95百分位数设计，然后通过调整脚垫的高度来调整作业者的肘高；可调高度的工作台则适合不同身高的作业者。如图7.8所示，为立姿时从事高精细作业、轻作业和重作业的工作面高度设计的一般尺寸(图中尺寸是以平均肘关节高度尺寸为参考数据进行调整的)。工作面的宽度视需要而定。

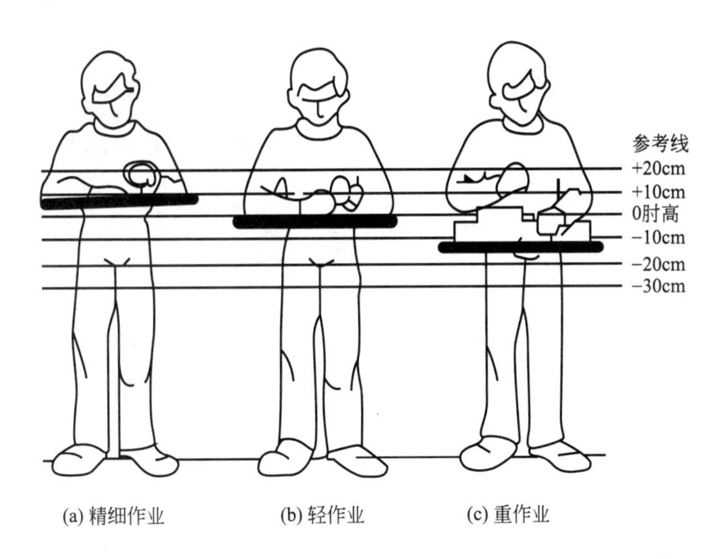

图7.8 立姿不同作业工作台面的适宜高度

“0”参照线是地面至肘部的高度线，其平均值男性为105cm，女性为98cm。

根据立姿作业的人体尺寸参数，我们能更好地改进操作位置，使之更加便于操作。

改进成果1：制作风动扳手存放架，提高存放位置，使存取扳手的位置处于人手最有利抓握的范围，如图7.9(a)所示。

改进成果2：提高翻转机操作面板，使其处于人手操作最适宜的范围，如图7.9(b)所示。

改进成果3：装缸盖气门岗位，打紧喷油器双头螺柱作业，作业高度偏高，非常累，容易导致腰椎劳损，增加踏板(相当于降低工作台高度)后，作业条件得到很大改善，如图7.9(c)所示。

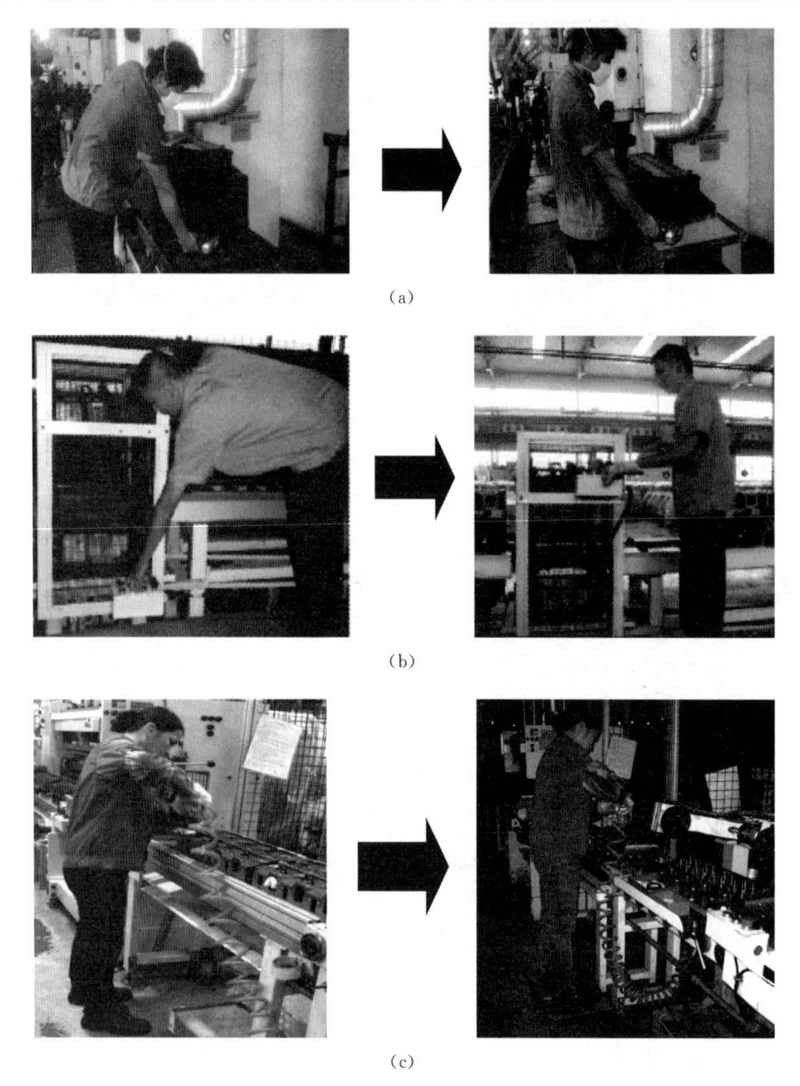

(a)

(b)

(c)

图 7.9　根据立姿作业的人体尺寸参数改进操作位置前后对比

(2) 作业范围。立姿作业的水平面作业范围与坐姿时相同，而垂直作业范围却是设计控制台、配电板、驾驶盘和确定控制位置的基础，分为正常作业范围和最大作业范围。如图 7.10 所示，为立姿作业的垂直作业空间，图 7.10(a)表示以第 5 百分位的男性单臂站立为基准。当物体处于地面以上 110～165cm 高度，并且在身体中心左右 46cm 范围内时，大部分人在直立状态下正常作业范围为 46cm(手臂处于身体中心线处操作)，最大作业范围为 54cm；图 7.10(b)说明了双手操作的情形，由于身体各部位相互约束，其舒适作业范围有所减小，在距身体中线左右 15cm 的区域内，最大作业范围为 51cm。

3) 临时座位

考虑到立姿作业容易疲劳，如果条件允许，应提供工间休息临时座位。临时座位一般采用摇动旋转式和回跳式，应不影响作业者自由走动和操作。

新嘉年华宣传片：人体工程学式制造【参考视频】

4) 垂直方向布局设计

立姿作业空间垂直方向布局设计见表 7-3。

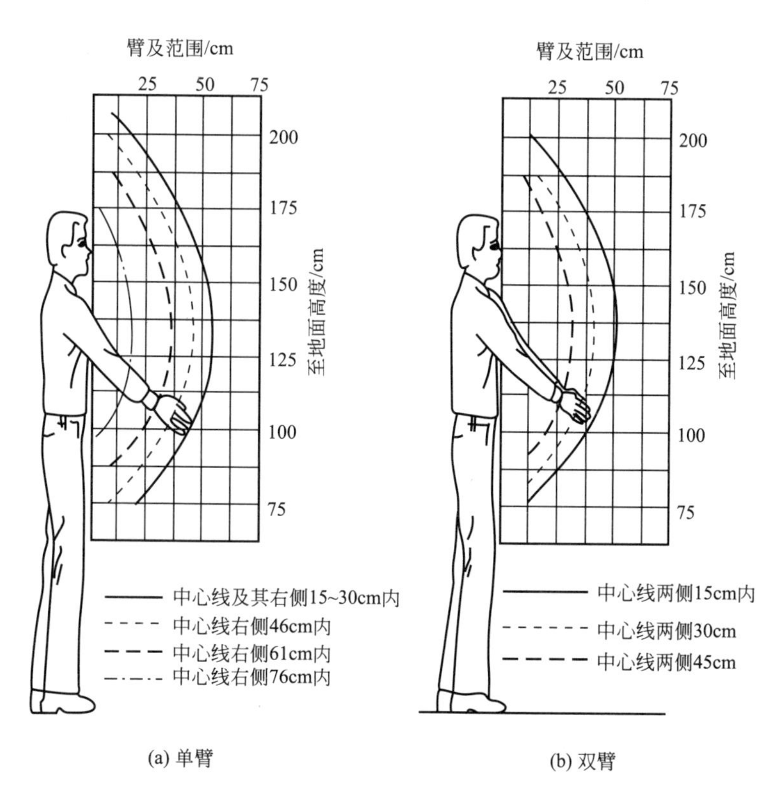

图 7.10 立姿作业的垂直作业空间

表 7-3 立姿作业空间垂直方向布局设计

垂直方向高度/mm	区域特点	作业空间设计内容
0～500	适宜于脚控制	只能设计脚踏板、脚踏钮等常用的脚控制器
500～700	手、脚操作不方便	不宜在此区域设计控制器
700～1600	最适宜于人的操作和观察	设置各种重要的、常用的控制器和工作台面，特别是人最舒适的作业范围 900～1400mm 高度
1600～1800	手操纵不方便，视力条件也有所下降	布置极少操纵的手控制器和不太重要的显示器
1800 以上		布置报警装置

5）工作活动余隙

一般应满足以下要求。

(1) 站立用空间：作业者身前工作台边缘至身后墙壁之间的距离，不得小于 760mm，最好能达到 910mm 以上。

(2) 身体通过的宽度：身体左右两侧间距，不得小于 510mm，最好能保证在 810mm 以上。

(3) 身体通过的深度：在局部位置侧身通过的前后间距，不得小于305mm，一般须在380mm以上。

(4) 行走空间宽度：供双脚行走的凹进或凸出的平整地面宽度，不得小于330mm，最好能满足380mm。

(5) 容膝容足空间：容膝空间最好有200mm以上，容足空间最好达到150×150mm以上。

(6) 过头顶余隙：地面至顶板的距离，也就是房高，最小应大于2030mm，最好在2100mm以上。

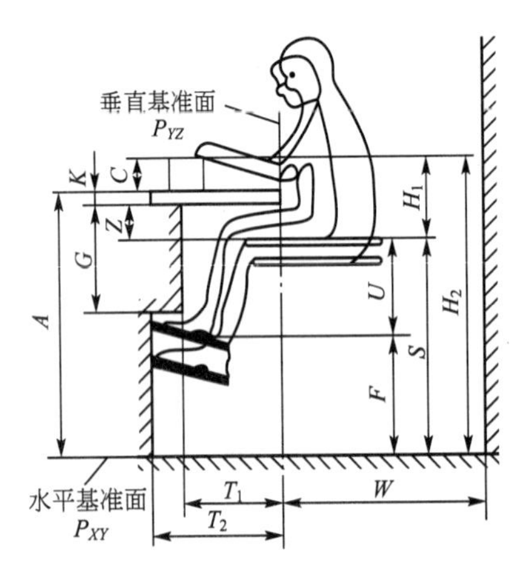

图7.11 坐、立姿交替作业岗位

3. 坐、立姿交替作业岗位

长时期坐姿操作虽比立姿操作省力省功，但比不上坐、立交替好。当作业具有下列特点时，建议采用坐、立交替岗位：一方面，经常需要完成前伸超过41cm或高于工作面15cm的重复操作，考虑人的特点，应选择坐、立姿交替岗位；另一方面，对于复合作业，有的最好取坐姿操作，有的则适宜立姿操作，从优化人机系统的角度来考虑应取坐、立姿交替岗位，如图7.11所示。

设计时应考虑以下因素。

(1) 工作面高度：坐、立交替作业的工作面高度及水平面和垂直面的最大作业范围和舒适作业范围，均与单独采用立姿作业的设计结果相同。

(2) 工作椅的座面高：坐、立交替作业的坐面高不同于坐姿作业时的工作面高度减去工作台面板厚度和大腿厚度的第95百分位数。

(3) 座椅的注意事项：①椅子应该可以移动，以便立姿操作时可将它移开；②椅子高度应该可调，以适应不同身高的需要；③坐姿作业时应提供脚垫，否则会因工作椅座面过高，造成座面前缘压迫大腿。坐、立姿交替作业岗位操作的控制尺寸见表7-4。

表7-4 坐、立姿交替作业岗位操作的控制尺寸

附图	标号	范围	尺寸/mm
	A	控制台台下空隙高度	800～900
	B	地面至控制台台面高度	900～1100
	C	地面至重要显示器上限高度	1600～1800
	D	次要显示器布置区域	200～300
	E	脚踏板高度	250～350
	F	脚踏板长度	250～300
	G	座椅高度	750～850

4. 跪姿作业岗位

如果作业时需拆装设备底部零件、擦洗设备、擦地板、取物等，则需采用跪姿。下列姿势均属于跪姿类型，低蹲、单膝跪、直身跪、屈膝跪、伏跪、坐跪、盘膝席坐、提膝席坐及伸腿席坐等。

比较跪、坐、立、弯腰四种姿势的能耗百分比，如图 7.12 所示，可见跪姿操作消耗能量大，尽量不采用。

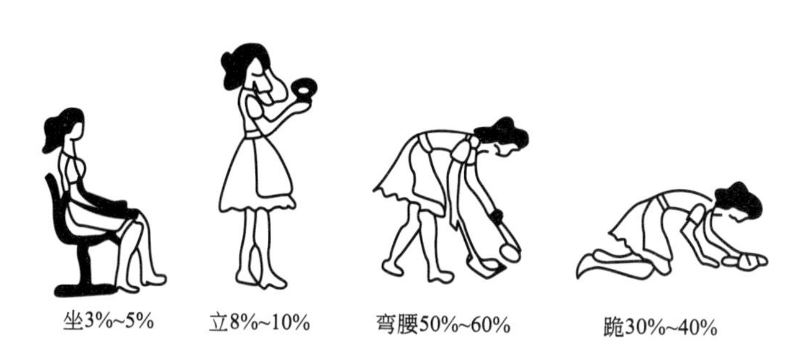

图 7.12 以静卧为基础，坐、立、弯腰、跪四种姿势的能耗百分比

5. 卧姿作业岗位

在修理汽车等场合常需采用卧姿。常见的卧姿为俯卧、侧卧、仰卧三种。

7.1.3 作业岗位设计要求和原则

1. 设计要求

(1) 作业岗位的布局，应保证作业者在上肢活动所能达到的区域内完成各项操作，并应考虑下肢的舒适活动空间。

(2) 作业岗位设计时，应考虑操作动作的频繁程度，此处对动作频率程度的划分是：每分钟完成两次或两次以上的操作动作为很频繁；每分钟完成的操作动作少于两次，而每小时完成两次或两次以上时为频繁；而每小时完成的操作动作少于两次的为不频繁。

(3) 作业岗位设计时，还应考虑作业者的群体，如全部为男性或全部为女性，应选用两种不同性别各自的人体测量尺寸；如果作业岗位是男性和女性共同使用，则应考虑男性和女性人体测量尺寸的综合指标。

2. 设计原则

(1) 设计作业岗位时，必须考虑作业者动作的习惯性、同时性、对称性、节奏性、规律性等生理特点，以及动作经济性原则。

(2) 作业岗位的各组成部分，如座椅、工具、显示器、操纵器及其他辅助设施的设计，均应符合工作特点及人体工程学的要求。

(3) 在作业岗位上不允许有与作业岗位结构组成无关的物体存在。

(4) 作业岗位的设计还应符合 GB 5083—2006、GB 3861—2009、GB/T 25295—2010 等有关标准和劳动安全规程的要求。

7.2 作业空间分析

在工作系统中，人、机、环境三个基本要素是相互关联而存在的。每一个要素都根据需要占用一定的空间，并按优化系统功能的原则，使这些空间有机地结合在一起。这些空间的总和，就叫做作业空间。作业动作在周围形成的空间范围叫作作业域，也可以称为物理空间。

7.2.1 作业空间类型

按作业空间包含的范围，可把作业空间类型分为近身作业空间、个体作业场所和总体作业空间。

作业者进行作业的场所及其空间叫作作业空间。一定的作业姿势，上、下肢及躯干作业活动都要求一定的空间。作业者上、下肢及身体的动作和用力，经常发生位置上的改变、用力状态和方向的改变，形成一定的作业动作。作业动作在周围形成的空间范围称为作业域，也可称为物理空间。各种作业都要求有相应的作业域。除物理空间(作业域)外，作业空间还包括作业所需的附加活动空间，如取放工具、备件、原料、成品等。此外，还要求满足作业者所需的心理空间，所以还要按心理要求加上富裕空间，这样才构成合理的作业空间。作业空间是人机系统设计评价的重要内容。由于作业空间不合理造成事故的事例数不胜数，本节将分别加以叙述。

1. 近身作业空间

指作业者在某一位置时，考虑身体的静态和动态尺寸，在坐姿或站姿状态下，其所能完成作业的空间范围。近身作业空间包括三种不同的空间范围：一是在规定位置上进行作业时，必须触及的空间，即作业范围；二是人体作业或进行其他活动时(如进出工作岗位，在工作岗位进行短暂的放松与休息等)人体自由活动所需的范围，即作业活动空间；三是为了保证人体安全，避免人体与危险源(如机械传动部位等)直接接触所需要的安全防护空间距离。

近身作业空间设计应考虑的因素有：①作业特点；②人体尺寸；③作业姿势；④个体因素；⑤维修活动。

2. 个体作业场所

指操作者周围与作业有关的、包含设备因素在内的作业区域，如汽车驾驶室等。

1）作业场所布置原则

(1) 重要性原则：优先考虑实现系统作业的目标最为重要的元件。将最重要的元件布置在离操作者最近或最方便的地方。

(2) 使用频率原则：经常使用的元件应布置于作业者易见易及的地方。

(3) 功能原则：把具有相关功能的元件编组排列，便于使用者记忆。

(4) 使用顺序原则：按使用顺序排列布置各元件。

2）作业场所布置考虑顺序

第一位：主显示器。

第二位：与主显示器相关的主控制器。

第三位：控制与显示的关联。

第四位：按顺序使用的元件。

第五位：使用频繁的元件应处于便于观察、操作的位置。

第六位：与本系统或其他系统布局一致。

3. 总体作业空间

不同个体作业场所的布置构成总体作业空间。总体作业空间不是直接的作业场所，它反映的是多个作业者或使用者之间作业的相互关系，如一个办公室。

7.2.2 作业空间设计总则

布置作业空间就是在限定的作业空间内，先确定合适的作业面，再合理定位、安排显示器和控制器(或其他作业设备、元件)。对作业空间进行设计就是使人的行为、舒适感与心理满足感达到最大限度的满足，而其设计的一项重要任务就是各组成因素在其使用空间中如何布置的问题。

1. 总体作业空间设计的依据

总体作业空间设计随设计对象的性质不同而有所差别。对生产企业来讲，总体作业空间设计与企业的生产方式直接相关。流水生产企业，车间内设备按产品加工顺序逐次排列；成批生产企业(如机械行业)同种设备和同种工人布置在一起。所以，企业的生产方式、工艺特点决定了总体作业空间内的设备布局，在此基础上，再根据人机关系，按照作业者的操作要求进行作业场所设计及其他设计。

2. 作业场所布置总则

从人一机系统整体来看，最重要的是保证作业者方便、准确操作。任何设施都有其最佳位置，这取决于人的感受特性、人体测量学与生物力学特性以及作业性质。而对于具体的作业场所而言，由于设施众多，不可能每一设施都处于其本身理想的位置，这时必须依据一定的原则来安排。

1）重要性原则

重要性原则是指设施在操作上的重要程度，将最重要的设施布置在离操作者最近或最方便的位置，设施是否重要往往根据其作用来确定，有些设施可能并不频繁使用，但确实是至关重要的，比如紧急控制器，一旦出现误观察和误操作，可能会带来巨大的经济损失。

2）使用频率原则

人一机信息交换时，按设施的使用频率优先排列，将信息交换频率高的设施布置在操作者易见易及的位置，便于观察和操作。

3）功能原则

根据设施的功能进行布置，按功能性相关关系对显示器、控制器甚至机器进行适当的编组排列，把具有相同功能的机器设备布置在一起，以便于操作者记忆和管理。

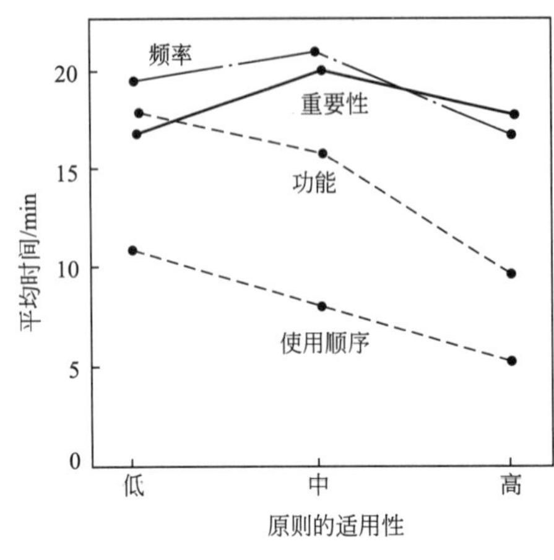

图 7.13　设施布置原则与作业执行时间的关系

4）使用顺序原则

根据人操作机器或观察显示器的顺序规律布置机器，可使操作者作业方便、高效。如开启电源、启动机床、看变速标牌、变换转速等。

在进行系统中各种设施布置时，不可能只遵循一种原则。通常，重要性和频率原则主要用于作业场所内设施的区域定位阶段，而使用顺序和功能原则则侧重于某一区域内各设施的布置。选择何种原则布置，设计者应统一考虑、全面权衡。在上述四个原则都可使用的情况下，有研究表明，按使用顺序原则布置设施，执行时间最短，如图 7.13 所示。

习　　题

一、填空题

1. 作业者静态作业姿势和生活姿势大体可分为________、________和________三类。

2. 作用岗位按其作业时的姿势分为________、________、________、________和________五类。

3. 按作业空间包含的范围，可把它分为________、________和________。

二、名词解释

1. 容膝空间

2. 近身作业空间

三、简答题

1. 在确定作业姿势时，主要考虑哪些因素?

2. 坐姿作业、立姿作业的优、缺点有哪些?

3. 影响坐姿作业的因素有哪些?

4. 作业岗位设计的要求和原则有哪些?

第8章 人体工程学与家具设计

目的与要求

通过本章的学习，使学生熟悉和掌握各种家具设计的主要方法。

内容与重点

本章主要介绍了坐卧类家具、凭倚类家具、贮藏类家具的功能设计。重点应掌握各种家具设计的依据。

引例

来自葡萄牙里斯本的家具设计师 Alessandro Bêda 设计了一款可以升降的概念椅子，严格讲是一把气压减震器升降椅。它由100个独立的气压减震器组成，使用者可单独控制每个减震器的升降，因此可以根据自己的需求像拼积木一样拼出自己需要的高度和形状。椅子的外形和尺寸与 Le Corbusier 设计的经典沙发椅 LC2 PetitComfort 一样。

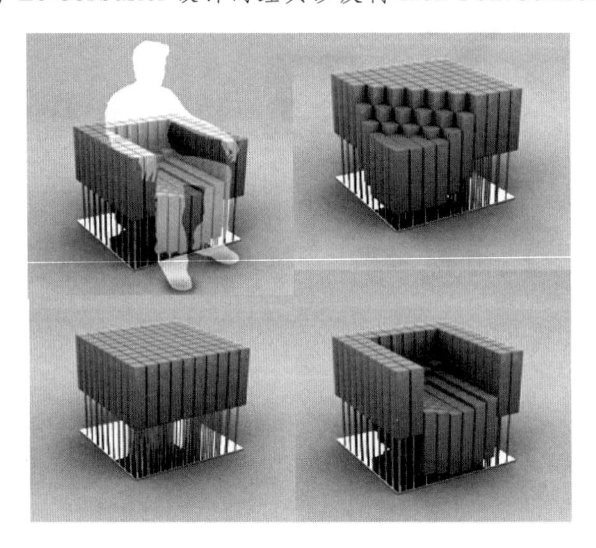

在漫长的家具发展历程中，对于家具的造型设计，特别是对人体机能的适应性方面，大多仅通过直觉的使用效果来判断，或凭习惯和经验来考虑，对不同用途、不同功能的家具，没有一个客观的、科学的定性分析，甚至包括宫廷建筑家具，不管是欧洲国王，还是中国皇帝使用的家具，虽然精雕细刻、造型复杂，但在使用上都是不舒适甚至是违反人体机能的。

在我国，由于幅员辽阔，人口众多，人体尺度随年龄、性别、地区的不同而有所变化，同时随着时代的进步和人们生活水平的提高，人体尺度也在发生变化，因此我们只能采用平均值作为设计时的相对尺度依据，而且也不可能依此作为绝对标准尺度，因为一个家具服务的对象是多元的，一张座椅既可能被个子较高的男人使用，也可能被个子较矮的女人使用。因此，对尺度的理解是既要有尺度(离开了人体尺度就无从着手设计家具)，又要对尺度有辩证的观点，它具有一定的灵活性。

根据人体活动及相关的姿态，人们设计生产了相应的家具，我们将其分类为坐卧类家具、凭倚类家具及贮藏类家具。

8.1 坐卧类家具

符合人体工程学的曲美家居经典弯曲工艺【参考视频】

经过人类学家的研究，人类最早使用座椅完全是权力地位的象征，坐的功能是次要的。以后座椅又逐步发展成一种礼仪工具，不同地位的人，其座椅的大小也不同。座椅的地位象征意义至今仍然存在。直到21世纪初，人们才开始认识到坐着工作可以提高工作效率，减轻劳动强度。不论在工作、家庭、公共汽车或在其他的任何地方，每个人在他的一生中总有很大的一部分时间是在坐着。

坐卧类家具按照人们日常生活的行为以及人体动作姿态，可以归纳为从立姿到卧姿的不同姿态，其中坐与卧是人们日常生活中占有最多的动作姿态，如工作、学习、用餐、休息等都是在坐或卧的状态下进行的，因此坐卧类家具与人体生理机能关系的研究就显得特别重要。

8.1.1 人体坐姿生理特性

按照人们日常生活的行为，人体动作姿态可以归纳为从立姿到卧姿的八种不同姿势，如图 8.1 所示。其中有三个基本形是适用于工作形态的家具，另有三个基本形是适用于休息形态的家具。通常是按照这种使用功能作为坐卧类家具的细分类。

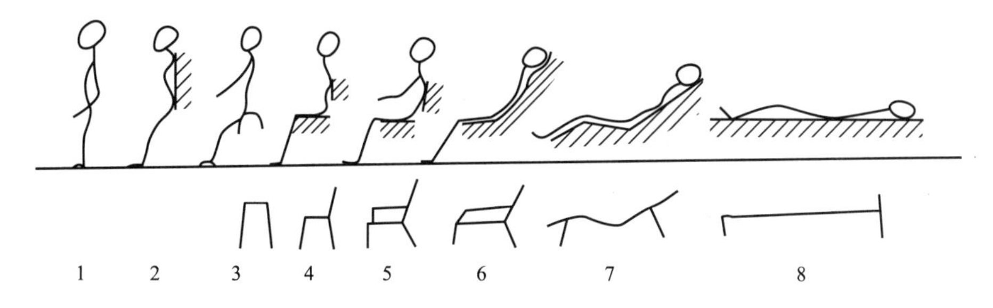

图 8.1 人体各种姿势与坐卧家具类型

1. 立姿；2. 立姿并倚靠某一物体；3. 坐凳状态，可作制图、读书等使用的小型椅子；
4. 坐面、靠背支撑着人体，可作一般性工作、用餐；5. 较舒适的姿势，椅子有扶手，用于用餐、读书等；
6. 很舒适的姿势，属沙发类的休息用椅；7. 躺状休息用椅；8. 完全休息状态

坐卧类家具的基本功能是满足人们坐得舒服、睡得安宁、减少疲劳和提高工作效率。其中，最关键的是减少疲劳。如果在家具设计中，通过对人体的尺度、骨骼和肌肉关系的研究，使设计的家具在支撑人体动作时，将人体的疲劳度降到最低状态，就能得到最舒服、最安宁的感觉，同时也可保持最高的工作效率。

然而形成疲劳的原因是一个很复杂的问题，但主要来自肌肉和韧带的收缩运动，并产生巨大的拉力。肌肉和韧带处于长时间的收缩状态时，人体就需要给这部分肌肉供给养料，如供养不足，人体的部分机体就会感到疲劳。因此在设计坐卧类家具时，必须考虑人体的生理特点，使骨骼、肌肉结构保持合理状态，血液循环与神经组织不过分受压，尽量设法减少和消除产生疲劳的各种因素。

人体脊柱是由 7 节颈椎、12 节胸椎、5 节腰椎，以及骶骨和尾骨组成，如图 8.2 所示。它们由软骨组织和韧带联系，使人体能进行屈伸、侧屈和回转等活动。

由于人体的重量由脊柱承受且由上至下逐渐增加，因而椎骨也是由上至下逐渐变得粗大，尤其是腰椎部分承受的体重最大，所以腰椎也是最粗大的，这就是人体脊柱的基本结构。如图 8.3 所示，为人体不同姿态与腰椎变化的关系。人的最自然的姿势是直立站姿，直立站姿时脊柱基本上是呈 S 形的。当人坐下来时，腰椎就很难保持原来的自然状态，而是随着不同的坐姿经常改变其曲度。不过，

人体工程学动画【参考视频】

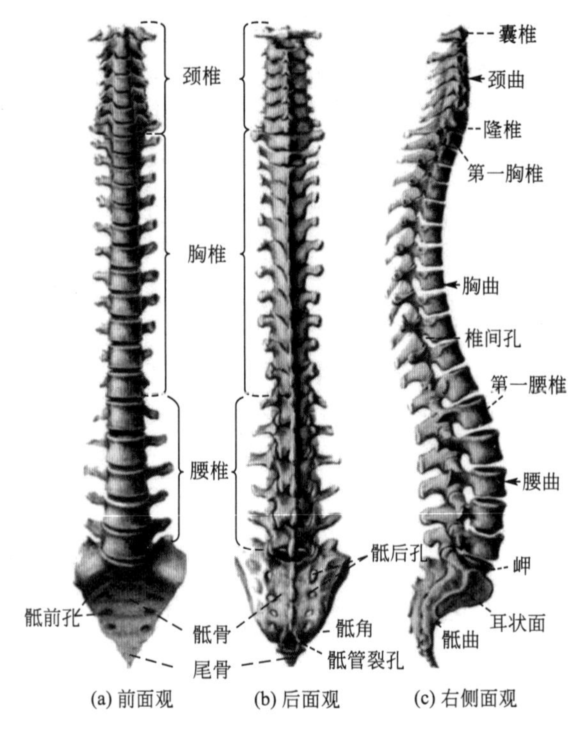

图 8.2　脊柱

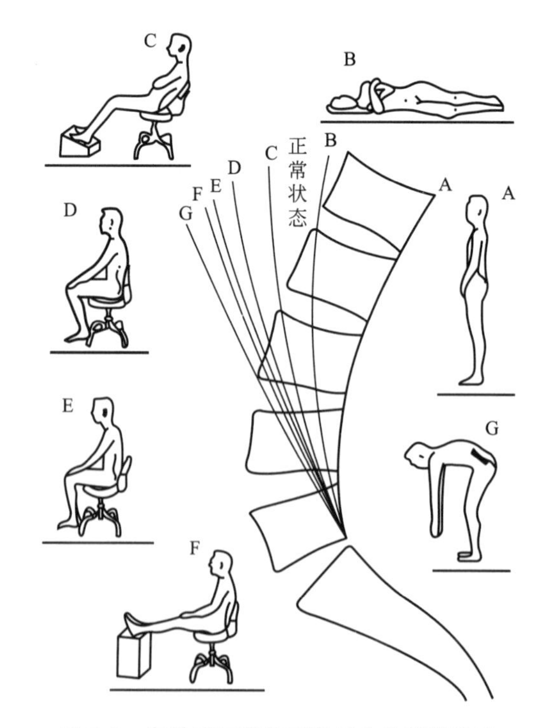

图 8.3　各种不同姿势下所产生的腰椎进度

A—直立状态；B—舒适侧卧状态；C—人坐在座面和靠背大于 90°角的座椅上；
D—人坐在座面和靠背呈 90°角的座椅上；E—人坐在座面和靠背小于 90°角的座椅上；
F—人坐在座椅上并且足部有与座面等高度支撑的状态；G—人处于俯身的状态

与直立站姿相比，坐姿有利于身体下部的血液循环，减少下肢的肌肉疲劳，同时坐姿还有利于保持身体稳定。如图中姿势B，人体侧卧、下肢稍加弯曲时是腰椎处于最接近站立时呈自然状态的腰椎曲线A。而曲线C是人体坐姿和下肢稍曲时，腰椎处于最自然的状态，也即休息最有效的状态。因此，在设计椅子或沙发时，应当使靠背的形状和角度接近于适应人坐姿时的腰椎曲线，即接近于曲线B。

正常腰弧曲线是微微前突，为使坐姿下的腰弧曲线变形最小，座椅应在腰椎部提供所谓两点支撑。由于第5～6胸椎高度相当于肩胛骨高度，肩胛骨面积大，可承受较大压力，所以第一支撑应位于第5～6胸椎之间，称其为肩靠。第二支撑设置在第4～5腰椎之间的高度上，称为腰靠，和肩靠一起组成座椅的靠背。无腰靠或腰靠不明显将会使正常的腰椎呈后突形状。而腰靠过分凸出，将使腰椎呈前突形状。腰椎后突或前突都是非正常状态，合理的腰靠应该是使腰弧曲线处于正常的生理曲线。

人在一般的坐姿作业时，由于身体通常需要前倾，只有“腰靠”起作用，因此可以不设“肩靠”。而对于非频繁操作起间歇休息支撑作用的座椅(如办公学习用座椅、餐厅座椅等)，因人体通常需要间歇后仰，所以一般均应设置“肩靠”。

此外，还有一类主要供人休息用的座椅(如飞机、汽车、火车等交通工具上供旅客乘坐的座椅及安乐椅等)，通常均应附加“头靠”以构成“三点支撑”。一般情况下，附加“头靠”的座椅其靠背均应做成可调节的。

8.1.2 坐具的基本尺度与要求

1. 工作用坐具

一般工作用坐具的主要品种有凳、靠背椅、扶手椅、圈椅等，它的主要用途是既可用于工作，又利于休息。工作用椅可分为作业用椅、轻型作业椅、办公椅和会议椅等。

1）座高

座高(没有靠背)，是指座面与地面的垂直距离；椅座面常向后倾斜或做成凹形曲面，通常以座面前缘至地面的垂直距离作为椅坐高。

座高是影响坐姿舒适程度的重要因素之一，座面高度不合理，会导致不正确的坐姿，并且坐得时间稍久，就会使人体腰部产生疲劳感。如图8.4所示，通过对人体坐在不同高度的凳子上其腰椎活动度的测定可以看出，当座高为400mm时，腰椎的活动度最高，即疲劳感最强。稍高或稍低于此数值者，其人体腰椎的活动度下降，舒适度也随之增大，这意味着凳子比400mm稍高或稍低都不会使腰部感到疲劳，在实际生活中人们喜欢坐矮板凳从事活动的道理就在于此，人们在酒吧间坐高凳活动的道理也相同。

对于有靠背的座椅，其座高既不宜过高，也不宜过低，它与人体在座面上的体压分布有关。不同高度的椅面，其体压分布情况有显著差异，坐感也不尽相同，它是影响坐姿舒服与否的重要因素。座椅面是人体坐时承受臀部和大腿的主要承受面，通过测试，不同高度的座椅面的体压分布如图8.4所示，可看出臀部的各部分分别承受着不同的压力，椅座面过高，两足不能落地，使大腿前半部近膝窝处软组织受压，时间久了，血液循环不畅，肌腱就会发胀而麻木；如果椅座面过低，则大腿碰不到椅面，体压分布就过于集中，人体形成前屈姿态，从而增大了背部肌肉负荷，同时人体的重心也低，所形成的力矩也大，这样会使人体起立时感到困难，如图 8.5 所示。因此，设计时应力求避免上述情况，并寻求合理的座高与体压分布，根据座椅的体压分布情况来分析，椅坐高应小于坐者小腿窝到地面垂直距离，使小腿有一定的活动余地。因此，适宜的座高应当等于小腿窝高加25～35mm 鞋跟高后，再减去 10～20mm。

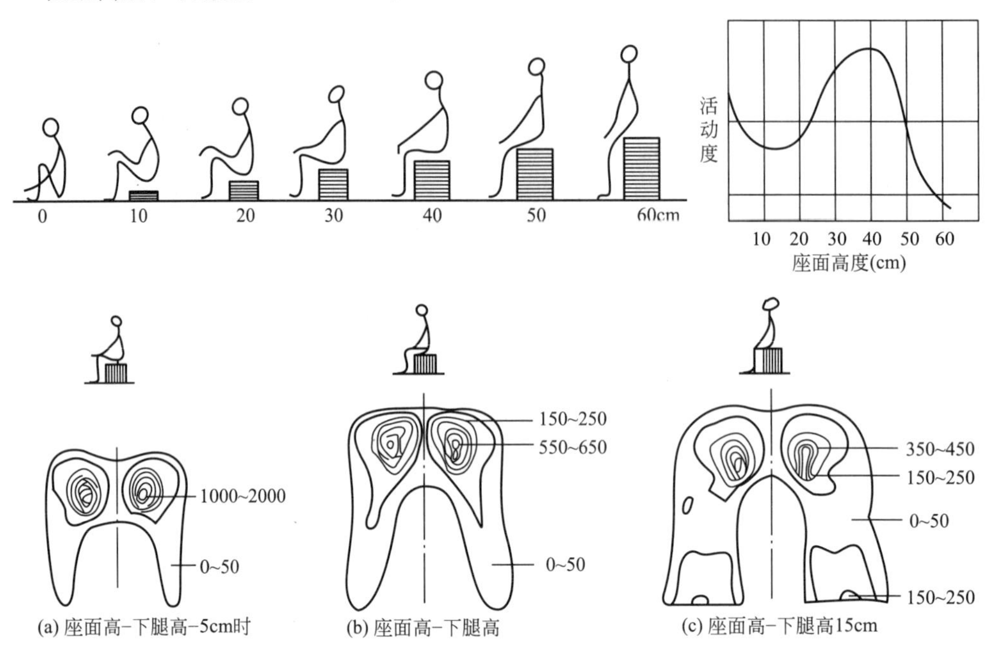

图 8.4　不同座高与体压分布(g/cm^2)

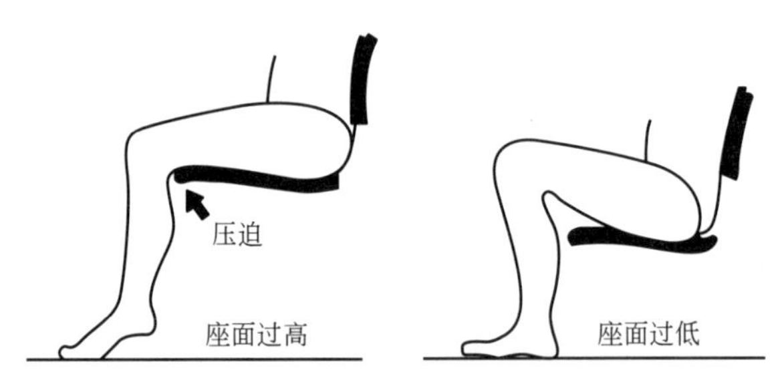

图 8.5　座面高度不合适图示

2）坐深

坐深主要是指座面的前沿至后沿的距离。它对人体舒适度影响也很大，如座面过深，则会使腰部的支撑点悬空，靠背将失去作用，同时膝窝处还会受到压迫而产生疲劳，如图 8.6 所示。同时，座面过深，还会使膝窝处产生麻木的反应，并且也难起立，如图 8.7 所示。因此，座面深度要适度，通常坐深小于人坐姿时大腿水平长度，使座面前沿离开小腿有一定的距离，以保证小腿的活动自由。我国人体的平均坐姿大腿水平长度为男性445mm、女性 425mm，所以坐深可依此值减去椅座前缘到膝窝之间应保持的大约 60mm 空隙来确定，一般说来选用 380～420mm 之间的坐深是适宜的。对于普通工作椅，在正常就座情况下，由于腰椎到骨盆之间接近垂直状态，其坐深可以浅一点，而对于一些倾斜度较大专供休息的靠椅，因坐时人体腰椎到骨盆也呈倾斜状态，所以坐深就要略加深，也可将座面与靠背连成一个曲面。

人体工程学与座椅设计
【参考图文】

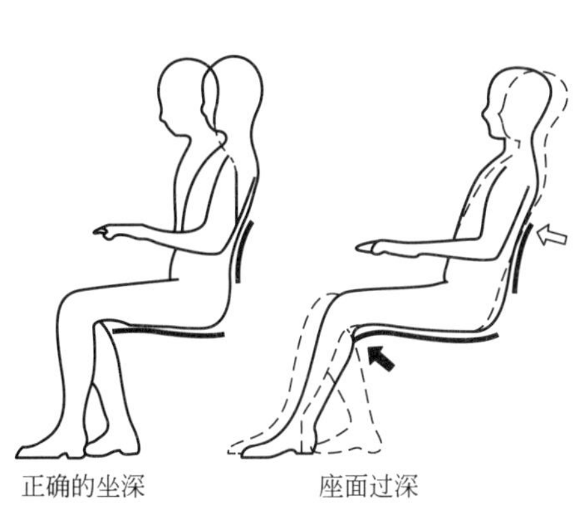

图 8.6 人体与座面深度

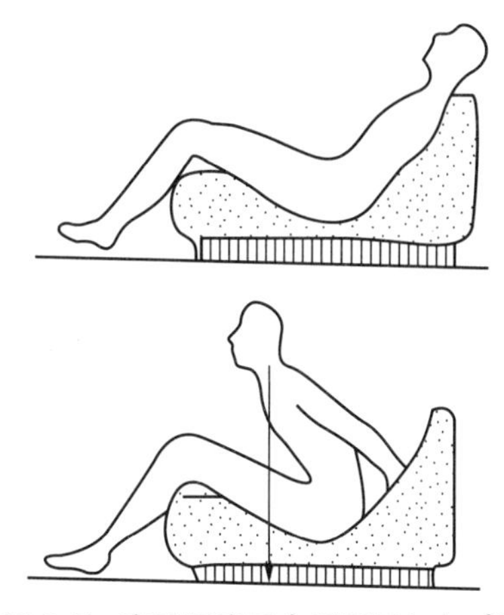
图 8.7 座面深度不合适图示(g/cm²)

3）坐宽

根据人的坐姿及动作，椅子的座面往往呈前宽后窄，前沿宽度称座前宽，后沿宽度称座后宽。椅座的宽度应当能使臀部得到全部的支撑，并且有适当的活动余地，便于人能随时调整坐姿。肩并肩坐的联排椅，宽度应能保证人的自由活动，因此，应比人的肘至肘宽稍大一些。一般靠背椅坐宽不小于 380mm 就可以满足使用功能的需要；对扶手椅来说，以扶手内宽作为坐宽尺寸，按人体平均肩宽尺寸加上适当余量，一般不小于 460mm，其上限尺寸应兼顾功能和造型需要，如就餐用的椅子，因人在就餐时，活动量较大，则可适当宽些。坐宽也不宜过宽，以自然垂臂的舒适姿态肩宽为准。

4）座面曲度

人坐在椅、凳上时，座面的曲度或形状也直接影响体压的分布，从而引起坐感觉的变化，如图 8.8 所示。从图中可知，左方的体压分布较好，右方的欠佳，坐感不良。其原因是左边的压力集中于坐骨支撑点部分，大腿只受轻微的压力；而右边的则有相当的压力要大腿部软组织来承受。尽管从座面外观来看，似乎右边的舒适感比左边的好，但实际情况恰恰相反，所以座椅也不宜过软，因为座垫越软，臀部肌肉受压面积越大，从而导致坐感不舒服。

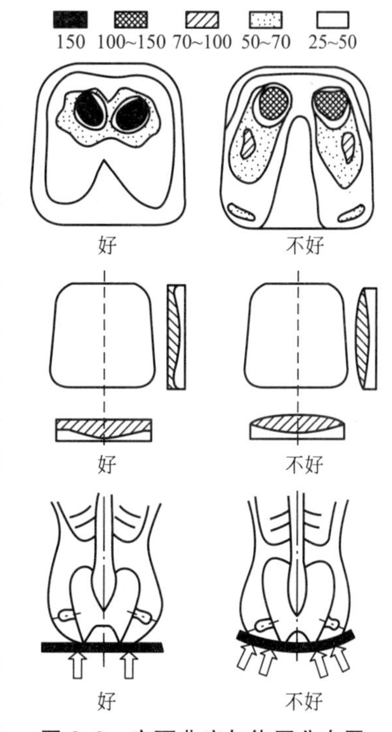

图 8.8 座面曲度与体压分布图

5）座面倾斜度

一般座椅的座面是采用向后倾斜的，后倾角度以 3°～5°为宜。但对工作用椅来说，水平座面要比后倾斜座面好一些。因为当人处于工作状态时，若座面是后倾的，人体背部也相应向后倾斜，势必产生人体重心随背部的后倾而向后移动，这样一来，就不符合人体在工作时重心应落于原点趋前的原理，这时，人在工作时为了提高效率，就会竭力保持重心向前的姿势，致使肌肉与韧带呈

Specialized 人体工程学坐垫【参考视频】

现极度紧张的状态，不久，人的腰、腹等处就开始感到疲劳，引起酸痛。因此，一般工作用椅的座面以水平为好，甚至也可考虑椅面向前倾斜，如通常使用的绘图凳面是前倾的。一般情况下，在一定范围内，后倾角越大，休息性越强，但不是没有限度的，尤其是对于老年人使用的椅子，倾角不能太大，因为会使老年人在起坐时感到吃力。

6）椅靠背

人若笔直地坐着，躯干就得不到支撑，背部肌肉也就显得紧张，导致疲劳感，因此，就需要用靠背来弥补这一缺陷。椅靠背的作用就是要使躯干得到充分的支撑，通常靠背略向后倾斜，能使人体腰椎获得舒适的支撑面，同时，靠背的基部最好有一段空隙，利于人坐下时，臀肌不致受到挤压。在靠背高度上有肩靠、腰靠和颈靠三个关键支撑点。肩靠应低于肩胛骨(相当于第9胸椎，高约460mm)，以肩胛的内角碰不到椅背为宜。腰靠应低于腰椎上沿，支撑点位置以位于上腰凹部(第2～4腰椎处，高为18～250mm)最为合适。颈靠应高于颈椎点，一般应不小于660mm。

2. 休息用坐具

休息用坐具的主要品种有躺椅、沙发、摇椅等。它的主要用途就是要充分地让人得到休息，也就是说它的使用功能是把人体疲劳状态减至最低程度，使人获得满意的舒适效果。因此，对于休息用椅的尺度、角度、靠背支撑点、材料的弹性等的设计要给予精心考虑。

1）坐高与坐宽

通常认为椅座前缘的高度应略小于膝窝到脚跟的垂直距离。据测量，我国人体这个距离的平均值，男性为410mm，女性为360～380mm。因此，休息用椅的坐高宜取330～380mm较为合适(不包括材料的弹性余量)。若采用较厚的软质材料，应以弹性下沉的极限作为尺度准则。座面宽也以女性为主，一般在430～450mm以上。

2）座倾角与椅夹角

座面的后倾角以及坐面与靠背之间的夹角(椅夹角或靠背夹角)是设计休息用椅的关键，由于座面向后倾斜一定的角度，促使身体向后倾，有利人体重量分移至靠背的下半部与臀部坐骨结节点，从而把体重全部抵住。而且，随着人体不同休息姿势的改变，座面后倾角及其与靠背的夹角还有一定的关联性，靠背夹角越大，座面后倾角也就越大，如图8.9所示。一般情况下，在一定范围内，倾角越大，休息性越强，但不是没有限度的，尤其是对于老年人使用的椅子，倾角不能太大，因为会使老年人在起坐时感到吃力。

通常认为沙发类坐具的坐倾角以4°～7°为宜，靠背夹角(斜度)以106°～112°为宜；躺椅的坐倾角可在6°～15°之间，靠背夹角可达112°～120°。随着座面与靠背夹角的增大，靠背的支撑点就必须分别增加到2～3个，即第2与第9胸椎(即肩胛骨下沿)两处，高背休息椅和躺椅还须增高至头部的颈椎。其中以腰椎的支撑最重要，如图8.9和图8.10所示。

3）坐深

休息用椅由于多采用软垫做法，座面和靠背均有一定程度的沉陷，故坐深可适当放大。轻便沙发的坐深可在480～500mm之间；中型沙发在500～530mm之间就比较合适；至于大型沙发可视室内环境做适当放大。如果座面过深，人坐在上面，腰部接触不到靠

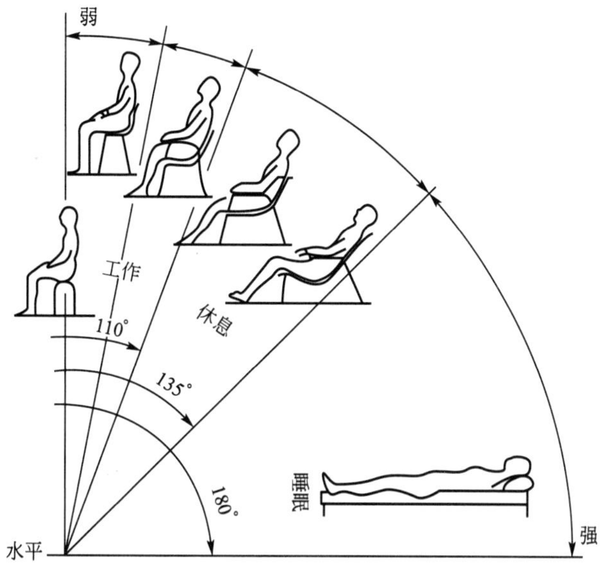

图 8.9　椅座角度与不同的休息姿势

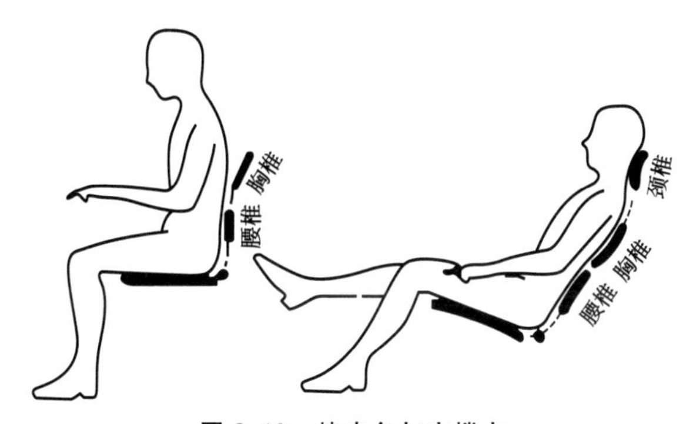

图 8.10　椅夹角与支撑点

背，结果支撑的部位不是腰椎，而是肩胛骨，上身被迫向前弯曲，就造成腹部受挤压，使人感到不适和疲劳。

4）椅曲线

休息用椅的椅曲线是椅座面、靠背面与人体坐姿时相应的支撑曲面，如图 8.11 所示。它是建立在座面体压分布合理的基础上，通过这样的整体曲面来完成支撑人体各部位的任务，并将使用功能与造型美很好地结合在一起，使人们唤起一种美与力的意象。按照人体坐姿舒适的曲线来合理确定和设计休息用椅及其椅曲线，可以使腰部得到充分的支撑，同时也减轻了肩胛骨的受压。但要注意托腰（腰靠）部的接触面宜宽不宜窄，托腰的高度以 185～250mm 较合适。靠背位于腰靠（及肩靠）的水平横断面宜略带微曲形以适应腰部（及肩部），一般肩靠处曲率半径为 400～500mm，腰靠处曲率半径为 300mm。但过于弯曲会使人感到不舒适，易产生疲劳感，如图 8.12 所示。靠背宽一般为 350～480mm。

5）弹性

休息用椅软垫的用材及其弹性的配合也是一个不可忽视的问题。弹性是人对材料坐压的软硬程度或材料被人坐压时的反回度。休息椅用软垫材料可以增加舒适感，但软硬应有

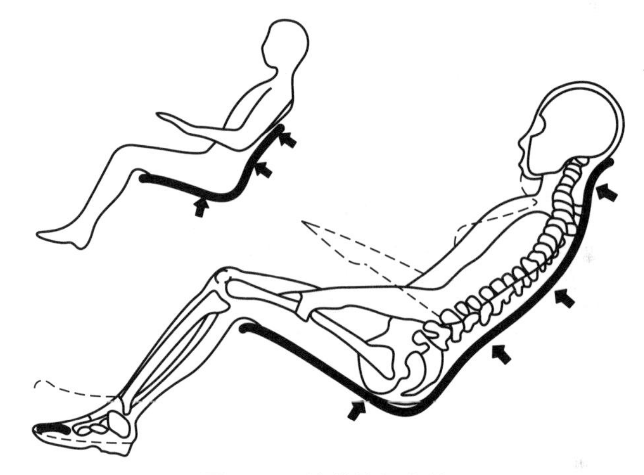

图 8.11　椅曲线与人体

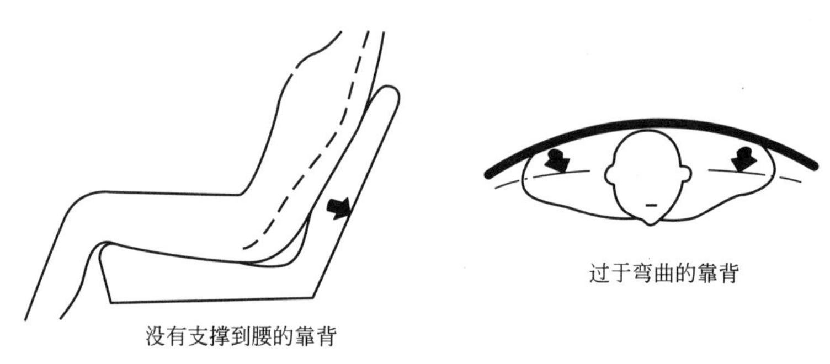

图 8.12　靠背不合适图示

适度。一般来说，小沙发的坐面下沉以 70mm 左右合适，大沙发的坐面下沉应在 80～120mm 合适。座面过软，下沉度太大，会使座面与靠背之间的夹角变小，腹部受压迫，使人感到不适，起立也会感到困难。因此，休息用椅软垫的弹性要搭配好，为了获得合理的体压分布，有利于肌肉的松弛和便于起坐动作，应该使靠背比座面软一些。

在靠背的做法上，腰部宜硬点，而背部则要软些。设计时应该以弹性体下沉后的安定姿势为尺度和依据。通常靠背的上部弹性压缩应在 30～45mm，托腰部的弹性压缩宜小于 35mm。休息椅的坐面与靠背也可采用藤皮、革带、织带等材料来编织。

6）扶手

休息用椅常设扶手，可减轻两肩、背部和上肢肌肉的疲劳，获取舒适的休息效果。但扶手高度必须合适，扶手过高或过低，肩部都不能自然下垂，容易产生疲劳感，根据人体自然屈臂的肘高与坐面的距离，扶手的实际高度应在 200～250mm(设计时应减去座面下沉度)为宜。两臂自然屈伸的扶手间距净宽应略大于肩宽，一般应不小于 460mm，以 520～560mm 为适宜，过宽或过窄都会增加肌肉的活动度，产生肩酸疲劳的现象，如图 8.13 所示。

扶手也可随座面与靠背的夹角变化而略有倾斜，这样有助于提高舒适效果，通常可取 10°～20°的角度。扶手外展以小于 10°的角度范围为宜。

扶手的弹性处理不宜过软，因它承受的臂力不大，而在人起立时，还可起到助立作用。但在设计时要注意扶手的触感效果，不宜采用导热性强的金属等材料，还要尽量避免见棱见角的细部处理。

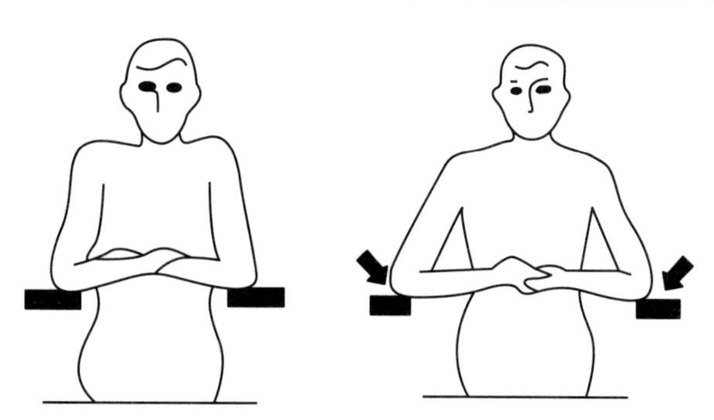

图 8.13　扶手间距不合适图示

3. 坐具的主要尺寸

坐具的主要尺寸包括坐高、座面宽、座前宽、坐深、扶手高、扶手内宽、背长、座斜度、背斜角等尺寸，以及为满足使用要求所涉及的一些内部分隔尺寸，这些尺寸在相应的国家标准中已有规定。本节除列有规定尺寸外，也提供了一些参考尺寸，供设计时参考。

坐高与桌面高的配型尺寸关系如图 8.14 和表 8－1 所示。

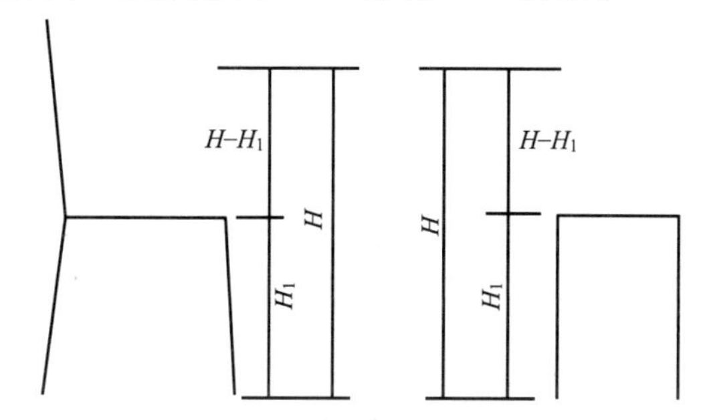

图 8.14　坐高与桌面高的配置关系

表 8－1　坐高与桌面高的配置尺寸关系　（单位 mm）

桌面高 H	坐高 H_1	桌椅(凳)高差 $H-H_1$	尺寸缓差
680～760 780 （参考尺寸）	400～440 软面最大坐高 460 （含下沉量）	250～320	10

（摘自 GB/T 3326—1997）

1）椅类家具的基本尺寸

普通椅子的基本尺寸如图 8.15 和表 8－2 所示。

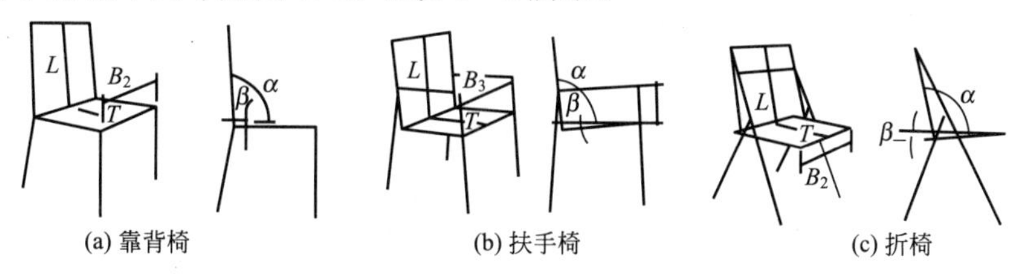

图 8.15　普通椅子基本尺寸的标注

表 8-2　普通椅子的基本尺寸　　（单位：mm）

椅子种类	坐深 T	背长 L	座前宽 B_2	扶手内宽 B_3	扶手高 H	尺寸级差	背斜角 β	座斜角 α
靠背椅	340～420	≥275	≥380			10	95°～100°	1°～4°
扶手椅	400～440	≥275		≥460	200～250	10	95°～100°	1°～4°
折椅	340～400	≥275	340～400			10	100°～110°	1°～4°

（摘自 GB/T 3326—1997）

2）普通凳类家具的基本主要尺寸

普通凳类家具的基本尺寸如图 8.16 和表 8-3 所示。

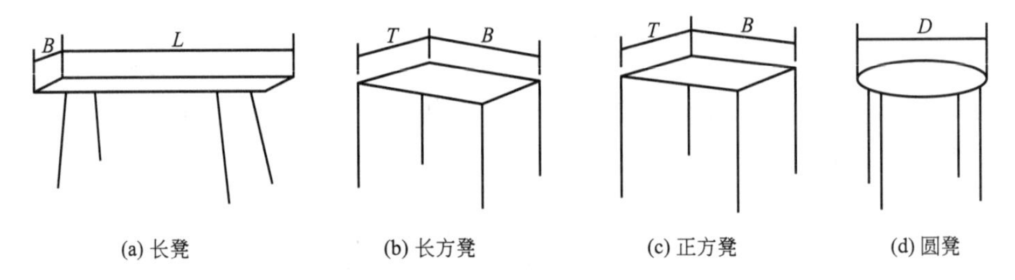

(a) 长凳　(b) 长方凳　(c) 正方凳　(d) 圆凳

图 8.16　普通凳类基本尺寸的标注

表 8-3　普通凳类的基本尺寸　　（单位：mm）

凳类	长 L	宽 B	深 T	直径 D	长度级差	宽度级差
长凳	900～1050	120～150			50	10
长方凳		≥320	≥240		10	10
正方凳		≥260	≥260		10	
圆凳				≥260	10	

（摘自 GB/T 3326—1997、QB/T 2383—1998）

3）沙发家具的基本尺寸

沙发类家具的基本尺寸如图 8.17 和表 8-4 所示。

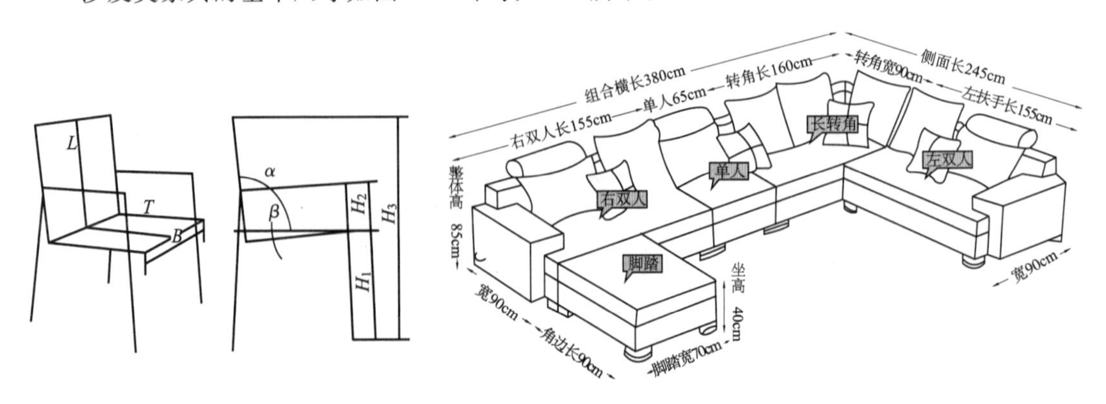

图 8.17　沙发基本尺寸的标注

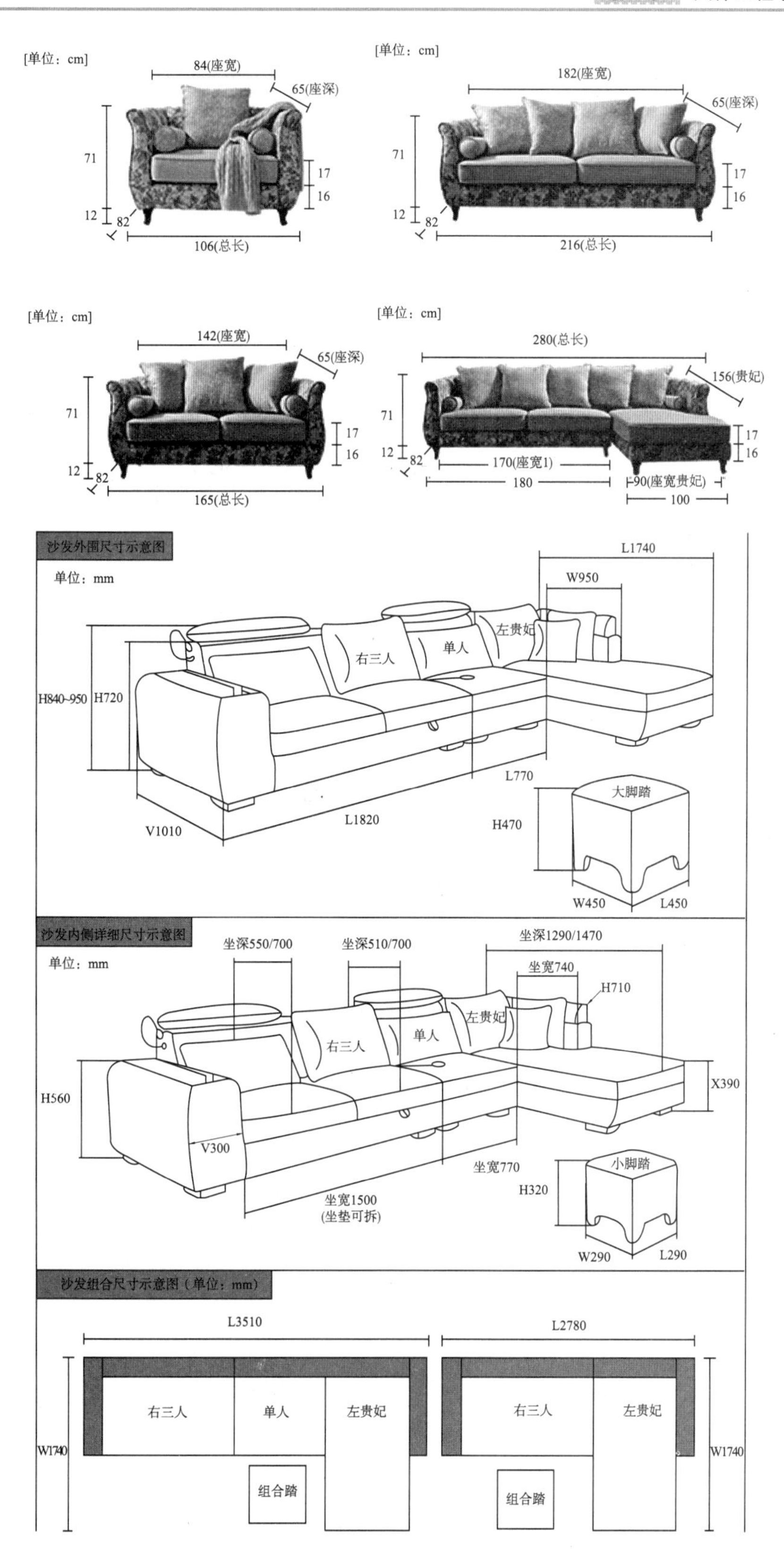

图 8.17 沙发基本尺寸的标注(续)

表 8-4 沙发的基本尺寸 (单位：mm)

沙发类	座前宽 B	坐深 T	座前高 H_1	扶手高 H_2	背高 H_3	背长 L	背斜角 β	座斜角 α
单人沙发	≥480	480～600	360～420	≤250	≥600	≥300	106°～112°	5°～7°
双人沙发	≥320							
三人沙发	≥320							

(摘自 QB/T 1952.1—2003)

8.1.3 座椅设计的新概念

1. 动态座椅

动态座椅的设计特点是：座椅能对坐者的动作与姿势做出自动响应。通常的座椅背靠与椅面夹角是固定的，座面除椅垫能部分地吸收落座时的冲击以外，再没有其他吸收冲击的措施。如图 8.18 所示，为一个“动态”座椅的设计示例，座面下配置的液压缸控制座椅角度在 14°范围内连续调整，液压缸的动作由坐者重心的移动来实现。这种自动调节可以使座椅适应不同使用者习惯的坐姿，使用者也可以在座椅上时常改变姿势，以防止久坐对身体局部的压力积累。调整后，座椅还可以在任意角度锁紧。该座椅还可以设计有座面提升结构，以吸收落座时的冲击。落座时，座面下陷一定高度，坐稳后，提升结构使之恢复到原来的位置。

图 8.18 动态座椅

2. 前倾式座椅

研究表明采用座面适当前倾设计的工作椅会适合于工作，尤其是办公室工作，如对写字和绘图用椅的设计，如图 8.19 所示。当要求座高较高时，对于倾斜式绘图桌用椅，前倾角应达到 15°以上，如果背靠角为 90°，则相当于座面与靠背夹角为 105°，这是坐姿的最小舒适角度，靠背对于脊椎部还能起适度的支持作用，肌肉紧张度较小，背部压力在椎骨上分布也较均匀。

3. 膝靠式座椅

办公家具的企业形象片【参考视频】

为了适应办公室工作，如打字、书写的坐姿要求，座面应设计成前倾式。但前倾式座面使坐者有从前缘滑落的趋势，为了维持坐姿，坐者不得不腿部用力抵住地面，防止前滑。为了解决这一问题，设计时从膝部支撑考虑，提供一膝部下方至小腿中部的膝靠，这样座面倾斜时前滑的趋势被膝靠阻挡住，从而保持了坐姿的稳定。

图 8.19 前倾式座椅

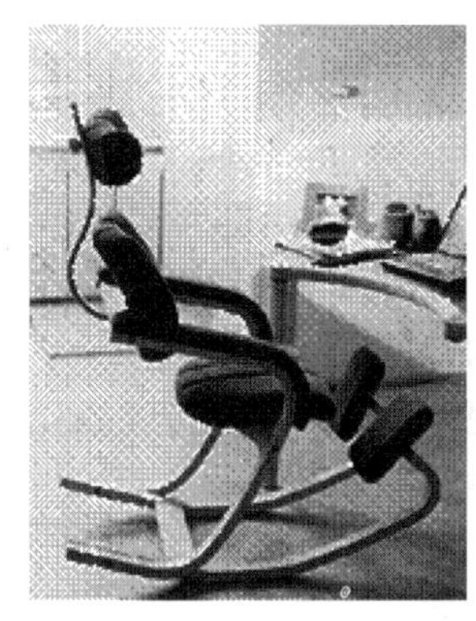
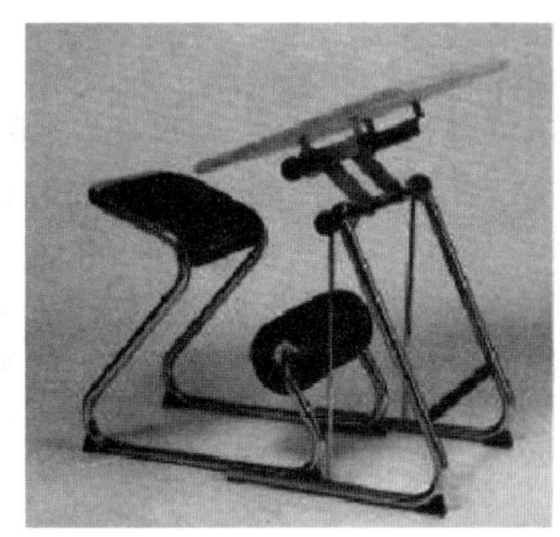
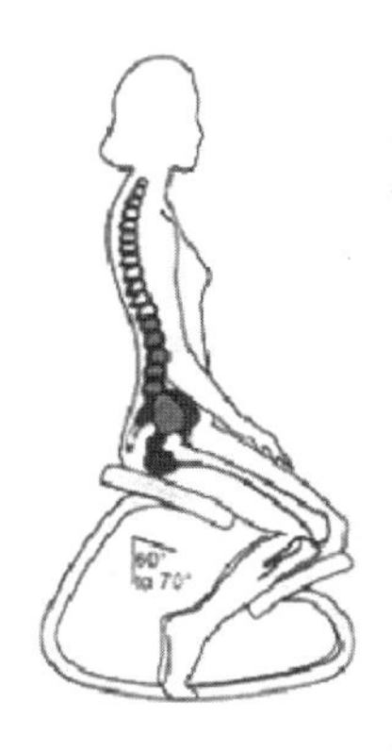

图 8.20 膝靠式座椅

膝靠式座椅是一种打破传统座椅靠臀部支撑体重的椅子。其设计特点如图 8.20 所示，由坐骨与膝盖来分担大腿以上部位的重量，以减轻脊柱和臀部的负担。但膝靠式座椅本身还有一些缺陷有待克服。主要问题在于进出座椅不方便；坐者只能采取前倾作业姿势，如欲后仰休息，则膝部以下被膝盖所限制。

4. 其他工作座椅

对于一些特定的工作岗位，由于上身前倾或需要随时变换体位，使用凳子比座椅更为合适。

1）作业用凳

对立姿工作岗位，工作时需坐一下短暂休息以减轻腿部疲劳时，可采用高度适宜、座面平坦的作业用凳，如图 8.21(a)所示。

对坐姿作业使用的座凳，其座面外形类似自行车坐垫，且向前倾斜，其高为 500～600mm。虽然座面高于小腿，但因座面在大腿部位向前倾斜一定角度，不会像水平座面那样压迫大腿后侧。该设计是考虑由坐骨结节点支撑体重，下肢又能自由活动而采用的理想造型，它所提供的坐姿作业，与长时间立姿作业相比，既可减轻下肢负担，又方便操作，如图 8.21(b)所示。

对于坐立交替作业使用的座凳，要求其结构十分稳固，高度可调，不用时可转至某个

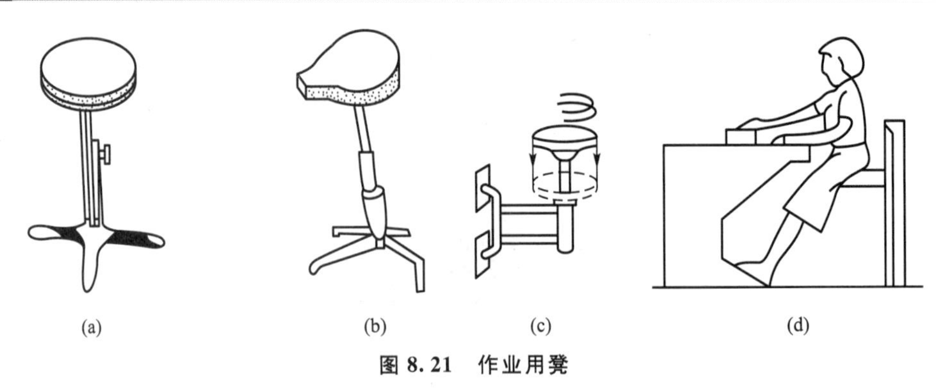

(a) (b) (c) (d)

图 8.21 作业用凳

不妨碍操作的位置。据此要求可设计成如图 8.21(c)所示的支撑旋转凳，它便于操作者在立姿的伸展操作中改变姿势。如图 8.21(d)所示的单边支凳，可调节高度和角度，在操作台上设有脚踏板和容腿空间。当采用坐姿操作时，可使操作者尽可能接近工作面；当采用立姿操作时，可将其从操作台旁推开。

2）其他支撑物

对立姿工作岗位，如其工作面高度相对较低，为了减轻因弯腰引起的人体疲劳，可采用如图 8.22 所示的支撑物，包括脚踏板和搁臂垫组合，如图 8.22(a)所示；脚踏板和支撑凳组合，如图 8.22(b)所示；回跳凳如图 8.22(c)所示；旋转凳如图 8.22(d)所示。

这些支撑物都能给操作者身体一个平衡力，但操作活动却不受这个力的影响。实践表明，操作者斜靠在这类支撑物上，比正坐在其他椅凳上更便于改变姿势和方便操作。

优秀座椅设计见彩图 1。

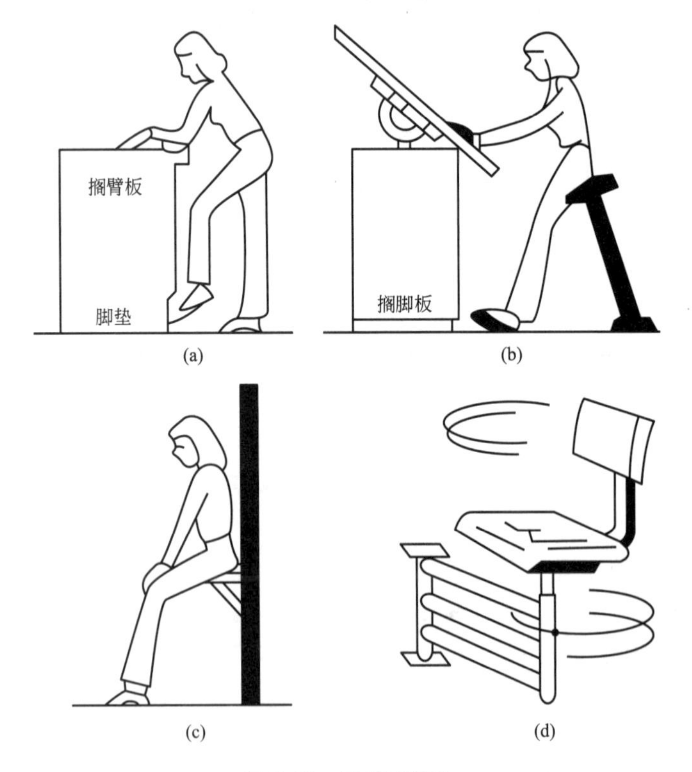

(a) (b)

(c) (d)

图 8.22 其他支撑物

显示器、电脑组合支架：人体工程学应用【参考视频】

8.1.4 卧具类家具的功能设计

1. 卧具的基本尺度与要求

卧具主要是床和床垫类家具的总称。卧具是供人睡眠休息的，使人躺在床上能舒适地尽快入睡，以消除每天的疲劳，便于恢复工作精力和体力。所以床及床垫的使用功能必须注重考虑床与人体的关系，着眼于床的尺度与床面(床垫)弹性结构的综合设计。

1) 睡眠的生理

睡眠是每个人每天都进行的一种生理过程。每个人的一生大约有 1/3 的时间在睡眠，而睡眠又是人为了有更充沛的精力去进行各种活动的基本休息方式。因而与睡眠直接相关的卧具的设计(即床的设计)，就显得非常重要。睡眠的生理机制十分复杂，科学家至今也没有完全解开其中的秘密，只是对它有一些初步的了解。睡眠是人的中枢神经系统兴奋与抑制的调节所产生的现象，日常活动中，人的神经系统总是处于兴奋状态。到了夜晚，为了使人的机体获得休息，中枢神经通过抑制神经系统的兴奋性使人进入睡眠。休息的好坏取决于神经抑制的深度也就是睡眠的深度。科学家通过测量发现，人的睡眠深度不是始终如一的，而是在进行周期性变化。

睡眠质量的客观指征主要有：一是上面所说的睡眠深度的生理测量；二是对睡眠的研究发现人在睡眠时身体也在不断地运动，经常翻转，采取不同的姿势。而睡眠深度与活动的频率有直接关系，频率越高，睡眠深度越浅。

2) 床面(床垫)的材料

通常，人们偶尔在公园或车站的长凳或硬板上躺下休息时，起来会感到浑身不舒服，身上被木板硌得生疼，因此，像座椅一样，常常需要在床面上加一层柔软的材料。这是因为，正常人在站立时，脊椎的形状呈 S 形，后背及腰部的曲线也随着起伏；当人躺下后，重心位于腰部附近，此时，肌肉和韧带也改变了常态而处于紧张的收缩状态，时间久了就会产生不舒适感。因此，床是否能消除人的疲劳(或者引起疲劳)，除了合理的尺度之外，主要是取决于床或床垫的软硬度能否适应并支撑人体不同卧姿处于最佳状态的条件。

床或床垫的软硬舒适程度与体压的分布直接相关，体压分布均匀的床或床垫较好，反之则不好。体压是用不同的方法测量出的身体重量压力在床面上的分布情况。不同弹性的床面，其体压分布情况也有显著差别。床面过硬时，显示压力分布不均匀，集中在几个小区域，造成局部的血液循环不好，肌肉受力不适等，而较软的床面则能解决这些问题。但是如果睡在太软的床上，由于重力作用，腰部会下沉，造成腰椎曲线变直，背部和腰部肌肉受力，从而产生不适感觉，进而直接影响睡眠质量，如图 8.23 和图 8.24所示。

因此，为了使人在睡眠时体压得到合理分布，必须精心设计好床面或床垫的弹性材料，要求床面材料应在提高足够柔软性的同时保持整体的刚性，这就需要采用多层的复杂结构。床面或床垫通常是用不同材料搭配而成的三层结构(图 8.25)，即与人体接触的面层采用柔软材料；中层则可采用硬一点的材料，有利于身体保持良好的姿态；最下一层是承受压力的部分，用稍软的弹性材料(弹簧)起缓冲作用。这种软中有硬的三层结构由于发挥了复合材料的振动特性，有助于人体保持自然和良好的仰卧姿态，使人得到充分的休息。

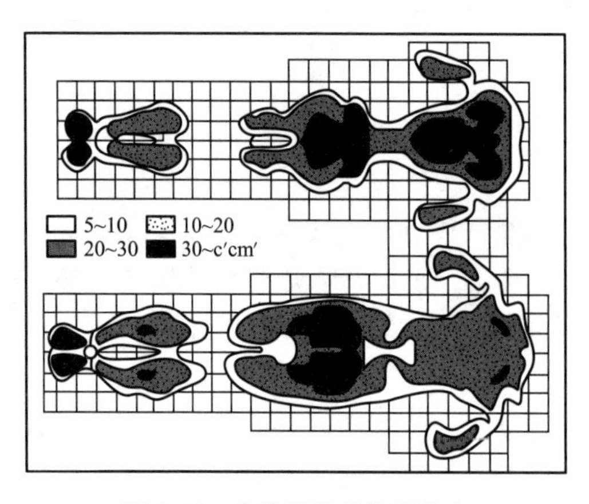

图 8.23　人体卧姿的体压分布

（上为硬床面，下为软床面）

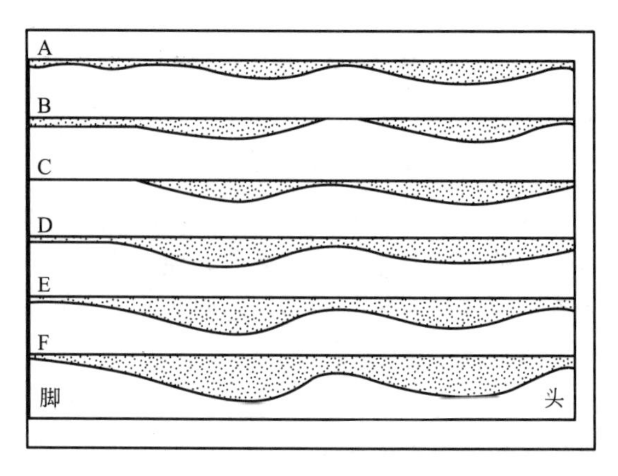

图 8.24　床的软硬度与人体弓背曲线

（上为硬床面，下为软床面）

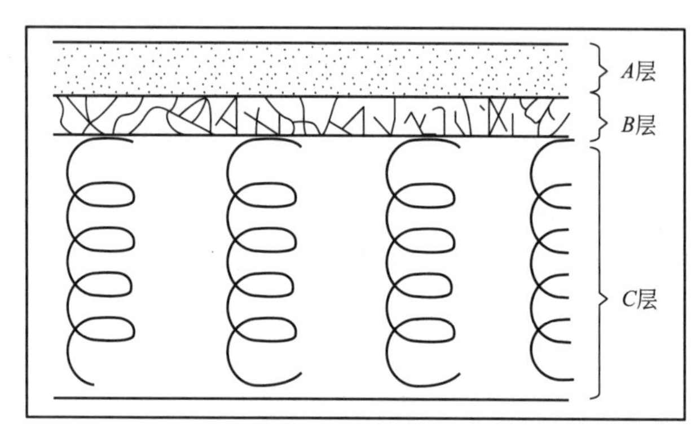

图 8.25　床面或床垫的软硬多层结构

2. 卧具的基本尺寸

人体压力分布测量使用【参考视频】

卧具的基本尺寸包括床面长、床面宽、床面高或底层床面高、层间净高，以及为满足安全使用要求所涉及的一些栏板尺寸。这些尺寸在相应的国家标准中已有规定。本节除列有规定尺寸外，也提供了一些参考尺寸，供读者设计时参考。

(1) 单层床的基本尺寸如图 8.26 和表 8-5 所示。

表 8-5　单层床的基本尺寸　（单位：mm）

单层床	床面宽 B	床面长 L		床面高 H	
		双屏床	单屏床	放置床垫	不放置床垫
单人床	720、800、900、1000、1100、1200	1920、1970	1900、1950	240～280	400～440
双人床	1350、1500、1800(2000)	2020、2120	2000、2100		

注：嵌垫式床面宽应在各档尺寸基础上增加 20mm。

（摘自 GB/T 3328—1997）

(2) 双层床的基本尺寸如图 8.27 和表 8-6 所示。

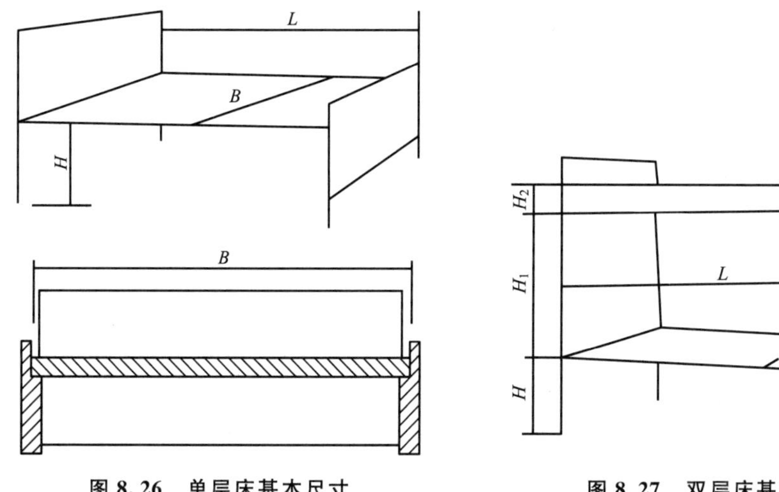

图 8.26 单层床基本尺寸

图 8.27 双层床基本尺寸

表 8-6 双层床的基本尺寸 (单位：mm)

床面长 L	床面宽 B	底床面高 H		层间净高 H_1		安全栏板缺口长度 L_1	安全栏板高度 H_2	
		放置床垫	不放置床垫	放置床垫	不放置床垫		放置床垫	不放置床垫
1920、1970、2020	720、800、900、1000	240～280	400～440	≥1150	≥980	500～600	≥380	≥200

(摘自 GB/T 3328—1997)

多功能床的设计见彩图 2。

8.2 凭倚类家具的功能设计

凭倚类家具是人们工作和生活所必需的辅助性家具。为适应各种不同的用途，出现了餐桌、写字桌、课桌、制图桌、梳妆台、茶几和炕桌等；另外还有为站立活动而设置的售货柜台、账台、讲台、陈列台和各种工作台、操作台等。

这类家具的基本功能是适应人在坐、立状态下，进行各种操作活动时，取得相应舒适而方便的辅助条件，并兼做放置或储存物品之用。因此，它与人体动作产生直接的尺度关系。一类是以人坐下时的坐骨支撑点(通常称椅坐高)作为尺度的基准，如写字桌、阅览桌、餐桌等，统称为坐式用桌。另一类是以人站立的脚后跟(即地面)作为尺度的基准，如讲台、营业台、售货柜台等，统称站立用工作台。

8.2.1 坐式用桌的基本尺度与要求

1) 桌面高度

桌子的高度与人体动作时肌体形状及疲劳有密切的关系。经实验测试，过高的桌子容易造成脊椎侧弯和眼睛近视等弊病，从而使工作效率减退；另外桌子过高还会引起耸肩和肘低于桌面等不正确姿势，从而引起肌肉紧张、疲劳。桌子过低也会使人体脊椎弯曲扩大，易使人驼背、腹部受压，妨碍呼吸运动和血液循环等，背肌的紧张也易引起疲劳。因此，舒适和正确的桌高应该与椅坐高保持一定的尺度配合关系，而这种高差始终是按人体坐高的比例核计的。所以，设计桌高的合理方法是应先有椅坐高，然后再加上桌面和椅面的高差尺寸，便可确定桌高，即

桌高＝坐高＋桌椅高差(约1/3坐高)

由于桌子不可能定人定型生产，因此在实际设计桌面高度时，要根据不同的使用特点酌情增减。例如，设计中餐桌时，要考虑端碗吃饭的进餐方式，餐桌可略高一点；若设计西餐桌时，就要讲究用刀叉的进餐方式，餐桌就可低一点；若是设计适于盘腿而坐的炕桌，一般多采用320～350mm的高度；若设计与沙发等休息椅配套的茶几，可取略低于椅扶手高的尺度。倘若因工作内容、性质或设备的限制必须使桌面增高，则可以通过加高椅座或升降椅面高度，并设足垫来弥补这个缺陷，使得足垫与桌面之间的距离和椅座与桌面之间的高差可保持正常高度，桌高范围在680～760mm。

2）桌面尺寸

桌面的尺寸应以人坐时手可达到的水平工作范围为基本依据，并考虑桌面可能放置物品的性质及其尺寸大小。若是多功能的或工作时尚需配备其他物品时，则还应在桌面上加设附加装置。双人平行或双人对坐形式的桌子，桌面的尺度应考虑双人的动作幅度互不影响(一般可用屏风隔开)、对坐时还要考虑适当加宽桌面，以符合对话中的卫生要求等。总之，要依据手的水平与竖向的活动幅度来考虑桌面的尺寸。

至于阅览桌、课桌等用途的桌面，最好应有约15°的斜坡，能使人获取舒适的视域。因为当视线向下倾斜60°时，视线倾斜桌面接近90°，文字在视网膜上的清晰度就高，既便于书写，又使背部保持着较为正常的姿势，减少了弯腰与低头的动作，从而减轻了背部的肌肉紧张和酸痛现象。但在倾斜的桌面上，往往不宜放东西，所以不常采用。

对于餐桌、会议桌之类的家具，应以人体占用桌边缘的宽度去考虑桌面的尺寸，舒适的宽度是按600～700mm来计算的，通常也可减缩到550～580mm的范围。各类多人用桌的桌面尺寸就是按此标准核计的。

3）桌下净空

为保证下肢能在桌下放置与活动，桌面下的净空高度应高于双腿交叉时的膝高，并使膝部有一定的上下活动余地。所以抽屉底板不能太低，桌面至抽屉底的距离应不超过桌椅高差1/2，即120～160mm。因此，桌子抽屉的下缘离开椅坐至少应有178mm的净空，净空的宽度和深度应保证两腿的自由活动和伸展。

4）桌面色泽

在人的静视野范围内，桌面色泽处理得好坏，会使人的心理、生理感受产生很大的反应，也对工作效率起着一定作用。通常认为桌面不宜采用鲜明色，因为色调鲜艳，不易使人集中视力；同时，鲜明色调往往随照明程度的亮暗而有增褪。当光照高时，色明度将增加0.5～1倍，这样极易使视觉过早疲劳。而且，过于光亮的桌面，由于多种反射角度的影响，极易产生眩光，刺激眼睛，影响视力。此外，桌面经常与手接触，若采用导热性强的材料做桌面，易使人感到不适，如玻璃、金属材料等。

8.2.2 站立用桌的基本尺度与要求

站立用桌或工作台主要包括售货柜台、营业柜台、讲台、服务台、陈列台、厨房低柜、洗台及其他各种工作台等。

1）台面高度

站立用工作台的高度，是根据人站立时自然屈臂的肘高来确定的。按我国人体的平均身高，工作台高以 910～965mm 为宜；对于要适应于用力的工作而言，则台面可稍降低 20～50mm。

2）台下净空

站立用工作台的下部，不需要留有腿部活动的空间，通常是作为收藏物品的柜体来处理。但在底部需有置足的凹进空间，一般内凹高度为 80mm、深度为 50～100mm，以适应人紧靠工作台时着力动作之需，否则，难以借助双臂之力进行操作。

3）台面尺寸

站立用工作台的台面尺寸主要由所需的表面尺寸和表面放置物品状况及室内空间和布置形式而定，没有统一的规定，视不同的使用功能做专门设计。至于营业柜台的设计，通常是兼写字台和工作台两者的基本要求进行综合设计的。

8.2.3 凭倚类家具的基本尺寸

桌台、几案等凭倚类家具的基本尺寸包括桌面高、桌面宽、桌面直径、桌面深、中间净空宽、侧柜抽屉内宽、柜脚净空高、镜子下沿离地面高、镜子上沿离地面高，以及为满足使用要求所涉及的一些内部分隔尺寸，这些尺寸在相应的国家标准中已有规定。本节除列有规定尺寸外，也提供了一些参考尺寸，供读者设计时参考。

1）带柜桌及单层桌

单柜桌(或写字台)、双柜桌和单层桌的基本尺寸如图 8.28～图 8.30 和表 8-7 所示。

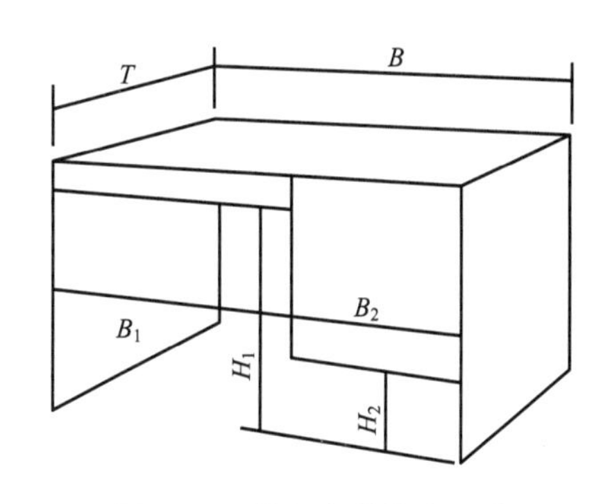

图 8.28 单柜桌的基本尺寸

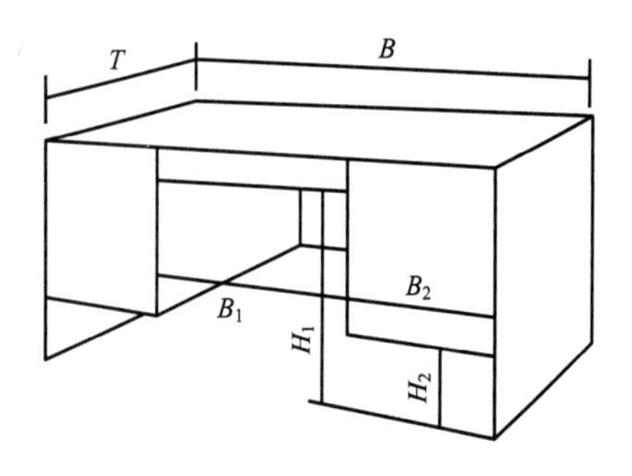

图 8.29 双柜桌的基本尺寸

2）餐桌

长方餐桌和方(圆)桌的基本尺寸如图 8.31、图 8.32 和表 8-8 所示。

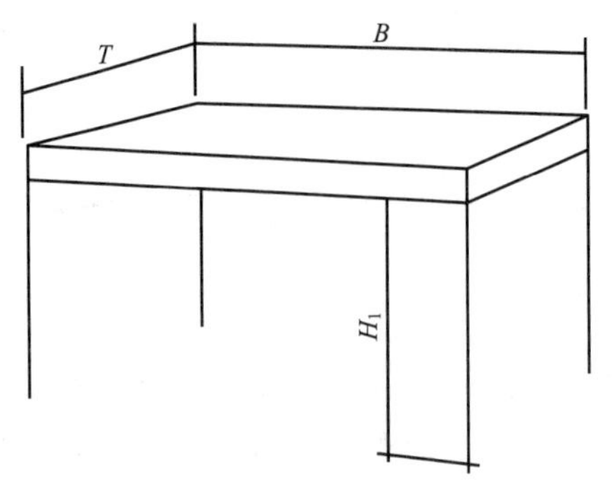

图 8.30　单层桌的基本尺寸

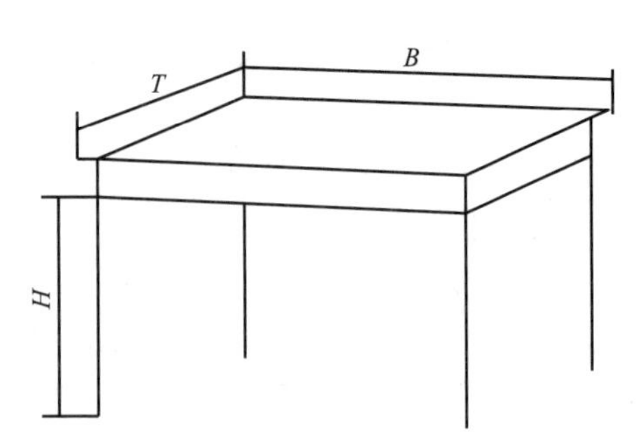

图 8.31　长方桌的基本尺寸

3）梳妆桌

梳妆桌的基本尺寸如图 8.33 和表 8-9 所示。

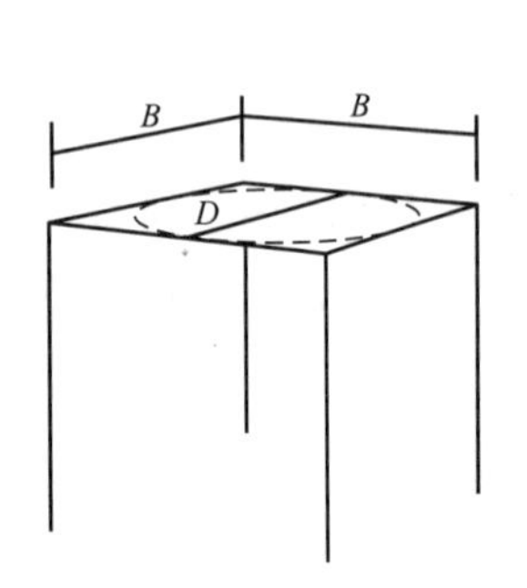

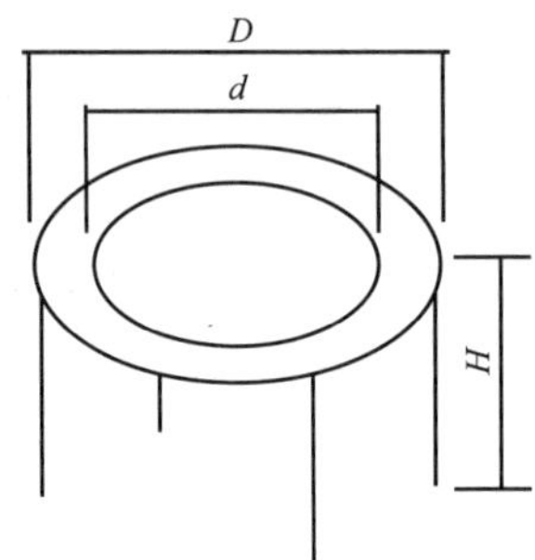

图 8.32　方圆桌的基本尺寸

图 8.33　梳妆桌的基本尺寸

表 8-7　带柜桌及单层桌的基本尺寸表　（单位：mm）

桌子种类	宽度 B	深度 T	中间净空高 H_1	柜脚净空高 H_2	中间净空宽 B_1	侧柜抽屉内宽 B_2	宽度级差 ΔB	深度级差 ΔT
单柜桌	900～1500	500～750	≥580	≥100	≥520	≥230	100	50
双柜桌	1200～2400	600～1200	≥580	≥100	≥520	≥230	100	50
单层桌	900～1200	450～600	≥580	—	—	—	100	50

（摘自 GB/T 3326—1997）

表 8-8　餐桌的基本尺寸　（单位：mm）

桌子种类	宽度 B 边长 B(或直径 D)	深度 T	中间净空高 H_1	直径差 $(D-d)/2$	宽度级差 ΔB	深度级差 ΔT
长方餐桌	900～1800	450～1200	≥580		100	50
方(圆)桌	600、700、750、800、850、900、1000、1200、1350、1500、1800(其中方桌边长≤1000)		≥580			
圆桌	≥700			≥350		

（摘自 GB/T 3326—1997、QB/T 2383—1998）

表 8-9 梳妆桌的基本尺寸 （单位：mm）

桌子种类	桌面高 H	中间净空高 H_1	中间净空宽 B	镜子上沿离地面高 H_3	镜子下沿离地面高 H_4
梳妆桌	≤740	≥580	≥500	≥1600	≤1000

（摘自 GB/T 3326—1997）

8.3 储藏类家具的功能设计

储藏类家具又称储存类或储存性家具，是收藏、整理日常生活中的器物、衣物、消费品、书籍等的家具。根据存放物品的不同，可分为柜类和架类两种不同储存方式。柜类主要有大衣柜、小衣柜、壁橱、被褥柜、床头柜、书柜、玻璃柜、酒柜、菜柜、橱柜、各种组合柜、物品柜、陈列柜、货柜、工具柜等；架类主要有书架、餐具食品架、陈列架、装饰架、衣帽架、屏风和屏架等。

8.3.1 储藏类家具的基本要求与尺度

储藏类家具的功能设计必须考虑人与物两方面的关系：一方面要求储存空间划分合理，方便人们存取，有利于减少人体疲劳；另一方面又要求家具储存方式合理，储存数量充分，满足存放条件。

1. 储藏类家具与人体尺度的关系

人们日常生活用品的存放和整理，应依据人体操作活动的可能范围，并结合物品使用的繁简程度去考虑它存放的位置。为了正确确定柜、架、搁板的高度及合理分配空间，首先必须了解人体所能及的动作范围。这样，家具与人体就产生了间接的尺度关系。这个尺度关系是以人站立时，手臂的上下动作为幅度的，按方便的程度来说，可分为最佳幅度和一般可达极限(图 8.34)。通常认为，在以肩为轴，上肢为半径的范围内存放物品最方便，使用次数也最多，又是人的视线最易看到的视域。因此，常用的物品就存放在这个取用方便的区域，而不常用的东西则可以放在手所能达到的位置，同时还必须按物品的使用性质、存放习惯和收藏形式进行有序放置，力求有条不紊、分类存放、各得其所。

1）高度

家具的高度，根据人存取方便的尺度来划分，可将家具的高度分为三个区域，如图 8.35 所示，第一区域为从地面至人站立时手臂下垂指尖的垂直距离，即 590mm 以下的区域，该区域存储不便，人必须蹲下操作，一般存放较重而不常用的物品(如箱子、鞋子等杂物)；第二区域为以人肩为轴，从垂手指尖至手臂向上伸展的距离(上肢半径活动的垂直范围)，高度在 590～1880mm，该区域是存取物品最方便、使用频率最多的区域，也是人的视线最易看到的视域，一般存放常用的物品(如应季衣物和日常生活用品等)；若需扩大储存空间，节约占地面积，则可设置第三区域，即柜体 1880mm 以上区域(超高空间)，一般可叠放柜、架，存放较轻的过季性物品(如棉被、棉衣等)。

符合人体工程学的整体厨柜【参考视频】

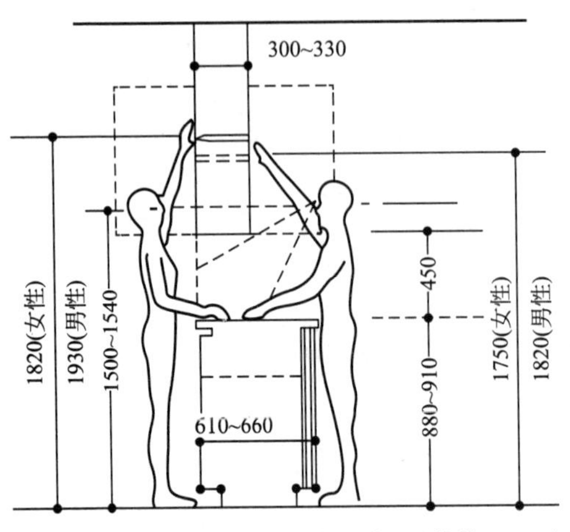

图 8.34　人能够达到的最大尺度图(单位：mm)

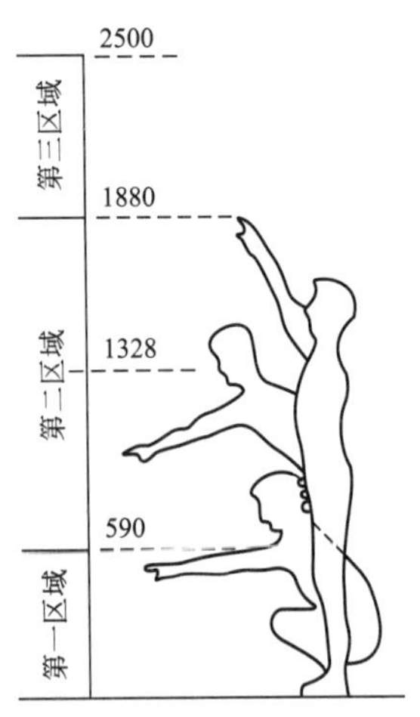

图8.35　柜类家具的尺度分区(单位：mm)

在上述第一、二储存区域内，根据人体动作范围及储存物品的种类，可以设置搁板、抽屉、挂衣棍等。在设置搁板时，搁板的深度和间距除考虑物品存放方式及物体的尺寸外，还需考虑人的视线，搁板间距越大，人的视域越好，但空间浪费较多，所以设计时要统筹安排，如图 8.36 所示。

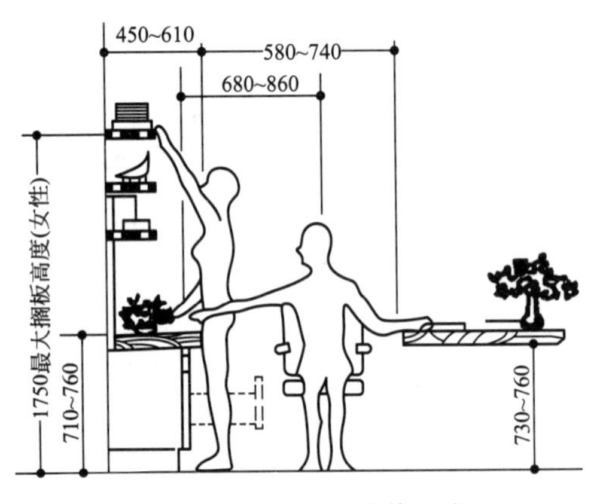

图 8.36　柜类家具人体尺度

对于固定的壁橱高度，通常是与室内净高一致；悬挂柜、架的高度还必须考虑柜、架下有一定的活动空间。

2）宽度与深度

至于橱、柜、架等储存类家具的宽度和深度，是由存放物的种类、数量和存放方式，以及室内空间的布局等因素来确定，而在很大程度上还取决于人造板材的合理裁割与产品设计系列化、模数化的程度。一般柜体宽度常用 800mm 为基本单元，深度上衣柜为 550～600mm，书柜为 400～450mm。这些尺寸是综合考虑储存物的尺寸与制作时板材的出材率等的结果。

储藏类家具高度
【参考图片】

在储藏类家具设计时，除考虑上述因素外，从建筑的整体来看，还须考虑柜类体量在室内的影响以及与室内要取得较好的视感。从单体家具看，过大的柜体与人的情感较疏远，在视觉上似如一道墙，体验不到它给我们使用上带来的亲切感。

2. 储藏类家具与储存物的关系

储藏类家具除了考虑与人体尺度的关系外，还必须研究存放物品的类别、尺寸、数量与存放方式，这对确定储存类家具的尺寸和形式起着重要作用。为了合理存放各种物品，必须找出各类存放物容积的最佳尺寸值。因此，在设计各种不同的存放用途的家具时，首先必须仔细地了解和掌握各类物品的常用基本规格尺寸，以便根据这些素材分析物与物之间的关系，合理确定适用的尺度范围，以提高收藏物品的空间利用率；其次，既要根据物品的不同特点，考虑各方面的因素，区别对待，又要照顾家具制作时的可能条件，制定出尺寸方面的通用系列。

一个家庭中的生活用品是极其丰富的，从衣服鞋帽到床上用品，从主副食品到烹饪器具、各类器皿，从书报期刊到文化娱乐用品，以及其他日杂用品。而且，洗衣机、电冰箱、电视机、组合音响、计算机等家用电器也已成为家庭必备的设备，这么多的生活用品和设备，尺寸不一、形体各异，它们的陈放与储藏类家具有着密切的关系。因此，在储藏类家具设计时，应力求使储存物或设备做到有条不紊、分门别类存放和组合设置，使室内空间取得整齐划一的效果，从而达到优化室内环境的作用。

除了存放物的规格尺寸之外，物品的存放量和存放方式对设计的合理性也有很大的影响。随着人民生活水平的不断提高，储存物品种类和数量也在不断变化，同时，存放物品的方式又因各地区、各民族的生活习惯不同而各有差异。因此，在设计时，还必须考虑各类物品的不同存放量和存放方式等因素，以有助于各种储藏类家具的储存效能的合理性。

8.3.2 储藏类家具的主要尺寸

针对储藏物品的繁多种类和不同尺寸及室内空间的限制，储藏类家具不可能制作得如此琐细，只能分门别类地合理确定设计的尺度范围。根据我国国家标准的规定，柜类家具的主要尺寸包括外部的宽度、高度、深度尺寸，以及为满足使用要求所涉及的一些内部分隔尺寸等。本节除列有规定尺寸外，也提供了一些参考尺寸，供读者设计时参考。

(1) 衣柜：衣柜的基本尺寸如图 8.37 和表 8-10 所示。

(2) 床头柜和矮柜：床头柜和矮柜的基本尺寸如图 8.38 和表 8-11 所示。

(3) 书柜和文件柜：书柜和文件柜的基本尺寸如图 8.39 和表 8-12 所示。

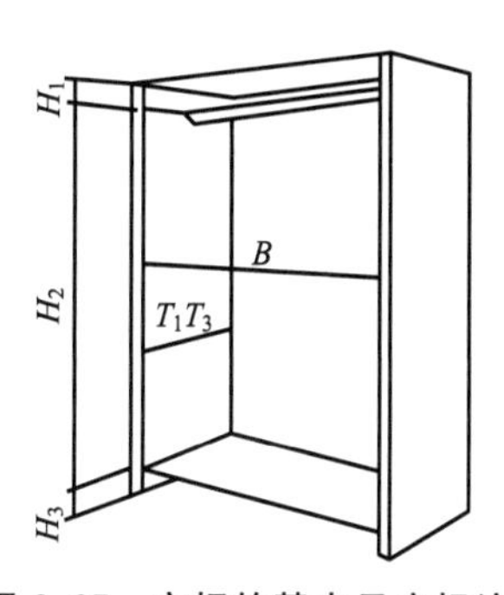

图 8.37 衣柜的基本尺度标注

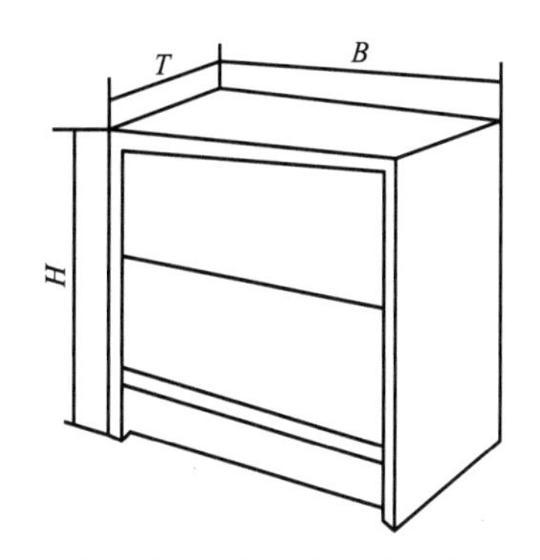

图 8.38 床头柜和矮柜的基本尺度标注

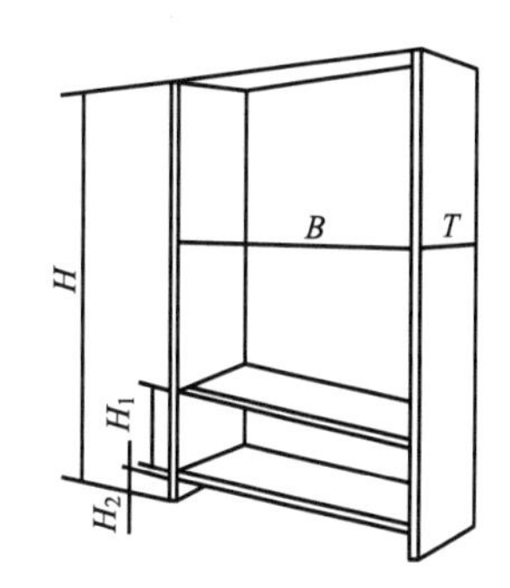

图 8.39 书柜和文件柜的基本尺度标注

表 8-10　衣柜的基本尺寸　(单位：mm)

柜类	挂衣空间宽 B	柜内空间深		挂衣棍上沿至顶板内面距离 H_1	挂衣棍上沿至底板内面距离 H_2		衣镜上缘离地面高	顶层抽屉屉面上缘离地面高	底层抽屉屉面下缘离地面高	抽屉深度	离地净高 H_3	
		挂衣空间深 T_1	折叠衣物空间深 T_2		挂长外衣	挂短外衣					亮脚	包脚
衣柜	≥530	≥530	≥450	≥580	≥1400	≥900	≤1250	≤1250	≥50	≥400	≥100	≥50

(摘自 GB/T 3327—1997)

表 8-11　床头柜与矮柜的基本尺寸　(单位：mm)

柜类	宽 B	深 T	高 H	离地净高 H_3	
				亮脚	包脚
床头柜	400～600	300～450	500～700	≥100	≥50
矮柜			400～900		

(摘自 GB/T 3327—1997)

表 8-12　书柜与文件柜的基本尺寸　(单位：mm)

柜类	宽 B		深 T		高 H		层间净高 H_1		离地净高 H_3	
	尺寸	级差	尺寸	级差	尺寸	级差	(1)	(2)	亮脚	包脚
书柜	600～900	50	300～400	20	1200～2200	第一级差 200	(1)≥230		≥310	≥100
						第二级差 50	(2)≥310			
文件柜	450～1050	50	400～450	10	370～400、700～1200、1800～2200	—	≥330		≥100	≥50

(摘自 GB/T 3327—1997)

贮藏类家具设计实例见彩图3。

习　　题

一、填空题

1. 坐卧类家具的基本功能是满足人们坐得舒服、________、________和________。

2. 人在一般的坐姿作业时，由于身体通常需要前倾，只有________起作用，因此可以不设________。而对于非频繁操作的起间歇休息支撑作用的座椅(如办公学习用座椅及餐厅座椅)，因人体通常需要间歇后仰，所以一般均应设置________。

3. ________主要是指座面的前沿至后沿的距离。它对人体舒适度影响也很大，如________，则会使腰部的支撑点悬空，靠背将失去作用，同时________处还会受到压迫而产生疲劳。同时，________，还会使膝窝处产生麻木的反应，并且也难起立。

4. 通常使用的绘图凳面是________；一般情况下，在一定范围内，后倾角________，休息性越强，但不是没有限度的，尤其是对于老年人使用的椅子，倾角不能________，因为会使老年人在起坐时感到吃力。

5. 凭倚类家具的基本功能是适应人在________下，进行各种操作活动时，取得相应舒适而方便的辅助条件，并兼作________之用。

6. 家具的高度，根据人存取方便的尺度来划分，可分为________个区域，第一区域为从地面至人站立时手臂下垂指尖的垂直距离，即________以下的区域，该区域存储不便，人必须蹲下操作，一般存放________；第二区域为以人肩为轴，从垂手指尖至手臂向上伸展的距离(上肢半径活动的垂直范围)，高度在________，该区域是存取物品最方便、使用频率最多的区域，也是人的视线最易看到的视域，一般存放________；若需扩大储存空间，节约占地面积，则可设置第三区域，即________区域(超高空间)，一般________。

二、选择题

1. 确定居室内大衣柜深度的尺寸是依据人体的(　　)。

A. 臀部宽度　　B. 两肘宽度　　C. 肩部宽度

2. 衣柜的隔板间距，即层间高，常按(　　)进行分层。

A. 书本高度　　B. 手臂能触及的范围

C. 肩部高度

3. 人的睡眠深度主要与床的(　　)有关。

A. 宽度尺寸　　B. 长度尺寸　　C. 高度尺寸

4. 床面材料的选用会影响(　　)。

A. 人体躺卧时的体表压力分布　　B. 椎柱的弯曲形状

C. 人体的姿势

5. 座位设计的主要要点为(　　)。

A. 椅垫垫性　　B. 座椅面高度　　C. 靠背

三、简答题

1. 简述座位设计的一般原理。

2. 工作椅的功能尺寸设计应考虑哪些方面?

3. 简述衣柜设计的主要尺寸。

第9章 信息界面设计

目的与要求

通过本章的学习，使学生熟悉和掌握视觉显示器设计和控制器设计的工效学要求。

内容与重点

本章主要介绍了视觉显示器设计的工效学要求和控制器设计的工效学要求。重点应掌握视觉显示器和控制器工效学设计的基本原则。

引例

体温计

体温计又称“医用温度计”。体温计的工作物质是水银。它的液泡容积比上面细管的容积大得多。泡里水银，由于受到体温的影响，微小的变化，水银体积的膨胀，使管内水银柱的长度发生明显的变化。

人体温度的变化一般在35℃～42℃之间，所以体温计的刻度通常是35℃～42℃，而且每度的范围又分成为10份，因此体温计可精确到1/10度。

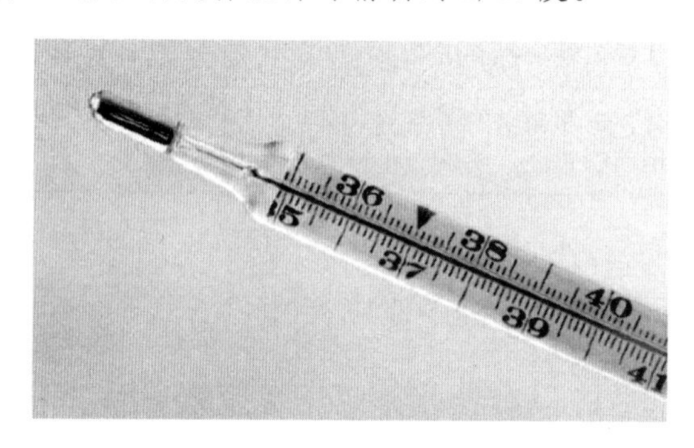

9.1 显示装置的类型与设计原则

9.1.1 显示装置的类型与性能特点

显示装置是人机系统中人机界面的主要组成部分之一。人依据显示装置所显示的机器运行状态、参数、要求，才能进行有效的操纵、使用。优良的显示装置是发挥机器效能的必要条件之一。人机学历史上对显示装置研究的投入很大，积累的数据资料也很丰富。

显示装置按人接收信息的感觉器官可分为视觉显示装置、听觉显示装置、触觉显示装置。其中视觉显示用得最广泛，听觉显示次之，触觉显示只在特殊场合用于辅助显示。视觉显示的主要优点是能传示数字、文字、图形符号，甚至曲线图表、公式等复杂的科技方面的信息，传示的信息便于延时保留和储存，受环境的干扰相对较小。听觉显示的主要优点是即时性、警示性强，能向所有方向传示信息且不易受到阻隔，但听觉信息与环境之间的相互干扰较大。

显示装置按显示的形式可分为仪表显示、信号显示(信号灯、听觉信号、触觉信号)、荧光屏显示等。

显示仪表的两种常见类型是刻度指针式仪表和数字式显示仪表，两者各有不同的特性和使用条件。

如表9-1所示，为两类仪表的不同优、缺点，决定了它们不同的适用场合，无须赘述。

表9-1 刻度指针式仪表与数字式仪表的性能对比

对比内容	刻度指针式仪表	数字式仪表
信息	① 读数不够快捷准确 ② 显示形象化、直观，能反映显示值在全量程范围内所处的位置 ③ 能形象地显示动态信息的变化趋势	① 认读简单、迅速、准确 ② 不能反映显示值在全量程范围内所处的位置 ③ 反映动态信息的变化趋势不直观
跟踪调节	① 难以完成很精确的调节 ② 跟踪调节较为得心应手	① 能进行精确的调节控制 ② 跟踪调节困难
其他	① 易受冲击和振动的影响 ② 占用面积较大，要求必要照明条件	一般占用面积小、常不需另设照明

9.1.2 仪表显示设计的一般人机学原则

在《工作系统设计的人类工效学原则》(GB/T 16251—2008)中，给出了“信号与显示器设计的一般人机工程学原则”。信号和显示器应以适合于人的感知特性的方式来加以选择、设计和配制，尤其应注意下列几点。

(1) 信号和显示器的种类和数量应符合信息的特性。

(2) 当显示器数量很多时，为了能清楚地识别信息，其空间配置应保证能清晰、迅速地提供可靠的信息。对它们的排列可根据工艺过程或特定信息的重要性和使用频度进行安排，也可依据过程的功能、测量的种类等来分成若干组。

(3) 信号和显示器的种类和设计应保证清晰易辨，这一点对于危险信号尤其重要，应考虑如强度、形状、大小、对比度、显著性和信噪比等。

(4) 信号显示的变化速率和方向应与主信息源变化的速率和方向相一致。

(5) 在以观察和监视为主的长时间的工作中，应通过信号和显示器的设计和配置来避免超负荷和负荷不足的影响。

9.2 显示仪表的设计

9.2.1 刻度盘的形式

刻度指针式仪表的常见形式如图9.1所示。图9.1(a)称为开窗式，可以看成是数字式仪表的一种变形，因为认读区域很小，视线集中，因此读数准确快捷，但对信息的变化趋势及状态所处位置不易一目了然，跟踪调节也不方便，今后会因数字式仪表的发展而逐渐被替代。图9.1(d)、(e)两种都是直线形的仪表盘，观察时视线的扫描路径长，因此认读比较慢，误读率高，是图示几种形式中较差的形式。由前述人的视觉运动特性(目光水平方向巡视比铅垂方向快)可知，其中铅垂直线形比水平直线形更差。图 9.1(c)为圆形仪表盘，视线的扫描路径短，认读较快，缺点是读数的起始点和终止点可能混淆不清。图 9.1(b)所示的半圆形仪表盘实际上是与图 9.1(f)、图 9-1(g)、图 9-1(h)那样的非整圆形仪表盘的特点类似的，只不过后三种在式样上显得更灵活一些。它们的共同优点是：视线扫描路径不长，认读方便，起始点和终止点不会混淆。

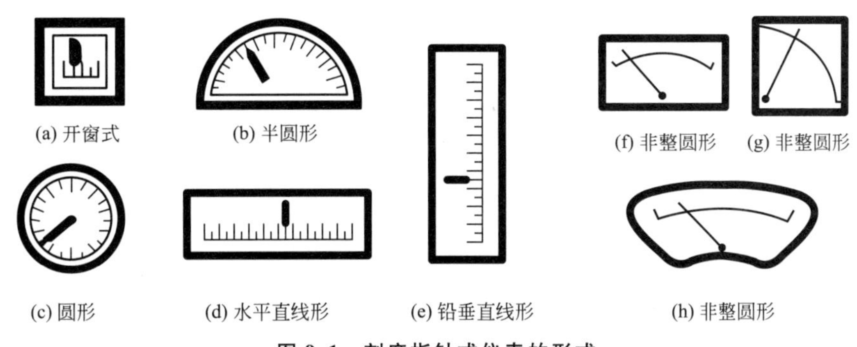

图 9.1　刻度指针式仪表的形式

曾有人机学工作者做过上述几种形式仪表的误读率测试研究，某一组测试结果如图 9.2所示。从图 9.2 可以看出，误读率与上面讲的认读时间有相关性：凡认读时间长的，误读率也比较高。

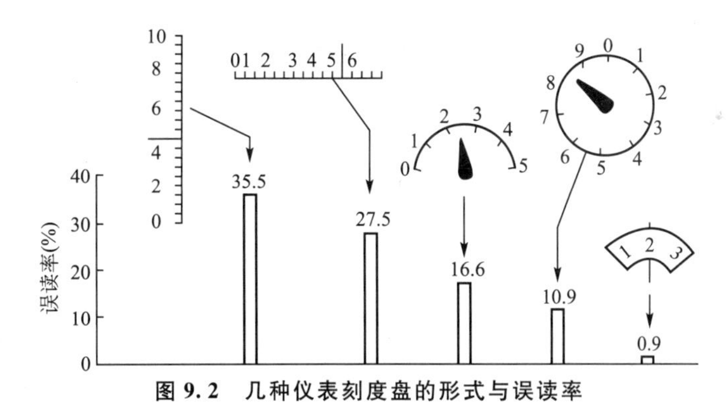

图 9.2　几种仪表刻度盘的形式与误读率

9.2.2　仪表刻度盘的尺寸

仪表刻度盘尺寸选取的原则是：在基本保证能清晰分辨刻度的条件下，应选取较小的直径。人们常认为刻度盘尺寸大一点，容易看清楚，比较好。刻度盘尺寸太小，分辨刻度困难，固然不行；但已经能分辨刻度了还继续加大刻度盘尺寸，就使认读时视线扫描路径增加，不但使认读时间加长，也使误读率上升。另外，刻度盘大了也不利于设计的紧凑和精致。

测试研究表明，刻度盘外轮廓尺寸(如圆形刻度盘的直径)D 可在观察距离(视距)L 的 1/23～1/11 之间选取。表 9-2 给出的刻度盘尺寸与视距的关系，已经考虑了刻度标记数量的影响。实际上，在刻度盘上刻度甚密的条件下，保证两刻度之间的必要间距(下面即将给出与此相关的数据)，可能成为刻度盘尺寸的决定性因素。

表9-2　刻度盘最小尺寸、标记数量与视距的关系

刻度标记的数量	刻度盘的最小直径/mm	
	视距为500mm	视距为900mm
38	26	26
50	26	33
70	26	46
100	37	65
150	55	98
200	73	130
300	110	196

仪表盘的外轮廓尺寸，从视觉的角度来说，实际上是仪表盘外边缘构件形成的界线尺寸。因此，该界线的宽窄、颜色的深浅都影响仪表的视觉效果，也是仪表造型设计中应适当处理的因素。从视觉考虑，以能“拢”得住视线，又不过于“抢眼”、不干扰对仪表的认读为佳。

9.2.3　刻度、刻度线

1. 刻度标值

刻度值的标注数字应取整数，避免小数或分数。每一刻度对应1个单位值，必要时也可以对应2个或5个单位值，以及它们的10、100、1000倍等。刻度值的递增方向应与人的视线运动的适宜方向一致，即从左到右、从上到下，或顺时针旋转方向。刻度值应只标注在长刻度线上，一般不在中刻度线上标注，尤其不标注在短刻度线上。如图9.3所示，为刻度标值适宜与不适宜的示例。

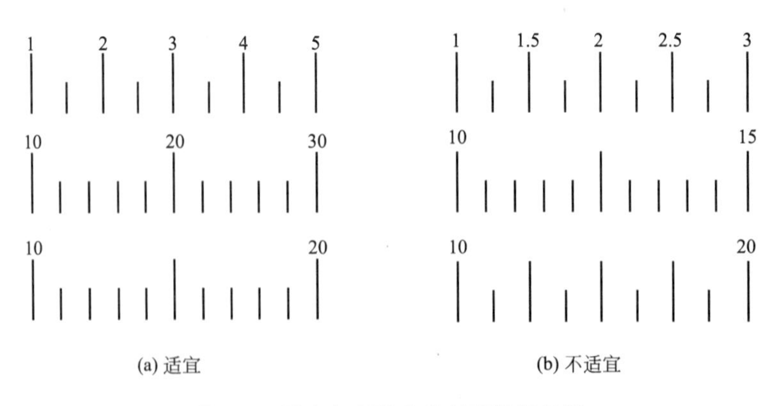

图9.3　适宜与不适宜的刻度标值示例

2. 刻度间距

刻度盘上两个最小刻度标记(如刻度线)之间的距离称为刻度间距，简称刻度。刻度太小，视觉分辨困难；刻度过大，也使认读效率下降。

3. 刻度线

刻度线一般分短、中、长三级，如图9.4所示。刻度线的宽度一般可在刻度间距的1/3～1/8的范围内选取。若刻度线的宽度能按短线、中线、长线顺序逐级加粗一些，将有利于快速地正确认读，如图9.5所示，是三级刻度线宽度、长度的一个示例。刻度线的长度基本取决于观察视距，参考值见表9-3。

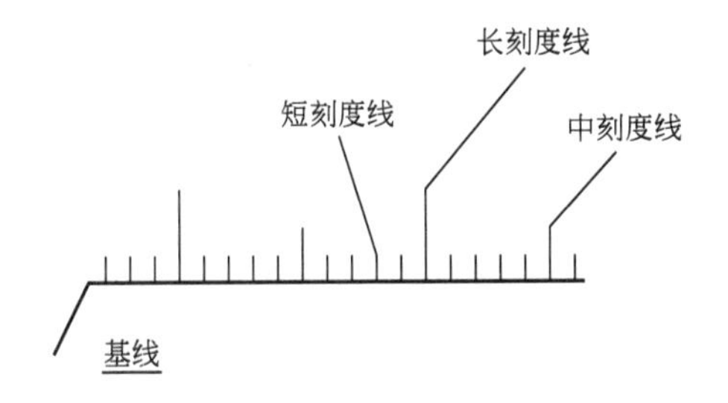

图9.4 三级长度的刻度线

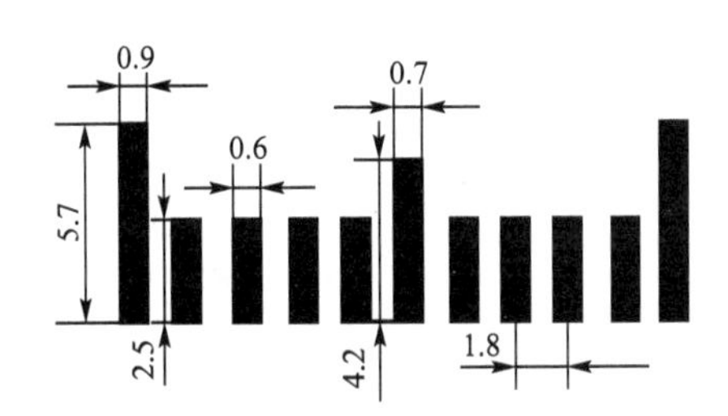

图9.5 三级刻度线宽度、长度的示例

表9-3 刻度线长度与视距的关系

视距/m	刻度线长度/mm		
	长刻度线	中刻度线	短刻度线
0.5以内	5.5	4.1	2.3
0.5～0.9	10.0	7.1	4.3
0.9～1.8	20.0	14.0	8.6
1.8～3.6	40.0	28.0	17.0
3.6～6.0	67.0	48.0	29.0

9.2.4 指针与盘面

指针的形状应有鲜明的指向性特征，如图9.6所示。指针的色彩与盘面底色也应形成较鲜明的对比。指针头部的宽窄宜与刻度线的宽窄一致。长指针的长度，在不遮挡数码且与刻度线间保留间隙的前提下，宜尽量长些；短指针的长度应兼顾视觉可视性，又与长指针能明确地区别。这些都关系到仪表的认读性能。

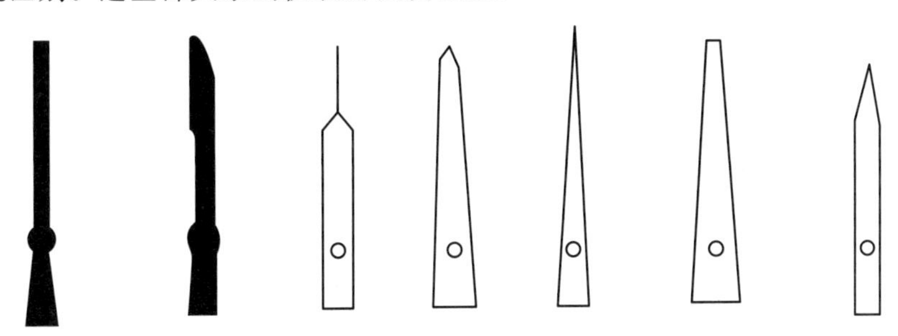

图9.6 指针造型的指向性示例

若指针的旋转面高于盘面上的刻度线，当观察者的视线不与盘面垂直且不在指针方向时，会造成读数误差。因此应在结构设计中使指针旋转平面与刻度线盘面处在同一平面上。

字符与数码的上与下的朝向，可称为字符数码的立位。仪表盘面上字符数码立位的正确选择，与指针盘面的相对运动关系有关，也就是与指针盘面的结构有关。可用如图 9.7 所示的例子来加以说明。

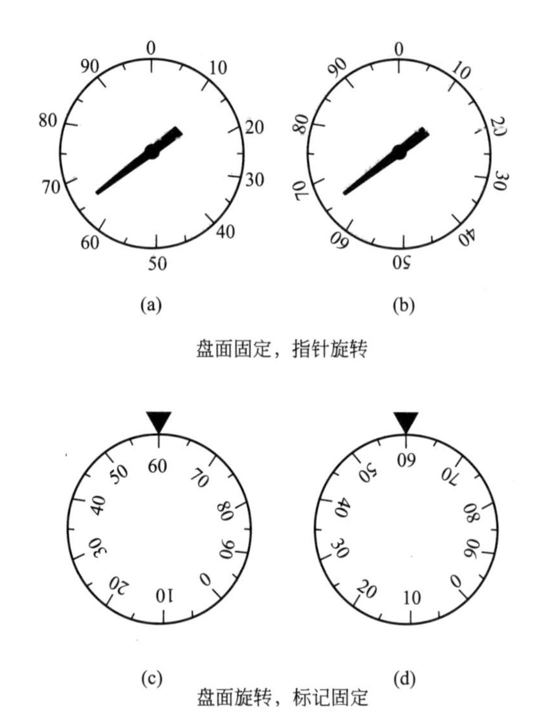

(a) (b)

盘面固定，指针旋转

(c) (d)

盘面旋转，标记固定

图 9.7　刻度盘结构与字符数码

如图 9.7(a)和图 9.7(b)所示的结构都是盘面固定、指针旋转，其中图 9.7(a)中字符铅垂方向正位，容易认读；而图 9.7(b)中的字符向圆心方向立位，认读就困难了，“60”看着像“09”，等等。如图 9.7(c)和图 9.7(d)所示的结构都是盘面旋转、“▲”标记固定不动，其中图 9.7(c)的字符与图 9.7(b)一样，都是向圆心方向立位的，但所有字符随盘面旋转到标记“▲”的位置时，都成为铅垂方向的正向立位，便于认读。而对于图 9.7(d)的字符则很容易发生认读错误。

9.2.5　数码与字符设计

仪表要迅速准确地把信息显示给人，除刻度和指针的设计要符合人体工程学的要求外，还必须配上视觉特性设计的数码和字符，才能最有效地显示信息。除此之外，数码和字符也单独使用显示信息。

1. 数码和字符的形状设计

数码和字符的设计，应使与其他数码和字符相区别的特征得以加强，而使那些容易与其他数码和字符易混淆的部分得以减弱。并在不同的视觉条件下(如可见度、瞬间辨认等)，使数码和字符具有便于认读的特征。

例如，在快速分辨和能见度较差的情况下，使用直线和尖角形的数码较好；而在光线良好、视觉条件较优的条件下，采用直线和圆弧形的数码较好。使用拉丁或英文字母时，一般情况下应用大写印刷体，因大写字母的印刷体比小写字母清晰，使用汉字时最好是仿宋字和黑体字的印刷体，其笔画规整，清晰易辨。

2. 数码和字符大小设计

视觉传达设计中文字的合理尺寸涉及的因素很多，主要有观看距离(视距)的远近、光照度的高低、字符的清晰度、可辨性、要求识别的速度快慢等。其中清晰度、可辨性又与字体、笔画粗细、文字与背景的色彩搭配对比等有关。上述这些因素不同，文字的合理尺寸可以相差很大。所以各种特定、具体条件下的合理字符尺寸，常需要通过实际测试才能确定。

在以下三个方面的一般条件下，即：①中等光照强度；②字符基本清晰可辨(不要求特别高的清晰度，但也不是模糊不清)；③稍作定睛凝视即可看清，经人机学工作者测定的基本数据是：

字符的(高度)尺寸＝(1/200)视距～(1/300)视距

通常情况下，若取其中间值，则有

字符的(高度)尺寸＝视距/250

由这一简单公式，得到视距 L 与字符高度尺寸 D 之间的对照关系，见表9-4。

表9-4　一般条件下字符高度尺寸 D 与视距 L 的对照关系

视距 L/m	1	2	3	5	8	12	20
字符高度尺寸 D/mm	4	8	12	20	32	48	80

如果情况与上述“一般条件”的三条基本符合或接近，则表9-5所列数据可直接或参照使用。

表9-5　仪表盘上字符的高度与视距

视距/m	字高/mm	视距/m	字高/mm
0.5以内	2.3	1.8～3.6	17.3
0.5～0.9	4.3	3.6～6.0	28.7
0.9～1.8	8.6		

3. 字符的笔画粗细

(1) 笔画少字形简单的字，笔画应该粗；笔画多字形复杂的字，笔画应该细。

(2) 光照弱的环境下，字的笔画需要粗；光照强的环境下，字的笔画可以细。

(3) 视距大而字符相对小时，笔画需要粗；反之，笔画可以细。

(4) 浅色背景下，深色的字笔画需要粗；深色背景下，浅色的字笔画可以细。

较极端的情况是：白底黑字需要更粗一些，黑底白字可以更细一些；暗背景下发光发亮的字尤其应该细。

4．字符的排布

视觉传达中字符排布的一般人机学原则如下。

(1) 从左到右的横向排列优先；必要时采用从上到下的竖向排列；尽量避免斜向排列。

(2) 行距：一般取字高的50%～100%。字距(包括拉丁字母和阿拉伯数字之间的间距)：不小于一个笔画的宽度。拼音文字的词距：不小于字符高度的50%。

(3) 若文字的排布区域为竖长条形，且水平方向较窄，容纳不下一个独立的表意单元(可能是一个词语或词汇连缀等)，则汉字可以从上到下竖排，但拼音文字应采用将水平横排逆时针旋转90°的排布形式。

(4) 同一个面板上，同类的说明或指示文字宜遵循统一的排布格式。

5．字符与背景的色彩及其搭配

字符与背景色彩及其搭配的一般人机工程学原则如下。

(1) 字符与背景间的色彩明度差，应在孟塞尔色系的2级以上。

(2) 照度低于10lx时，黑底白字与白底黑字的辨认性差不多；照度为10～100lx时，黑底白字的辨认性较优，而照度超过100lx时，白底黑字的辨认性较优。这里说的白色、黑色，可以分别扩展理解为高明度色彩、低明度色彩。

(3) 字符主体色彩(而不是背景色彩)的特性决定了视觉传达的效果，如红、橙、黄是前进色、扩张色，蓝、绿、灰是后退色、收缩色，因此红色霓虹灯(红色交通灯、信号灯相同)的视觉感受比实际距离近，蓝、绿霓虹灯视觉感受距离相对要远。

(4) 字符与背景的色彩搭配对视觉辨认性的影响较大，清晰的和模糊的色彩搭配关系见表9-6。公路交通上路牌、地名和各种标志所采用的色彩搭配，如黑黄、黄黑、蓝白、绿白等都属于清晰的搭配。

表9-6　字符与背景的色彩搭配与辨认性

效果 / 颜色 / 顺序	清晰的配色效果										模糊的配色效果									
	1	2	3	4	5	6	7	8	9	10	1	2	3	4	5	6	7	8	9	10
底色	黑	黄	黑	紫	紫	蓝	绿	白	黑	黄	黄	白	红	红	黑	紫	灰	红	绿	黑
被衬色	黄	黑	白	黄	白	白	白	黑	绿	蓝	白	黄	绿	蓝	紫	黑	绿	紫	红	蓝

9.2.6　仪表布置

单个的仪表，或者仪表板、仪表柜上多个显示装置的布置，应遵循的一般原则如下。

(1) 显示装置所在平面与人的正常视线应尽量接近垂直，以方便认读和减少读数误差。

如图 9.8(a)所示，为正常立姿、坐姿及适宜视距下的显示板平面位置，注意正常视线是在水平线以下。现在汽车的仪表板都基本按这一原则安置，如图 9.8(b)所示。

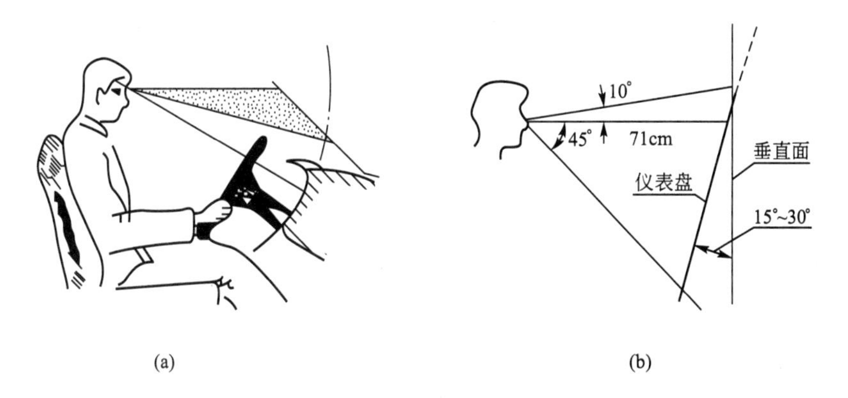

图 9.8　显示装置平面与视线尽量垂直

(2) 根据前述人的视野、视区特性，显示装置的布置应紧凑，以适度缩小仪表板的总范围；并按重要性和观视频度，将显示器分别布置在合适的视区内。

在显示装置较多、仪表板的总面积较大时，宜将仪表板由平面形改为弧围形或折弯形，如图 9.9 所示。这有利于加快正确认读，缓解眼睛的疲劳。如图 9.9(b)所示的汽车仪表布置也遵循了“等视距”的原则。

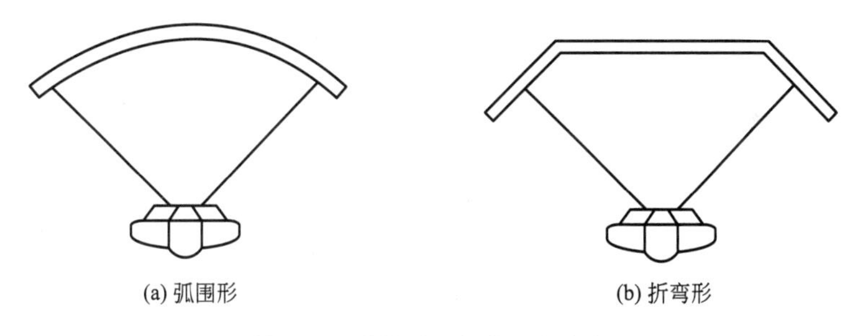

图 9.9　弧围形、折弯形仪表板

(3) 根据操作的流程，有些仪表板上的仪表有固定的观察顺序，这些仪表就应按前述目光巡视特性(即视觉运动特性)，依观察顺序从左到右、从上到下，按顺时针方向旋转来布置。

(4) 注意按“功能分区”的原则布置仪表。例如，在一些工程机械上，吊车、挖掘机、凿岩机等，行驶时需要关注的是与发动机有关的那部分仪表，如发动机燃油表、发动机水温表、行驶速度表等；到达施工现场后需要关注的是与施工动力有关的仪表，如显示起吊电动机、液压系统等工作系统运行状态的仪表。这两类仪表应该分开区域进行布置，以便于操作，减少失误。

(5) 除了前面所讲用作定量显示的读数类仪表以外，还有一类定性显示的检查类仪表或警戒类仪表，一般不需要仪表显示具体量值，却要求能突出醒目地显示系统的工作状态(参数)是否偏离正常。

在较大型的化工厂、电站的监控室里，常装着一排排检查类或警戒类仪表。这类仪表的布置应注意两点：第一，表示“正常状态”的显示器指针位置(也叫“零位位置”)，应以钟表上12点、9点或6点的方位排列，即指针指向正上方、正下方或水平向左方向为好，如图9.10(a)和图9.10(b)所示。第二，当仪表较多时，在整齐排列的仪表之间添加辅助线，能使异常情况突显出来，有利于监控人员及时发现，如图9.10(c)所示。图9.10(c)共有6个图，其中上面3个图的每个图里都有仪表偏离了正常位置，但并不容易很快发现；下面3个图都加了辅助线，由于有辅助线对人们视线的引导作用，非正常仪表被突显出来，一眼就能发现。

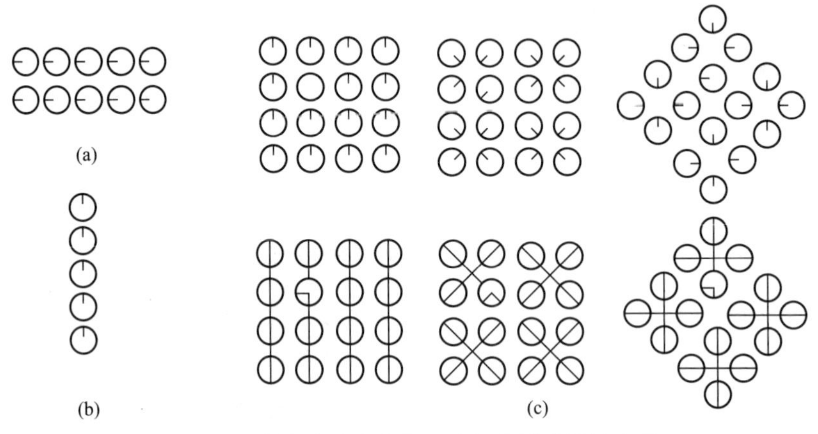

图9.10　检查类仪表的零位选择和辅助线的应用

(6) 显示装置的布置应与被显示的对象有容易理解的一一对应的关系。使显示装置及其显示对象具有空间几何的一致性，是两者良好对应关系最自然、最简单的形式；显示装置布置还有一个重要方面，就是应该遵循显示与操纵的互动协调原则。

9.3 信号显示设计

9.3.1 信号显示的类型与特点

信号显示有视觉信号、听觉信号、触觉信号三种类型。

三种类型信号的不同功能特点和使用条件如下。

1. 视觉信号

视觉信号一般由稳光或闪光的信号灯构成视觉信号。

(1) 信号灯是实现远距离信息显示的常用方法，主要功能特点和优点是：刺激持久、明确、醒目。闪光信号灯的刺激强度更高。

(2) 信号灯的管理和维护较为容易，便于实现自动控制。

(3) 信号灯显示的不足是不适于传达复杂信息和信息量大的信息，否则易引起互相干扰和混乱。一般情况下，一种信号只用来显示一种状态(情况)，或表示一种提示、指令。例如，显示某一机器在正常运行或出现故障需要检修，对不安全因素提出警示，等等。

城市里道路十字路口的交通信号灯，一般只要求提供“禁行”“准备改变”“通行”三种指令，信息内容简单，但要求信号明确、醒目、能自动切换，这恰恰是视觉信号扬长避短应用的典型。如今信号灯已在飞机、车辆、铁路、生产设备、公共设施中有广泛应用。

2. 听觉信号

(1) 听觉信号有铃、蜂鸣器、哨笛、信号枪、喇叭语言等形式，适于远距离信息显示。听觉信号即时性、警示性强于视觉信号，尤其是语言，能传达复杂的、大信息量的信息，这一点是它优于视觉信号的主要方面。报警、提示是听觉信号应用的主要领域。

(2) 但听觉信号难以避免对无关人群形成侵扰，因此不适宜持续地提供，这是它不及信号灯应用广泛的主要原因。

(3) 听觉信号常需要配以人员守护管理。一般听觉信号装置的功能参数和应用场合见表9-7。

表9-7 一般听觉信号装置的功能参数和应用场合

装置类型	声压级范围/dB(距装置2.5m处)	主频率/Hz	适用条件、应用场合举例
低音蜂鸣器	50～60	≈200	低噪声、小区域的提示信号
高音蜂鸣器	60～70	400～1000	低噪声、小区域内的报警
1～3lin的铃	60～65	1200～800	电话铃、门铃，低噪声、小区域内的报警
4～10lin的铃	65～90	800～300	学校、企业上下班铃，不大区域内的报警
哨笛、汽笛	90～110	5000～7000	嘈杂的、大区域中的报警

① lin=0.0254m。

3. 触觉信号

触觉信号只是近身传递信息的辅助性方法，一般是利用提供触觉的物体表面轮廓、表面粗糙度的触觉差异传达信息。如图9.11所示，是用于驾驶飞机的操纵器，它的形状与其功能有直接联系。选用时需注意，在一种应用场合选用的形状不宜超过5个。

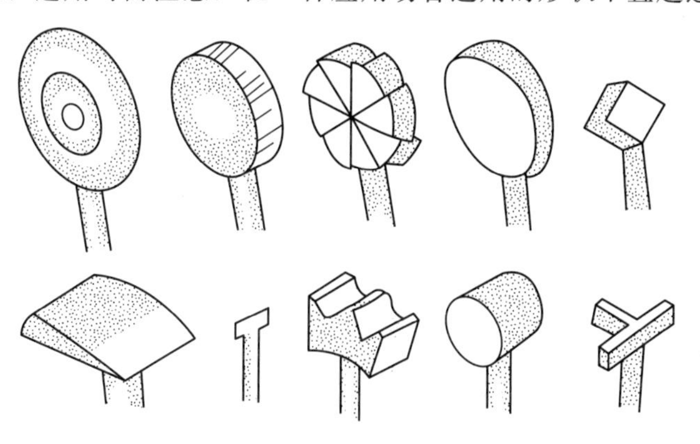

图9.11 形象化操纵器

9.3.2 信号灯设计

1. 信号灯的视距与亮度

1) 信号灯与背景的亮度及亮度比

为保证信号灯必要的醒目性，信号灯与背景的亮度比一般应该大于2。但过亮的信号灯又会对人产生“眩光”刺激，所以设置信号灯时应把背景控制在较低的亮度水平下。

2) 信号灯的亮度与视距

信号灯的亮度要求在多远的距离上能看得清楚，与此相关的因素却比较多，例如，①室内、室外，白天、黑夜等环境因素；②室外信号灯的可见度和醒目性受气候的影响很大，其中交通信号灯、航标灯必须保证在恶劣气象条件下一定视距外的清晰可辨；③信号传示的险情级别、警戒级别高，则要求信号灯亮度高和可达距离远；④信号灯的亮度还与它的大小、颜色有关。

2. 信号灯的颜色

信号灯的颜色与图形符号颜色的使用规则基本相同，例如，红色表示警戒、禁止、停顿，或表示危险状态的先兆与发生的可能；黄色为提请注意；蓝色表示指令；绿色表示安全或正常；白色无特定含义，等等。表9-8为《人类工效学险情和信息的视听信号体系》(GB/T 1251.3—2008)给出的险情信号颜色分类表。

表9-8 险情信号颜色分类表

颜色	含义	目标		备注
		注意	表示	
红色	危险 异常状态	警报 停止 禁令	危险状态 紧急使用 故障	红色闪光应当用于紧急撤离
黄色	注意	注意 干预	注意的情况 状态改变 运转控制	
蓝色	表示强制行为	反应，防护或特别注意	按照有关的规定或提前安排的安全措施	用于不能明确由红、黄或绿所包含的目的
绿色	安全 正常状态	恢复正常 继续进行	正常状态 安全使用	用于供电装置的监视(正常)

3. 稳光与闪光信号的闪频

与稳光信号灯相比，闪光信号灯可提高信号的察觉性，造成紧迫的感觉，因此更适宜于作为一般警示，险情警示及紧急警告等用途。

对于一般警示，如路障警示等，可用1Hz以下的较低闪频。常用闪光信号的闪频为0.67～1.57Hz；紧急险情、重大险情，以及需要快速加以处理的情况下，应提高闪光信号的闪频，并与声信号结合使用，如消防车、急救车所使用的信号。人的视觉感受光刺激以后，会在视网膜上有一段短暂的存留时间，称为“视觉暂留”，因此闪光信号的闪频过高(如10Hz以上)，就不能形成闪光效果，也就没有意义了。闪光信号闪亮的和熄灭的时间间隔应该大致相等。

9.4 操纵装置设计

9.4.1 显示装置的类型

操作装置的类型很多，分类方法也很多。但常分为手动操作装置和脚动操作装置。在手操纵装置中，按其操纵的运动方式分为以下三类。

(1) 旋转式操纵器。这类操纵装置有手轮、旋钮、摇柄、十字把手等，可用于改变机器的工作状态，调节或追踪操纵，也可将系统的工作状态保持在规定的工作参数上。

(2) 移动式操纵器。这类操纵器有按钮、操纵杆、手柄和刀闸开关等，可用来把系统从一个工作状态转换到另一个工作状态，或作紧急制动用。具有操纵灵活、动作可靠的特点。

(3) 按压式操纵器。这类操纵器主要是各种各样的按钮、按键和钢丝脱扣器等，具有占地小、排列紧凑的特点。

9.4.2 操作装置的特征编码与识别

1. 形状编码

利用操纵器外观形状变化来进行区分，以适合不同的用途，这是一种容易被人通过感觉和触觉辨认的良好方法。形状编码应注意两点：首先，操纵器的形状和它的功能最好有逻辑上的联系，这样便于形象记忆；其次，操纵器的形状应能在不同目视或戴着手套的情况下，单靠触觉也能分辨清楚。如图9.12所示，是用于飞机的操纵器，它的形状与其功能有直接的联系。

如图9.13所示，为(a)、(b)、(c)、(d)四类旋钮的形状编码。在(a)、(b)、(c)三类旋钮之间不易混淆，而同一类之间容易混淆；(a)和(b)类旋钮适合作360°以上的旋转操作；(c)类旋钮适合360°以内的旋转操作；(d)类适合作定位指示调节。

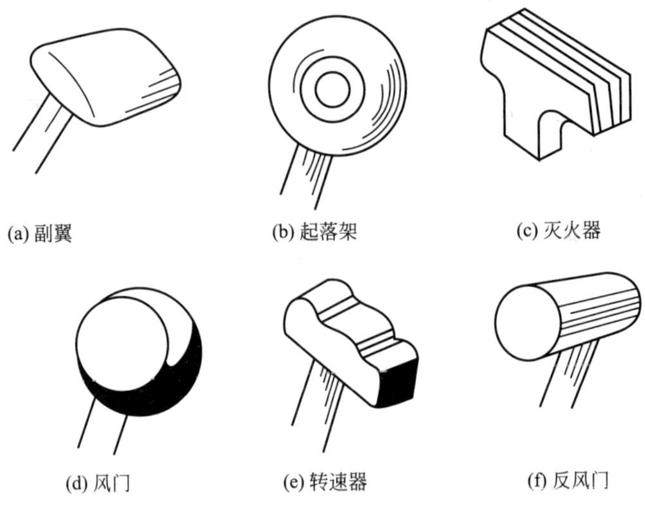

图 9.12 飞机操作装置形状编码示例

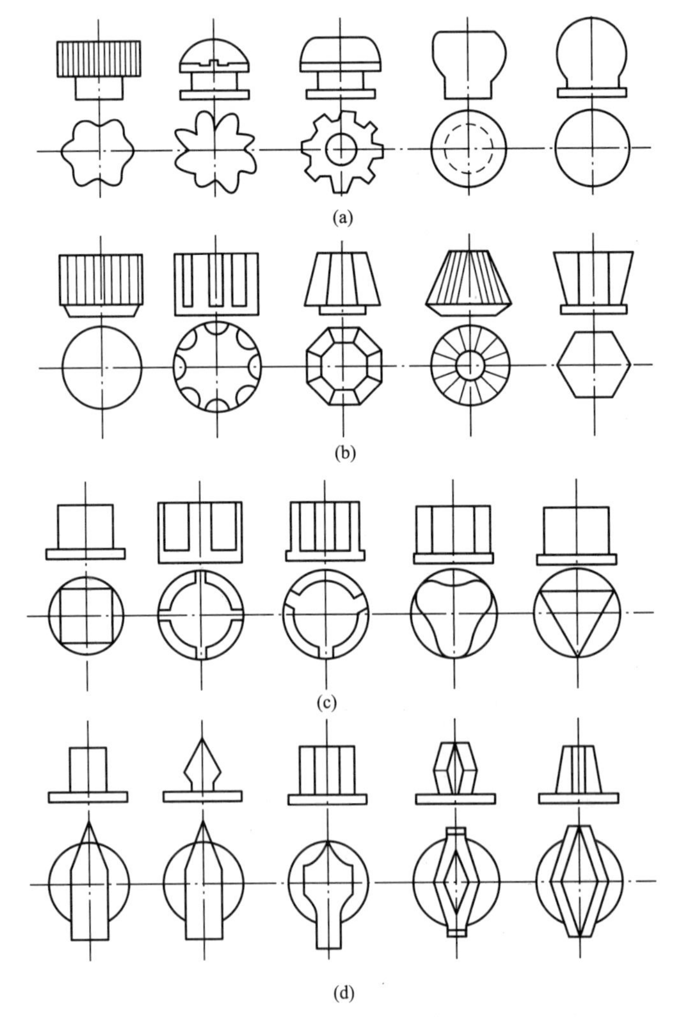

图 9.13 旋钮的形状编码

2. 大小编码

操纵器采用大小编码时，一般说来，大操纵器的尺寸要比小操纵器的大 20%以上，才有准确操纵的把握，而这一点是较难保证的，所以，大小编码形式的使用是有限的。

3. 颜色编码

形体和颜色是物体的外部特征，因此，可用颜色编码来区分操纵器，人眼虽然分辨各种颜色，但用于操纵器的编码颜色，一般只有红、橙、黄、绿等几种，色相多了，容易混淆。

操纵器的颜色编码一般只能同形状和大小编码合并使用，而且只能靠视觉辨认，另外，颜色编码还容易受照度的影响，故使用范围有限。

4. 标志编码

当操纵器数量很多，而形状又难区分时，可采用标志编码，即在操纵器上刻以适当的符号以示区别，符号的设计应只靠触觉就能清楚地识别。因此，符号应当简明易辨，有很强的外形特征外形特征，如图 9.14 所示。

图 9.14 可用触觉辨别的标志编码

5. 操作方法编码

6. 位置编码

9.4.3 旋转式操纵器设计

旋钮的形态设计如图 9.15 和图 9.16 所示。

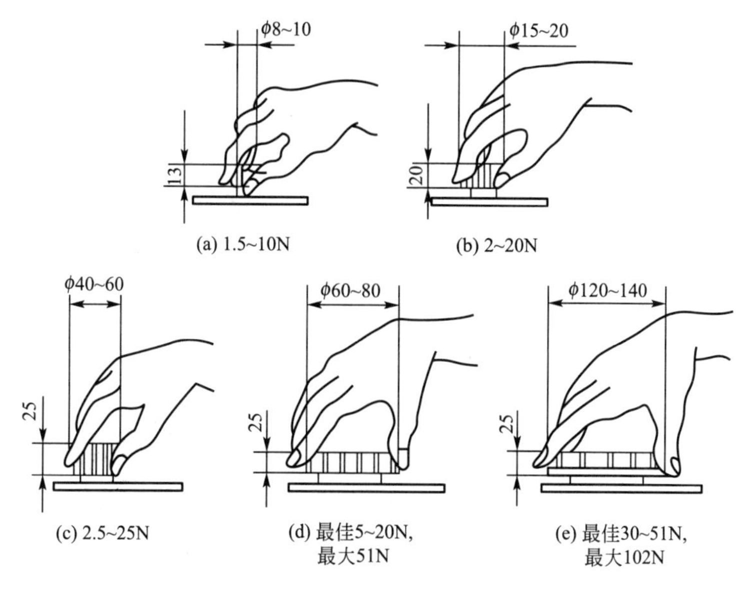

图 9.15 旋钮的操纵力和适宜尺寸(单位：mm)

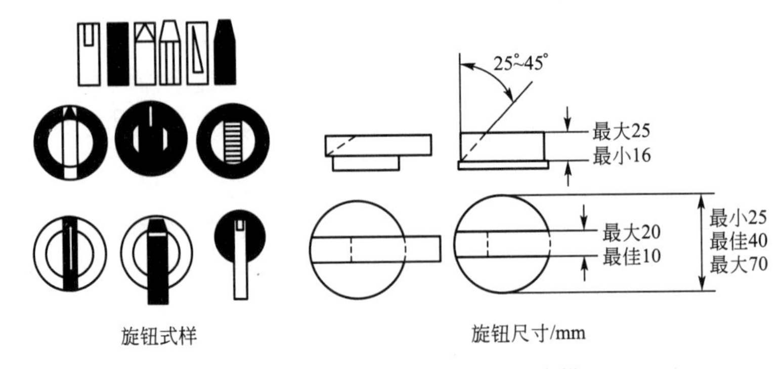

图 9.16　指示型旋钮的尺寸和式样

手柄的形态设计要求如下：手握舒适、施力方便，不产生滑动，同时还需控制它的动作，因此，手柄和尺寸应按手的结构特征设计，如图 9.17 所示。

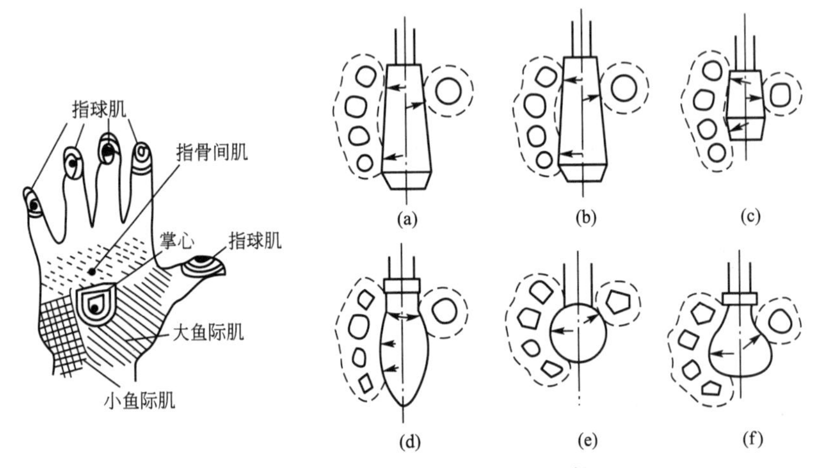

图 9.17　手柄形式和着力方式比较

9.4.4　按键的形式设计

按键的形式设计如图 9.18 所示。鼠标设计实例见彩图 4。

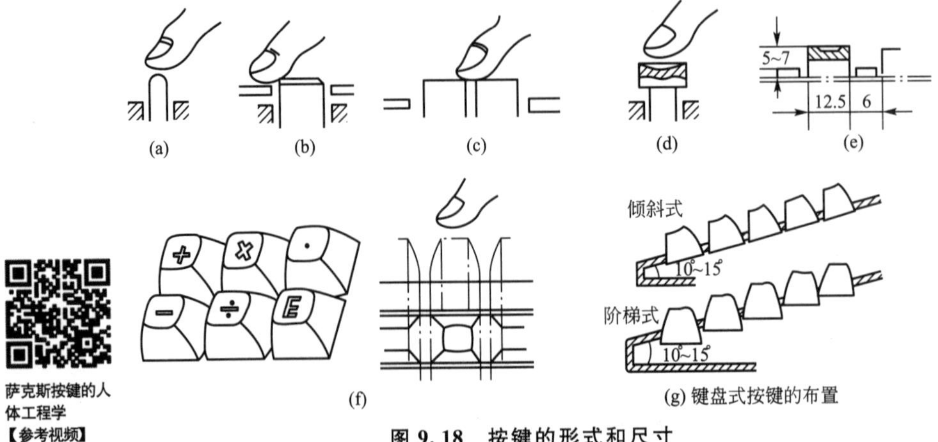

图 9.18　按键的形式和尺寸

习　　题

一、填空题

1. 显示装置按照人接受信息的感觉器官可分为________、________、________。

2. 显示装置按显示的形式可分为________、________、________。

3. 显示仪表的两种常见类型是：________和________，两者各有不同的特性和使用条件。

4. 刻度值应只标注在________刻度线上，一般不在________刻度线上标注，尤其不标注在________刻度线上。

5. 刻度线一般分________、________、________三级。

二、简答题

1. 仪表显示设计的一般人机学原则有哪些？

2. 视觉传达中字符排布的一般人机工程学原则有哪些？

附录一 人体工程学应用案例

案例一 控制室设计中人体工程学案例分析

一、控制室设计的人体工程学要求

该控制室的形成，是将一个发电厂或变电站的全部控制、观测与操纵仪器集中于一个室内。要求把操纵台和控制室作为功能上相互有关的部件来看待，其中控制室室内结构造型为一个单元，操纵台和仪表板构成一个单元。应把两者看作技术上和工程上不可缺少的单元来设计。

控制室、仪表板和操纵台设计的优劣，首先影响的是在室内工作的人，以及控制室所具有的功能。控制室设计的人体工程学要求是：使操作者在其岗位上能较轻松地观察其视觉范围内的一切目标，并能无差错地读清一切信号。照明必须有足够的光度，尽量避免眩光，反光要以不影响读清仪器上所示符号为原则。噪声电平应处于最低点，设备应保持无尘。操作台上的各种操作装置，都设计成相协调的组合。选择操纵台形式，要保证读清仪器上所显示的读数，并保证开关具有良好的性能和便于维修，允许操作者变换作业姿势。

二、控制室影响因素综合分析

人体工程学应用动画
【参考视频】

1. 控制室设计要素

控制室设计主要包括控制室空间、仪表板和操纵台三大部分，每一部分的主要设计内容见附表 1－1。

附表 1－1 控制室设计内容

设计单元	控制室	仪表板	操纵台
设计内容	a. 大小 b. 平面设计 c. 高度 d. 照明 e. 色彩 f. 材料	a. 大小 b. 编排 c. 高度 d. 切口 e. 底边	a. 大小 b. 编排 c. 断面 d. 电话机台

2. 影响控制室设计的因素

影响控制室设计的因素包括技术因素、经济因素和人体工程学因素，这三类因素所包含的指标，分别对附表 1-1 中的各项设计内容产生影响，有关指标对各项设计内容的综合影响关系分析如附图 1.1 所示。

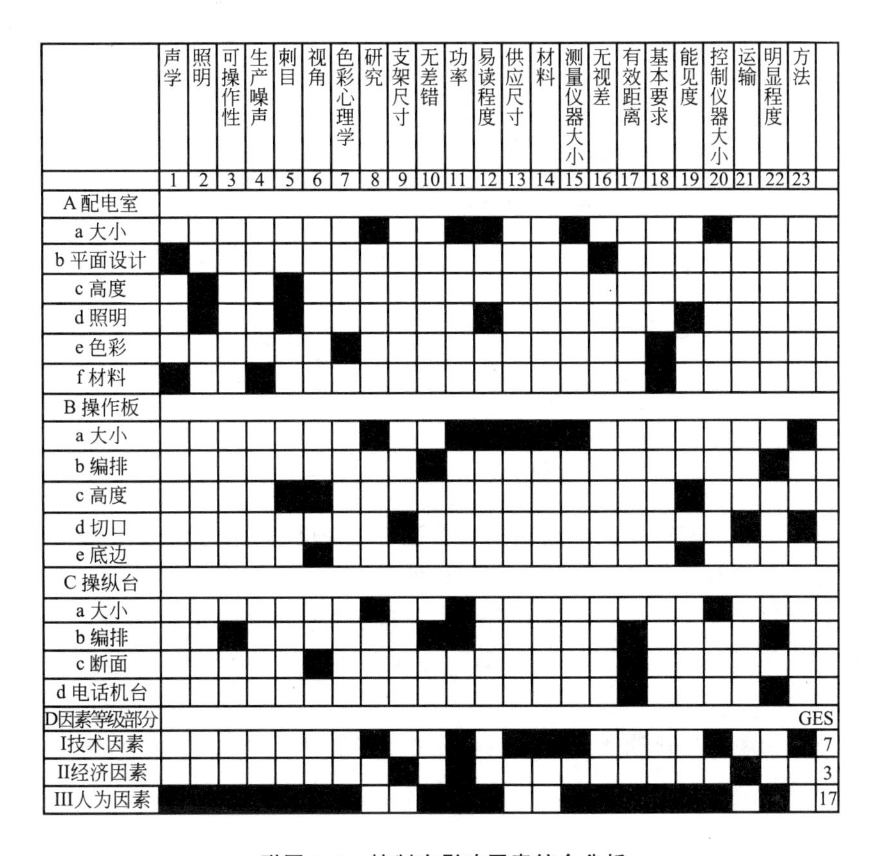

附图 1.1 控制室影响因素综合分析

由附图 1.1 的综合分析可知，对设计内容产生影响的三大类因素共有 23 项指标，其中属于技术因素的有 7 项；属于经济因素的有 3 项；而属于人的因素的有 17 项。由图可见，在控制室设计中，人体工程学因素影响最大。

三、控制室组成部分设计

1. 控制室空间设计要点

(1) 控制室的大小取决于控制装置和信息量的大小。信息是通过各种类型的信息仪器而获得，信息量则取决于信息仪器的大小。其中仪器有照明的、书写的、显示的和声学的测量仪表和信号仪器。仪器大小取决于仪表工业的科学技术水平，并且还受到显示读数的最佳识别程度的限制。

(2) 仪表板墙面呈半圆形，由此使控制室操作者在操作台旁的位置至全部仪表板的距离大致相等，而对仪表的能见度无视差。半圆的中点和操纵台后面的距离要求正好使操作者不受反射回声的干扰。具体布置如附图 1.2 所示的控制室平面设计。

离不开的人体工程学(科学实验室)【参考视频】

(3) 天花板高度的设计要求是：应使控制室的照明达到均匀的程度，并能避免干扰的照射和刺目的光线。

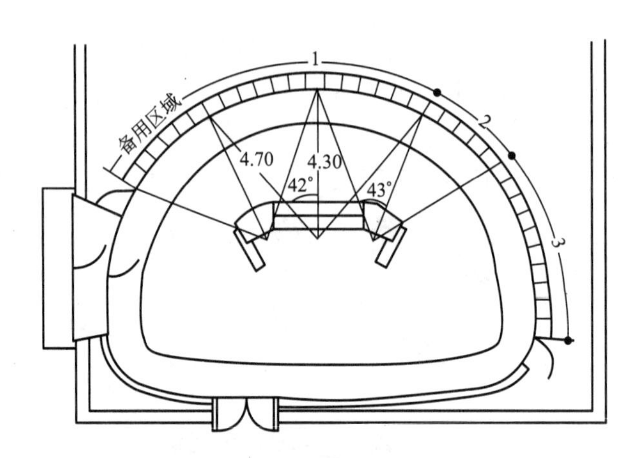

附图 1.2　控制室平面设计

(4) 照明设备和强度选择原则是：使光线照在所有仪表上都无阴影，在仪表玻璃上不出现反光现象，并容易读出所示数字。同时，发光信号的能见度良好。

(5) 操纵台和仪表板的色彩在考虑到色彩心理学知识的情况下，其适应程度能使操作者在工作效率上不受妨害。此外，在色彩和材料的选择上必须符合技术和经济上的基本要求。

(6) 天花板和墙的材料选择在考虑到惯常的生产噪声以及其他人为噪声的情况下，必须符合声学要求。

2. 仪表板的设计要点

(1) 仪表板的大小取决于仪表板上安装仪器的数量以及仪器的大小，仪器的大小取决于测量技术的状况。所使用的材料和仪表上所示数字受易读程度的限制。易读程度还取决于操作者的观测距离(指操纵台至仪表板的距离)。仪表板总的大小还与仪表在板面的布置形式有关。

(2) 仪表板上只安排信号仪器和测量仪器。仪表板这样编排的目的是便于观察并尽可能地无差错认读数字，在仪表板中部安排所有最重要装置，具体布置区域如附图 1.2 所示。

布置要点如下。

在仪表板中部安排所有最重要的装置，附有回答装置的断路器、断路开关及能显示的测量仪器。一切装置要求在不改变装置本身的条件下能使人认读迅速，并予以控制。

其两侧安装次要的装置：带文字的发光信号装置。通过装置本身的变化，可看清信号予以控制。

人体工程学与卖场陈列的关联(钟晓莹)【参考视频】

靠右边外面的这一部分安装有记录、测量仪器。操作者位置的改变也可控制该仪器。

(3) 仪表板高度受到视角大小的限制。视角大小对仪表板上所有仪器具有最佳但又不刺目的能见度。仪表板高度确定及其能见度情况如附图 1.3(a)所示。

(4) 仪表板上的接口是由钢板的供应尺寸和所选择仪表板的加工方法所决定的。其他部分的接口是由最佳仪表板支架尺寸所决定的。但总体尺寸都得符合预先规定的运输车辆的长度和企业内部的运输规定。

(5) 仪表板底边高度(+530mm)应使坐着的观察者观看最低的仪器而不被操作台所遮挡，如附图 1.3(a)所示。

3. 操作台设计要点

(1) 操作台大小取决于操作台上面安排控制仪表和控制器的数量和大小。仪器的大小取决于仪表科学领域的技术水平。操作台控制仪器的数量与仪表板显示仪表数量相一致。

(2) 操作台编排在中间部分。中间部分只安装控制机构，并且是立姿操作的，亦可达到立姿和坐姿交替操作。如此设计可避免因单调而致使人体疲劳，以保持工作效率。控制机构应适应操作者迅速操作要求，能正确识别和轻易操作仪表，应作相应的组合并具有相同的功能特征。

(3) 操作台断面确定的主要依据是：从操作者角度来观察仪器，前排是水平位置的，而后排往下倾斜一点。因此，在立姿操作时，对观察前后两排仪表应有一个大约相等的视角，且对操作者有一个大概相等的距离，如附图 1.3(a)所示。

(4) 两侧电话机台的高度要适应坐着弯曲前臂的高度，目的是按键时方便，并能通观全部按键范围。操作者在立姿或坐姿操作时视野如附图 1.3(b)所示。

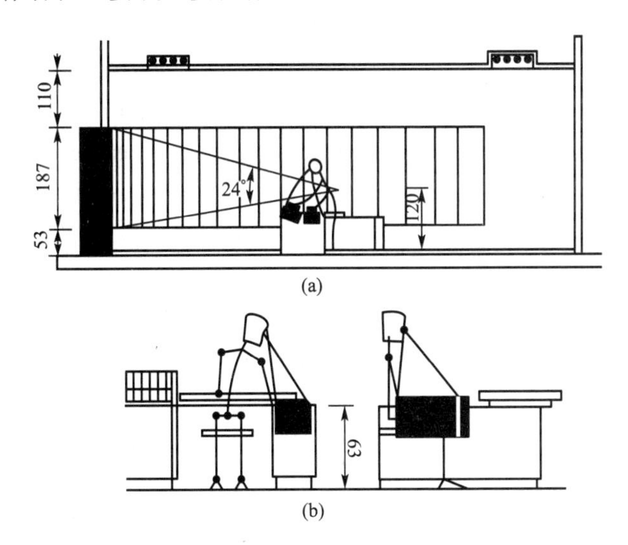

附图 1.3 操作者视野设计(单位：cm)

四、控制室总体方案设计

人体工程学之漫步者 H840 耳机视频评测
【参考视频】

根据对上述控制室设计影响因素的综合分析和对各分部设计要点的研究，先后对控制室总体设计考虑了以下两种方案，并对两种方案进行分析、比较和选择。

1. 方案一

方案一总体布置如附图 1.4 所示。由图可见，将操作板成弯曲形地安装在室内，与天花板和墙紧密接合。天花板是倾斜的，照明是安装在天花板与墙之间的。操纵台用钢板结构制作，其主体部分(插入格层)直接与形成一定角度的书写台相连接，并安装有可以眺望户外的大型窗户。

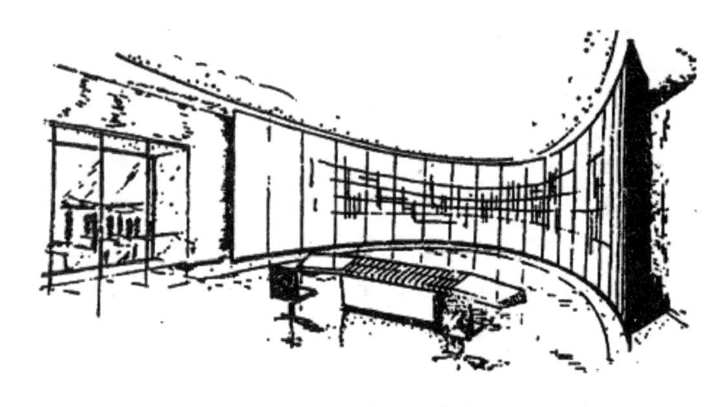

附图 1.4　方案一总体布置

对方案一进行分析，发现该方案存在着几处不符合人体工程学的设计要求。例如，抬高操纵台两侧的书写台，按人体工程学要求是不合适的；手头放电话机的地方也不够。以1∶1比例的样品来研究的装在天花板和墙之间的照明是不太理想的。因为最大亮度在天花板和墙之间的弯曲处。天花板和墙之间的结构太复杂。

2. 方案二

在分析方案一的基础上，进而提出了方案二。与方案一相比，在控制室主要部件设计方面做了改进。由于仪表板是构成控制室的重要部件，将是控制室的视觉中心。出于控制室造型的审美原因，将仪表板与墙面平整地衔接。由于声学的原因，墙上设有清晰的木质条纹，并镶上适当的隔音材料，天花板可起声学覆板作用。照明灯安装在建筑物设置好的照明通道里。为了满足操作舒适性、高效性要求，对操纵台做了改进设计。

如附图 1.5 所示，是方案二中操纵台结构示意图。由图可见，将操作台的主要部分设计得比书写台面要高出一点，两侧安放电话机台，一切开关器件和信号元件全都一目了然，并易读易懂。方案二的整体效果如附图 1.6 所示，整个室内的印象在功能和造型上都符合对现代控制室在人体工程学方面的要求。因此，该方案确定为控制室总体方案。

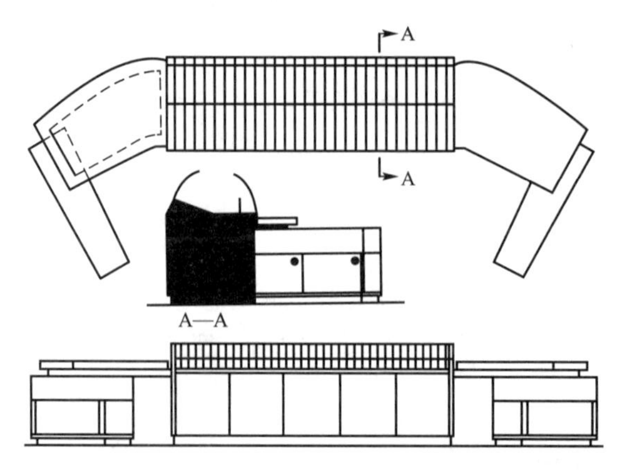

附图 1.5　操作台结构示意图

附图 1.6 方案二的整体效果

案例二 商船床铺设计中人体工程学案例分析

一、设计原则

1. 人体工程学设计基准

就人体工程学观点，建议人体工程学设计尺寸采用如下推荐值。

(1) 最佳值——最适合于人的各种特性的推荐值。

(2) 最小值——人能正常进行必要活动时所需的最小值。

(3) 最大值——人能进行必要活动时所需的最大值。

上述最佳值与最小值或最大值之差，称为依赖于人的特性容许值。当由于人体工程学以外的其他设计条件限制不能采用最佳值时，可增加到最大值或减小到最小值。

2. 人体尺度基准

设计床铺的形状与尺寸时所采用的人体各部分的基准尺寸，应以相应的国家人体测量尺寸标准中的有关数据为基准，同时还采用了部分实验数据和相关的参考资料。由于对床铺尺寸要求不是特别精确，因而有关的人体尺寸相近的国家商船中亦可适用。该设计仅为商船的一般船员使用的单人床，不要求考虑船长级和高级船员使用的双人床和加宽单人床。

二、床铺尺寸设计

1. 确定床铺长度

因船员的作业环境较为特殊，必须保证其休息环境的舒适性。因而所设计的床铺尺寸应有较高的满足度，并选用 P_{95} 作为尺寸上限值的依据。

床的最佳长度和最小长度的确定如附图 2.1(a)所示，是以 P_{95} 人体身高测量值加上三项余量来确定的。具体计算方法如附表 2-1。

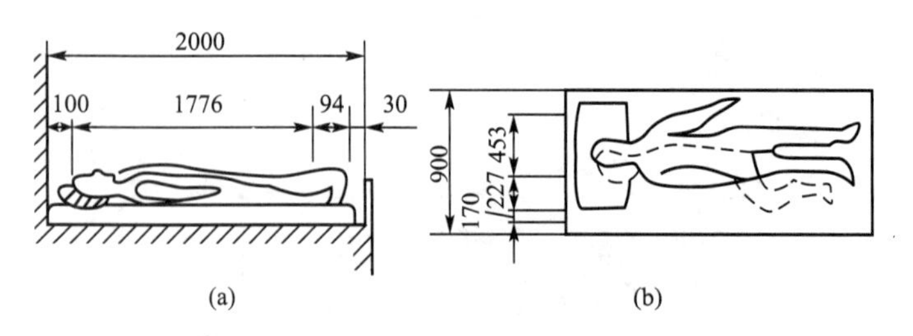

附图 2.1　床铺长宽尺寸(单位：mm)

附表 2-1　床铺长度计算

各部名称	最佳尺寸/mm	最小尺寸/mm
平均身长	1650	1650
身长的标准偏差×2	126	126
人体伸直时的增量	72	72
上述增量之标准偏差×2	22	22
从头顶到床壁的距离	100	30
毛毯折皱处的尺寸	30	0
合计	2000	1900

2. 确定床铺宽度

附图 2.1(b)所示是确定床铺宽度尺寸示意图。床的最佳宽度和最小宽度是由侧卧的肩宽尺寸加上实验测得的侧卧时膝部突出尺寸所组成，可由附表 2-2 计算得出。

附表 2-2　床铺宽度计算

各部名称	最佳尺寸/mm	最小尺寸/mm
裸体肩宽	421	421
裸体肩宽的标准偏差×2	32	32
侧卧的尺寸(裸体肩宽的一半)	227	227
侧卧时膝盖弯屈后的突出尺寸×2	170	85
毛毯折皱尺寸×2	50	25
合计	900	790

如从人体工程学的角度考虑，床的最佳宽度应是 900mm。为了制定出人可以忍受的床的最小宽度，进行了简单的实验。实验的结果表明：由于人的习性，即使在睡眠时，身体一碰到什么东西便会无意识地卷缩起来。而且，船上的床，大多数一面靠墙壁，一面敞开，故侧卧时膝盖弯曲后的突出尺寸，在面向墙壁侧卧时可只考虑为 85mm；在面向敞开的一面侧卧时，膝盖能伸出床沿，故可不予考虑。同样，被子的折叠尺寸亦只需考虑一

边，取为 25mm。实验的结果还指出：人的熟睡程度与床的宽度有密切关系，狭窄的床熟睡程度就差。综合考虑，可以认为睡眠时必需的最小宽度应取 790mm，如果加上余量 10mm，则最小宽度取为 800mm。

3. 确定床铺高度

床的高度按有无抽屉、抽屉的层数及船舶设备规范的要求分别确定如下。

(1) 无抽屉并兼作沙发用床的高度，从人体工程学角度其最适合的高度是：人的小腿加足高的测量值，再加上穿鞋的修正量。为供不同身材的人使用，应平均地取小腿加足高的 P_{50} 为设计依据，查表得 P_{50} 为 413mm，穿鞋修正量为 25mm，所以，床高应为 438mm，选用 450mm，如附图 2.2(a)所示。

(2) 有一层抽屉的床的高度，如果考虑这类床铺坐的功能，则其高度应与无抽屉床铺高度相同，即为 450mm，但其存放衣物的空间较小。考虑到船上放衣物的地方少，需增加存放衣物空间，故有一层抽屉的床的高度常常增加到 550mm，如附图 2.2(b)所示。从人体工程学角度分析，较高的床铺，坐的舒适性较差。

(3) 有两层抽屉的床的高度是根据实际存放衣物高度来确定，而完全不考虑坐的功能。因此从地面到床垫表面为 700mm。

(4) 双层床的最佳高度及最小高度的确定如附图 2.2(c)和附图 2.2(d)所示。

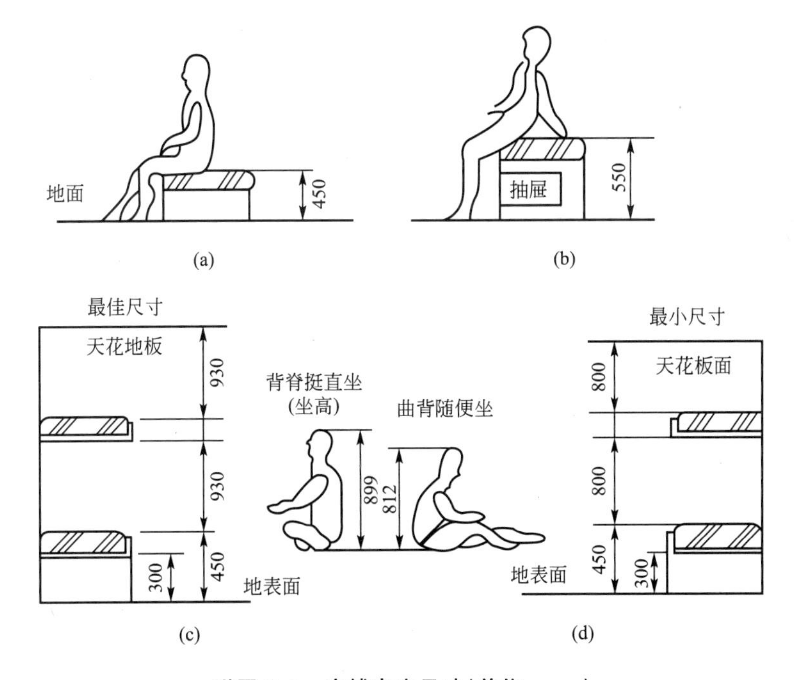

附图 2.2 床铺高度尺寸(单位：mm)

从地面到下铺床垫下表面的高度按船舶设备规范规定应在 300mm 以上，该高度再加上垫子的厚度 150mm，正好是人体工程学所确定的最佳高度 450mm。上铺与下铺的间距及上铺到天花板的高度按船舶设备规范规定应在 750mm 以上。但从人体工程学的角度考虑，最合适的高度查表可知，P_{95} 的人体直正坐时的坐高为 899mm。实验测得，在曲背随便坐时的坐高则为 812mm 左右。现取实验结果的平均值 832mm，再考虑人坐时垫子下陷

20～30mm的余度，那么，从人体工程学的角度看来，上下铺间距及从上铺到天花板的最佳高度应为930mm，最小高度应为800mm左右。

4. 挡板与床栏尺寸

适当考虑人的胸厚和肩厚，挡板和床栏在床垫表面以上的高度取150mm可以认为是最合适的。挡板中部的下凹部分应低于床垫上表面，通常可取挡板下凹部分到床垫上表面高度为30mm左右。若挡板下凹部分高于床垫上表面，则在上、下床或坐在床上时，会触及身体而产生痛感，挡板下凹可防止碰痛；而两头较高的挡板和床栏可防止人体或被子下滑。

附录二　室内与家具设计的基本尺寸

室内设计的基本尺寸：

1. 墙面尺寸

（1）踢脚板高：80～200mm。

（2）墙裙高：800～1500mm。

（3）挂镜线高：1600～1800mm（画中心距地面高度）。

（4）支撑墙体：厚度0.24m。

（5）室内隔墙断墙体：厚度0.12m。

（6）大门：高2.0～2.4m，宽0.90～0.95m。

（7）室内门：高1.9～2.0m左右，宽0.8～0.9m，门套厚度0.1m。

（8）厕所、厨房门：宽0.8～0.9m，高1.9～2.0m。

（9）室内窗：高1.0m左右，窗台距地面高度0.9～1.0m。

（10）室外窗：高1.5m，窗台距地面高度1.0m。

2. 餐厅

（1）餐桌高：750～790mm。

（2）餐椅高：450～500mm。

（3）圆桌直径：二人500mm，三人800mm，四人900mm，五人1100mm，六人1100～1250mm，八人1300mm，十人1500mm，十二人1800mm。

（4）方餐桌尺寸：二人700mm×850mm，四人1350mm×850mm，八人2250mm×850mm。

（5）餐桌转盘直径：700～800mm。

（6）餐桌间距：（其中座椅占500mm）应大于500mm。

（7）主通道宽：1200～1300mm。

（8）内部工作道宽：600～900mm。

（9）酒吧台：高900～1050mm，宽500mm。

（10）酒吧凳高：600～750mm。

3. 商场营业厅

（1）单边双人走道宽：1600mm。

（2）双边双人走道宽：2000mm。

（3）双边三人走道宽：2300mm。

（4）双边四人走道宽：3000mm。

（5）营业员柜台走道宽：800mm。

（6）营业员货柜台：厚600mm，高800～1000mm。

（7）单背立货架：厚300～500mm，高1800～2300mm。

(8) 双背立货架：厚600～800mm，高1800～2300mm。
(9) 小商品橱窗：厚500～800mm，高400～1200mm。
(10) 陈列地台高：400～800mm。
(11) 敞开式货架：400～600mm。
(12) 放射式售货架：直径2000mm。
(13) 收款台：长1600mm，宽600mm。

4. 饭店客房

(1) 标准面积：大25m^2，中16～18m^2，小16m^2。
(2) 床：高400～450mm。
(3) 床头柜：高500～700mm，宽500～800mm。
(4) 写字台：长1100～1500mm，宽450～600mm，高700～750mm。
(5) 行李台：长910～1070mm，宽500mm，高400mm。
(6) 衣柜：宽800～1200mm，高1600～2000mm，深500mm。
(7) 沙发：宽600～800mm，高350～400mm，背高1000mm。
(8) 衣架高：1700～1900mm。

5. 卫生间

(1) 卫生间面积：3～5m^2。
(2) 浴缸：长度一般有三种1220mm、1520mm、1680mm，宽720mm，高450mm。
(3) 坐便器：750mm×350mm。
(4) 冲洗器：690mm×350mm。
(5) 盥洗盆：550mm×410mm。
(6) 淋浴器高：2100mm。
(7) 化妆台：长1350mm，宽450mm。

6. 会议室

(1) 中心会议室客容量：会议桌边长600mm。
(2) 环式高级会议室客容量：环形内线长700～1000mm。
(3) 环式会议室服务通道宽：600～800mm。

7. 交通空间

(1) 楼梯间休息平台净空：等于或大于2100mm。
(2) 楼梯跑道净空：等于或大于2300mm。
(3) 客房走廊高：等于或大于2400mm。
(4) 两侧设座的综合式走廊宽度：等于或大于2500mm。
(5) 楼梯扶手高：850～1100mm。
(6) 门的常用尺寸：宽850～1000mm。
(7) 窗的常用尺寸：宽400～1800mm(不包括组合式窗子)。
(8) 窗台高：800～1200mm。

8. 灯具

(1) 大吊灯最小高度：2400mm。

（2）壁灯高：1500～1800mm。

（3）反光灯槽最小直径：等于或大于灯管直径两倍。

（4）壁式床头灯高：1200～1400mm。

（5）照明开关高：1000mm。

9．办公家具

（1）办公桌：长1200～1600mm，宽500～650mm，高700～800mm。

（2）办公椅：高400～450mm，长×宽450mm×450mm。

（3）沙发：宽600～800mm，高350～400mm，背面1000mm。

（4）茶几：前置型900mm×400m×400mm(高)；中心型900mm×900mm×400mm，700mm×700mm×400mm；左右型600mm×400mm×400mm。

（5）书柜：高1800mm，宽1200～1500mm，深450～500mm。

书架：高1800mm，宽1000～1300mm，深350～450mm。

家具设计的基本尺寸：

（1）室内门：宽度0.80～0.95m，医院1.20m；高度1.90m、2.00m、2.10m、2.20m、2.40m。

（2）窗帘盒：高度0.12～0.18m，深度单层布0.12m，双层布0.16～0.18m(实际尺寸)。

（3）木隔间墙厚：0.06～0.10m；内角材排距：长度(0.45～0.60m)×0.90m。

1．卧室

（1）单人床：宽0.9m、1.05m、1.2m；长1.8m、1.86m、2.0m、2.1m，高0.35～0.45m。

（2）双人床：宽1.35m、1.5m、1.8m；长、高同上。

（3）圆床：直径1.86m、2.125m、2.424m。

（4）矮柜：厚度0.35～0.45m，柜门宽度0.3～0.6m，深度0.35～0.45m，高度0.6m。

（5）衣柜：深度一般0.6～0.65m，推拉门0.7m；厚度0.6～0.65m；柜门宽度0.4～0.65m，高度2.0～2.2m。

（6）推拉门：0.75m～1.50m，高度1.90～2.40m。

2．客厅

（1）沙发：厚度0.8～0.9m，座位高0.35～0.42m，背高0.7～0.9m。

（2）单人式：长0.8～0.9m，深度0.85～0.90m，坐垫高0.35～0.42m。

（3）双人式：长1.26～1.50m，深度0.80～0.90m。

（4）三人式：长1.75～1.96m，深度0.80～0.90m。

（5）四人式：长2.32～2.52m，深度0.80～0.90m。

（6）电视柜：深度0.45～0.60m，高度0.60～0.70m。

（7）茶几：

小型长方形：长0.6～0.75m，宽0.45～0.6m，高度0.33～0.42m。

中型长方形：长度1.20m～1.35m，宽度0.38～0.50m或者0.60～0.75m。

大型长方形：长1.5～1.8m，宽0.6～0.8m，高度0.33～0.42m。

圆形：直径0.75m、0.9m、1.05m，1.2m；高度0.33～0.42m。

正方形：宽0.75m、0.9m、1.05m、1.20m、1.35m、1.50m；高度0.33～0.42m，但边角茶几有时稍高一些，为0.43～0.5m。

3. 书房

(1) 书桌:

固定式厚度0.45～0.7m(0.6m最佳)，高度0.75m。

活动式深度0.65～0.80m，高度0.75～0.78m。

书桌下缘离地至少0.58m；长度最少0.90m(1.50～1.80m最佳)。

(2) 书架：深度0.25～0.4m(每一格)，长度0.6～1.2m，高度1.8～2.0m，下柜高度0.8～0.9m。

下大上小型下方：深度0.35～0.45m，高度0.80～0.90m。

活动未及顶高柜：深度0.45m，高度1.80～2.00m。

4. 餐厅

(1) 椅凳：座面高0.42～0.44m，扶手椅内宽于0.46m。

(2) 餐桌：中式一般高0.75～0.78m、西式一般高0.68～0.72m。

(3) 方桌：宽1.20m、0.9m、0.75m。

(4) 长方桌：宽0.8m、0.9m、1.05m、1.20m；长1.50m、1.65m、1.80m、2.1m、2.4m。

(5) 圆桌：直径0.9m、1.2m、1.35m、1.50m、1.8m。

5. 厨房

(1) 橱柜工作台：高度0.89～0.92m。

(2) 平面工作区：厚度0.4～0.6m。

(3) 抽油烟机与灶的距离：0.6～0.8m。

(4) 工作台上方的吊柜：距地面最小距离＞1.45m，厚度0.25～0.35m，吊柜与工作台之间的距离＞0.55m。

(5) 厨房门：宽度0.80m、0.90m；高度1.90m、2.00m、2.10m。

6. 卫生间

(1) 盥洗台：宽度0.55～0.65m，高度0.85m，盥洗台与浴缸之间应留约0.76m宽的通道。

(2) 淋浴房：一般为0.9m×0.9m，高度2.0～2.0m。

(3) 抽水马桶：高度0.68m，宽度0.38～0.48m，进深0.68～0.72m。

(4) 厕所门：宽度0.80m、0.90m；高度1.90m、2.00m、2.10m。

(5) 马桶所占的一般面积：37cm×60cm。

(6) 悬挂式或圆柱式盥洗池可能占用的面积：70cm×60cm。

(7) 正方形淋浴间的面积：80cm×80cm。

(8) 浴缸的标准面积：160cm×70cm。

参考文献

[1] 丁玉兰．人机工程学[M]．北京：北京理工大学出版社，2004.

[2] 程瑞香．室内与家具设计人体工程学[M]. 北京：化学工业出版社，2008.

[3] 刘昱初，程正渭．人体工程学[M]. 北京：中国电力出版社，2008.

[4] 刘景良，杨立全，朱虹．安全人机工程学[M]. 北京：化学工业出版社，2009.

[5] 徐磊青．人体工程学与环境行为学[M]. 北京：中国建筑工业出版社，2006.

[6] 章曲，谷林．人体工程学[M]. 北京：北京理工大学出版社，2009.

[7] 李红杰，鲁顺清．安全人机工程学[M]. 北京：中国地质大学出版社，2006.

[8] 柴春雷，汪颖，孙守迁．人体工程学[M]. 北京：中国建筑工业出版社，2007.

[9] 王保国．安全人机工程学[M]. 北京：机械工业出版社，2007.

[10] 龚锦．人体尺度与室内空间[M]. 天津：天津科学技术出版社，1987.